ストリング図で学ぶ
圏論の基礎

中平健治
Kenji Nakahira

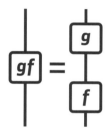

Fundamentals of
Category Theory through
String Diagrams

森北出版

●本書の補足情報・正誤表を公開する場合があります. 当社 Web サイト（下記）
で本書を検索し，書籍ページをご確認ください.

https://www.morikita.co.jp/

●本書の内容に関するご質問は下記のメールアドレスまでお願いします. なお，
電話でのご質問には応じかねますので，あらかじめご了承ください.

editor@morikita.co.jp

●本書により得られた情報の使用から生じるいかなる損害についても，当社およ
び本書の著者は責任を負わないものとします.

JCOPY 〈（一社）出版者著作権管理機構 委託出版物〉
本書の無断複製は，著作権法上での例外を除き禁じられています. 複製される
場合は，そのつど事前に上記機構（電話 03-5244-5088, FAX 03-5244-5089,
e-mail: info@jcopy.or.jp）の許諾を得てください.

まえがき

　この本では，ストリング図とよばれる図式を積極的に用いることで，圏論の基礎を直観的にわかりやすい形で，かつある程度しっかりと学べることをめざしている．圏論は，数学のみではなく物理学や計算機科学をはじめとする多くの分野でも活躍するようになってきている．しかし，数学にそれほど得意ではない人が圏論を学び始めると，多くの場合にその難しさに圧倒されてしまうのではないかと思う．圏論を難しいと感じる主な理由としては，具体的な適用例や応用先がイメージしにくいことや，圏論の数学的な構造自体が複雑に思えることなどが挙げられるかもしれない．前者の具体例や応用先については丁寧に述べられている多くの書籍があるので，本書では主に後者の数学的構造をわかりやすく伝えることをめざした．

　ストリング図を用いた理由は，圏論の数学的構造の基礎を学ぶのに適していると考えるためである．本書の対象読者として，圏論に十分には慣れていない人（初学者を含む）や，ほかの書籍で圏論を学ぼうとしたものの途中で挫折してしまった人などを含む，幅広い層の人を想定している．数学ではなく物理学や計算機科学を専門とする人，またはそれらを志す学生でも丁寧に読めば理解できることをめざした．

　圏論の書籍を読んだことのある読者のうち，（少なくとも学び始めの段階において）たとえば次の経験をした方は多いのではないだろうか．

- 射と関手と自然変換の違いが明確にイメージできない．
- 複数の圏が登場すると，どの圏での話をしているのかわからなくなる．
- 米田の補題がよくわからない．

本書で用いるストリング図は，このような問題を改善するために推奨できるツールである．標準的な圏論の書籍で頻繁に用いられる可換図式などと比べ，ストリング図では複雑な数学的構造をよりスマートな形で表せることがしばしばある．各種の命題を厳密に証明するような場合でも，ストリング図が役に立つことは多い．しかし，ストリング図を積極的に用いた圏論の入門書はほとんどないように思う．本書の特徴は，初歩の段階からストリング図に基づいて圏論の基礎を説明している点であろう．

　圏論は，本質的な数学的構造を抽出したい場合にしばしば役に立つ．圏論では，これらの数学的構造を数式で表し，それと併用する，または数式をサポートする形で可

換図式などがよく用いられる．ストリング図は，これらの数学的構造の多くを厳密性を損なうことなくわかりやすい形で表せる．ストリング図を用いれば，多くの情報を的確かつ整合性のある形で伝えられる場合が多いことを，本書により感じとってもらえれば幸いである．とくに，文字情報よりも視覚情報のほうが頭に入りやすいような読者に対しては，ストリング図は効果的であろう．もちろん，ストリング図よりも数式や可換図式を用いたほうが適している場面もあるが，本書が扱う範囲においてはそのような場面は多くはなさそうである．紙面の都合上，数式を用いている箇所も少なくないし，可換図式などを用いている箇所も多少はある．しかし，主要な概念についてはできるだけストリング図を用いてその数学的構造をわかりやすく説明することをめざした．ストリング図による計算は，射や自然変換を表すブロックを組み合わせることで行われる．ブロック遊びをするような気持ちで，楽しみながら圏論の基礎を学んでいただければ幸いである．

廣田修氏，相馬正宜氏，臼田毅氏，加藤研太郎氏，曽我部知広氏には，本書の内容について多角的な視点から有用なアドバイスをいただきました．玉川大学量子情報科学研究所および関連する教職員の皆様からは幅広いご支援をいただきました．森北出版の福島崇史氏，太田陽喬氏をはじめとする出版部の方々には，本書が出版されるまで心強いサポートをしてくださいました．さらに，赤坂奎茉氏，池田侑登氏，池田陽氏，植野愛貴氏，遠藤維人氏，学習塾グロウアップ栗山貴之氏，軽部友裕氏，小金澤亮祐氏，鮫島玲氏，澤田康生氏，重国和宏氏，関根良紹氏，takutoF98氏，鄭嘉蓉氏，富田圭祐氏，豊田陽基氏，奈須隼大氏，西方友哉氏，芭瀬田保氏，古田裕介氏に本書の通読をしていただきました．彼ら・彼女らにご協力いただいたおかげで，初学者にとってより読みやすく，かつ完成度の高い内容になったのではないかと実感しています．これらの方々に心より感謝いたします．もちろん，本書に不適切な記述や誤りがあったとしてもすべて筆者の責任です．最後に，いつも私を支持してくれる家族に心から感謝申し上げます．

2024 年 11 月　著者

目　次

記号「★」を付けた節や項は，相対的に難しく，読み飛ばしても構わない．

表記 ……………………………………………………………………… viii

第 0 章　はじめに　　1

0.1　本書の目的と特徴 …………………………………………………… 1

0.2　ストリング図の例 …………………………………………………… 2

0.3　想定する読者 ………………………………………………………… 3

0.4　本書の構成と読み方 ………………………………………………… 3
　　0.4.1　構成　　3
　　0.4.2　読み方　　4

0.5　圏論の参考文献 ……………………………………………………… 5

第 1 章　圏・関手・自然変換　　6

1.1　圏 ……………………………………………………………………… 6
　　1.1.1　集合と写像　　6
　　1.1.2　モノイド　　7
　　1.1.3　圏の定義と例　　9
　　1.1.4　双対圏　　16
　　1.1.5　始対象と終対象　　17
　　1.1.6　圏の直積　　20

1.2　関手 …………………………………………………………………… 22
　　1.2.1　関手の定義　　22
　　1.2.2　関手の例　　25
　　1.2.3　反変関手　　29
　　1.2.4　関手の双対　　30
　　1.2.5　双関手　　31

1.3　自然変換 ……………………………………………………………… 33
　　1.3.1　自然変換の定義　　33
　　1.3.2　自然変換の対象への作用と射への作用　　36
　　1.3.3　自然変換の例　　37

iv 目次

第 2 章　自然変換の合成と関手圏　40

2.1　垂直合成と水平合成　40
2.1.1　垂直合成　40
2.1.2　水平合成　41
2.1.3　垂直合成と水平合成が混在した式　44
2.1.4　垂直合成と水平合成についてのまとめ　46
2.1.5　圏 **Cat**　47
コラム：関手と射は混同しやすい？　48

2.2　自然同型と圏同型・圏同値　49
2.2.1　自然同型　49
2.2.2　圏同型　50
2.2.3　圏同値　51
2.2.4　充満と忠実　52

2.3　関手圏　55
2.3.1　関手圏の定義　55
2.3.2　関手圏に関する関手の例　57

2.4　ホム関手と点線の枠による表記　61
2.4.1　ホム関手　61
2.4.2　ホム関手の間の自然変換　64
2.4.3　点線の枠による表記の規則　65
2.4.4　ホム関手との合成により得られる集合値関手と自然変換　67

2.5　★ 双関手に関する基本的な性質　72
2.5.1　★ 双関手の一意性　72
2.5.2　★ 双関手の間の自然変換　74
2.5.3　★ 関手圏の間の標準的な関手　75

第 3 章　米田の補題と普遍性　77

3.1　米田の補題と米田埋め込み　77
3.1.1　準備：射を表す図式　77
3.1.2　米田の補題　80
3.1.3　米田埋め込み　87

3.2　普遍性　90
3.2.1　コンマ圏 $c \downarrow G$　90
3.2.2　c から G への普遍射　92
3.2.3　表現可能関手　96
3.2.4　コンマ圏 $G \downarrow c$　99
3.2.5　G から c への普遍射　100
3.2.6　★ コンマ圏 $F \downarrow G$　101
3.2.7　★ 普遍射の集まりにより得られる普遍射　102

目次 v

第 4 章　随伴 106

4.1　随伴の定義と例 106
4.1.1　随伴の定義　106
4.1.2　随伴の例　108

4.2　随伴であるための必要十分条件 111
4.2.1　準備：随伴から得られる普遍射　111
4.2.2　単位・余単位を用いた必要十分条件　113
4.2.3　普遍射を用いた必要十分条件　115

4.3　随伴の基本的な性質 116
4.3.1　随伴の一意性　117
4.3.2　水平合成に関する性質　119
4.3.3　★ 圏同値に関する性質　120
4.3.4　★ 双関手に関する性質　121

4.4　モナド 123
4.4.1　モナドの定義　123
4.4.2　モナドの例　124
4.4.3　モナドと随伴の関係　125
4.4.4　クライスリ圏とアイレンベルグ-ムーア圏　128

第 5 章　極限 131

5.1　極限の定義と例 131
5.1.1　錐と極限　131
5.1.2　極限の例　137
5.1.3　余錐と余極限　143
5.1.4　余極限の例　145
5.1.5　極限と余極限の定義からすぐに導かれる性質　147
5.1.6　モノ射とエピ射　149

5.2　極限をもつための条件 151
5.2.1　対角関手の右随伴としての極限　151
5.2.2　完備と余完備　153

5.3　極限の基本的な性質 156
5.3.1　極限を保存・創出する関手　156
5.3.2　★ 関手圏への関手の極限　161
5.3.3　★ 表現可能前層による前層の構成　161
5.3.4　★ 双関手の極限　162

第6章 モノイダル圏と豊穣圏 165

6.1 （対称）モノイダル圏 166
6.1.1 厳密モノイダル圏 166
6.1.2 モノイダル圏 169
6.1.3 厳密対称モノイダル圏 173
6.1.4 対称モノイダル圏 175
6.1.5 カルテシアンモノイダル圏 176

6.2 モノイダル閉圏とコンパクト閉圏 178
6.2.1 モノイダル閉圏 179
6.2.2 カルテシアン閉圏 180
コラム：モノイダル閉圏 $\mathbf{Vec}_{\mathbb{K}}$ におけるテンソル積の役割 182
6.2.3 ★ コンパクト閉圏 183

6.3 豊穣圏 185
6.3.1 豊穣圏のイメージ 185
6.3.2 豊穣圏の定義 187
6.3.3 豊穣圏の例 189

第7章 カン拡張 191

7.1 カン拡張の定義と例 191
7.1.1 カン拡張の定義 191
7.1.2 カン拡張の例 193
7.1.3 カン拡張の定義からすぐに導かれる性質 194

7.2 各点カン拡張 196
7.2.1 準備：コンマ圏の基本的な性質 196
7.2.2 各点カン拡張 198
7.2.3 $F \bullet P_d$ からの余錐 205

7.3 カン拡張の基本的な性質 208
7.3.1 カン拡張を保存する関手 208
7.3.2 ★ 各点カン拡張をもつための条件 210
7.3.3 ★ 稠密な関手 212
7.3.4 ★ カン拡張と随伴の関係 214
7.3.5 ★ カン拡張から導かれるモナド 216

目次 vii

付録 A 図式での表記 218

A.1 基本 218

A.2 直積用の表記 219

A.3 集合値関手に関する表記 220

A.4 普遍射・随伴・極限・カン拡張 221

A.5 モノイダル圏・豊穣圏 222

付録 B ストリング図の特徴 223

B.1 標準的な書籍で用いられている図式との関係 223

    B.1.1 アロー図との関係 223

    B.1.2 ペースティング図との関係 224

B.2 ストリング図の長所と短所 226

    B.2.1 アロー図との比較 226

    B.2.2 ペースティング図との比較 227

付録 C 随伴・極限・カン拡張と普遍射との関係 229

参考文献 230

索引 231

表　記

各表記の後に記載されている括弧内の数字は，対応する初出のページ番号を表す．

一般的な数学用語に関する表記

$A \Rightarrow B,\ B \Leftarrow A$	(93)	A ならば B
$A \Leftrightarrow B$	(25)	A と B は同値
$x \in X,\ X \ni x$	(6)	x は X の要素
$X \cup Y$	(7)	X と Y の和集合
$X \subseteq Y,\ Y \supseteq X$	(14)	X は Y の部分集合
$\forall x$	(13)	すべての x について
$\exists ! x$	(53)	（条件を満たすような）x が存在して一意に定まる
$\circ$	(7)	写像の合成
$A := B,\ B =: A$	(21)	A を B のように定義する
$\langle a, b, \ldots \rangle$	(6)	$a, b, \ldots$ の組
$X \times Y$	(6)	集合 X と集合 Y のデカルト積
$\{ a_x \mid x \in X \}$	(6)	$a_x\ (x \in X)$ の形で表されるものからなる集まり
$\{ a_x \}_{x \in X},\ \langle a_x \rangle_{x \in X}$	(6)	添字付けられた集まり
$f : X \ni x \mapsto y \in Y$	(7)	各 $x \in X$ を $f(x) = y \in Y$ に写すような X から Y への写像 f （$f : X \to Y$ や $f : x \mapsto y$ とも書く）
$\mathbb{N}$	(6)	自然数（0 以上の整数）全体からなる集合
$\mathbb{Z}$	(6)	整数全体からなる集合
$\mathbb{R}$	(6)	実数全体からなる集合
$\mathbb{K}$	(13)	体
$\mathbb{0}$	(9)	ゼロベクトル
$\otimes$	(28)	テンソル積
$\oplus$	(39)	直和
$\{ * \}$	(17)	（一つ選んで固定した）1 点集合

圏論に関する表記
よく使う式

式 (nat)	(35)	自然性の条件
式 (sld)	(44)	スライディング則
式 (univ)	(92)	普遍性の条件
式 (zigzag)	(113)	ジグザグ等式

基本

$f: a \to b$	(9)	対象 a から対象 b への射 f
$g \circ f$, gf	(10)	射 f と射 g の合成
1_c	(11)	c 上の恒等射
$C(a, b)$	(11)	$a \in C$ から $b \in C$ への射全体からなる集まり
ob C	(11),(15)	C の対象全体からなる集まり．または，その集まりを離散圏とみなしたもの
mor C	(11)	C の射全体からなる集まり
dom f	(11)	f のドメイン
cod f	(11)	f のコドメイン
Set	(12)	集合の圏
Mon	(13)	モノイドの圏
CMon	(13)	可換モノイドの圏
Vec$_\mathbb{K}$	(13)	体 $\mathbb{K}$ 上のベクトル空間の圏
FinVec$_\mathbb{K}$	(13)	体 $\mathbb{K}$ 上の有限次元ベクトル空間の圏
Ab	(183)	可換群の圏
0	(48)	対象と射をまったくもたない圏
1	(12)	1 個の対象 $*$ のみからなる離散圏
2	(12)	対象 $1, 2$ と射 1_1, 1_2, $!: 1 \to 2$ のみからなる圏
Cat	(47)	小圏を対象として関手を射とする圏
CAT	(48)	圏（局所小圏）を対象として関手を射とする圏
C^{op}	(16)	C の双対
a^{op}, f^{op}	(16)	C^{op} の対象や射（通常は a や f のように書く）
f^{-1}	(15)	f の逆射
$f: a \cong b$	(15)	a から b への同型射 f
$a \cong b$	(15)	対象 a と対象 b が同型
0	(17)	始対象

1	(17)	終対象
$F: C \to \mathcal{D}$	(23)	圏 C から圏 $\mathcal{D}$ への関手 F
F^{-1}	(50)	F の逆関手
$\alpha: F \Rightarrow G$	(34)	関手 F から関手 G への自然変換 α
α^{-1}	(49)	α の逆自然変換
$F \cong G$	(49)	関手 F と関手 G が自然同型
$\alpha: F \cong G$	(49)	F から G への自然同型 α
1_F	(35)	F 上の恒等自然変換
$\beta \circ \alpha,\ \beta\alpha$	(40)	自然変換 α と自然変換 β の垂直合成
$G \bullet F$	(41)	関手 G と関手 F の水平合成
$\beta \bullet \alpha$	(42)	自然変換 β と自然変換 α の水平合成
$G \bullet \alpha,\ \beta \bullet F$	(43)	それぞれ $1_G \bullet \alpha$ および $\beta \bullet 1_F$
$C \cong \mathcal{D}$	(51)	圏 C と圏 $\mathcal{D}$ が同型
$C \simeq \mathcal{D}$	(51)	圏 C と圏 $\mathcal{D}$ が同値
$\mathcal{D}^C$	(55)	関手圏（C から $\mathcal{D}$ への関手を対象とする圏）
$\mathcal{D}^C(F, G)$	(56)	関手 $F: C \to \mathcal{D}$ から関手 $G: C \to \mathcal{D}$ へのすべての自然変換の集まり
$C(c, -),\ \square^c$	(61)	共変ホム関手
$C(-, c),\ c^\square$	(62)	反変ホム関手
$C(-, =)$	(63)	ホム関手
$C(c, G-)$	(68)	$\square^c \bullet G$. 同様に $C(G-, c) = c^\square \bullet G$ （p.69）
$f \circ -$	(61)	写像 $g \mapsto fg$
$- \circ f$	(63)	写像 $g \mapsto gf$
$g \circ - \circ f$	(64)	写像 $h \mapsto ghf$
$!$	(26)	C から 1 への唯一の関手
Free	(28)	自由関手
ev_c	(58)	評価関手
Δ_C	(59)	対角関手

米田の補題と普遍性

$c \downarrow G$	(90)	コンマ圏（c から Gx への任意の射を対象とする）
$G \downarrow c$	(99)	コンマ圏（Gx から c への任意の射を対象とする）
$\mathrm{el}(X)$	(92),(100)	集合値関手 X の要素の圏

表記 | xi

$\hat{C}$	(86)	前層の圏 $\mathbf{Set}^{C^{\mathrm{op}}}$
$\alpha_{X,c}$	(80)	米田写像
$C^{\square}$, $\_^{\square}$	(87)	米田埋め込み

随伴

$F \dashv G$	(106)	随伴
$F : C \rightleftarrows \mathcal{D} : G$	(107)	随伴（$F \dashv G$（$F : C \to \mathcal{D}$, $G : \mathcal{D} \to C$）と同じ）
C_T	(128)	クライスリ圏
C^T	(129)	アイレンベルグ-ムーア圏
$\mathbf{Adj}_T$	(127)	モナド T を導く随伴の圏

極限

$\mathrm{Cone}(c, D)$	(132)	c から D へのすべての錐の集まり
Cone_D	(134)	$D : \mathcal{J} \to C$ への錐の圏（コンマ圏 $\Delta_{\mathcal{J}} \downarrow D$）
$\mathrm{Cocone}(D, c)$	(143)	D から c へのすべての余錐の集まり
Cocone_D	(144)	$D : \mathcal{J} \to C$ からの余錐の圏（コンマ圏 $D \downarrow \Delta_{\mathcal{J}}$）
$\lim D$	(136)	D の極限
$\mathrm{colim}\, D$	(145)	D の余極限
$\prod_{j \in \mathcal{J}} Dj$, $x \times y$	(137)	直積
$\coprod_{j \in \mathcal{J}} Dj$, $x + y$	(145)	余直積

モイダル圏

$\otimes$	(166)	モノイド積
$[b, -]$, $[-, =]$	(179)	内部ホム関手
ε_c^b	(180)	評価射
c^b	(180)	指数対象
a^*	(183)	対象 a の双対

カン拡張

$\mathrm{Lan}_K F$	(192)	K に沿った F の左カン拡張
$\mathrm{Ran}_K F$	(192)	K に沿った F の右カン拡張
P_d	(197)	コンマ圏 $K \downarrow d$ から C への忘却関手 （ただし $K : C \to \mathcal{D}$）
θ^d	(197)	コンマ圏 $K \downarrow d$ に関する標準的な余錐

第 **0** 章　はじめに

0.1　本書の目的と特徴

　本書では，圏論の数学的構造の基礎を容易にかつある程度しっかりと学べることをめざした．その目的のために，ストリング図（以降ではしばしば図式とよぶ）を積極的に活用して，各種の式を視覚的にわかりやすい形で提示している．このことが，本書の最大の特徴であろう．圏論では射や関手や自然変換といった概念が頻繁に登場するが，図式を用いればこれらの概念を理解して使いこなすことが容易になるはずである．

> ▶ **補足**　圏論が何に役立つのか，または圏論を学ぶとどのような利点があるのかという点について，ここでごく簡単に触れておく．圏論の知識があれば数学のほかの理論を学ぶ際に非常に役立つことは，疑う余地はないと思う．圏論の重要性は，物理学や計算機科学をはじめとする多くの分野でも増しているように思う．圏論を学ぶことの利点については人それぞれかと思うが，たとえば数学的構造というものに関する統一的な視点や考え方が身についたり，興味のある理論を俯瞰的に捉えられるようになったりする．

　圏論の基礎を扱うほとんどの標準的な書籍では，可換図式のようなアロー図やペースティング図とよばれる図式が用いられている．ストリング図には，これらの図と比較しても利点があると筆者は考えている．ストリング図の描き方は人により異なり，本書で紹介するのはその一例にすぎないが，できるだけ視覚的にわかりやすくなるように描き方を工夫した．なお，アロー図とペースティング図の概要やストリング図の利点については，付録 B で述べる．

> ▶ **補足**　ストリング図が真に威力を発揮するのは，標準的な書籍で用いられるアロー図やペースティング図では簡潔に表すことが困難であるような複雑な数学的構造を扱う場合であると思う．しかし，圏論の基礎に関する話題のように比較的単純な数学的構造を扱う場合でも（たとえば，関手や自然変換を説明する場合ですらも），ストリング図が十分に威力を発揮するであろうと筆者は考えている．本書を通してこのことを伝えられれば幸いである．

　図式を自由に使いこなせるようになるには，ある程度の時間を要するかもしれない．しかし，図式が使えるようになると，（式を直観的にわかりやすい形で表せることに加

2 | 第 0 章　はじめに

えて）複雑な計算をしばしば楽に行えるようになるであろう．図式の基本的な規則さ
え習得できれば，圏論の基礎をしっかりと理解するための強力なツールとなるはずで
ある．

0.2　ストリング図の例

　ストリング図の威力を少しでも伝えられるように，圏論の基礎的な概念である自然
変換や自然性という概念について簡単に説明することを試みよう．ここではこれらの
概念を厳密に説明することを目的としてはいないため，かなり大ざっぱな説明をする
が，雰囲気だけでも伝われば幸いである．

　自然変換とよばれるものを任意に選んで，α とおく．このとき，α は射とよばれる
もの f を任意に選んだときに等式 $Gf \circ \alpha_a = \alpha_b \circ Ff$ を満たす．この式に現れる
F, G, a, b は，α と f に付随する値のようなものだと考えてほしい．この等式は α の自
然性とよばれ，α が自然変換であることは自然性を満たすことであるといえる．自然
性の意味を明瞭簡潔にわかりやすく説明することはそれほど容易ではないように思わ
れる．しかし，図式を用いると α の自然性を直観的にわかりやすい形で表すことはで
きる．図式では，数式 $Gf \circ \alpha_a = \alpha_b \circ Ff$ を

(1)

と表せて，数式と図式は厳密に対応する．直観的には，この図式は α および f という
ラベルが付いた 2 個の丸いブロックを線に沿って縦方向に自由に動かしても，値とし
ては変わらないことを表している（左辺に対して右辺では α が上に移動し，f が下に
移動している）．なお，F, G, a, b は線に付いたラベルだと捉えてほしい．このような図
式を用いれば，α の自然性とは，ブロックの縦方向の移動に対して式が不変であると
いう性質のことだと解釈できる．本書では式(1) が何度も活躍することになる．なお，
式(1) の左辺において縦方向に並んで線でつながっている「G と α と F」や「b と f
と a」はある関係をもっており，また横方向に並んだ「G と f」や「α と a」もこれ
とは別の関係をもっている（右辺も同様）．数式のみからこれらの関係を読みとること
は，少なくとも初学者には難しそうである．

　▶ **補足**　自然性をこのような直観的な図式を用いて表せることは，自然性を厳密に説明し直したと

しても変わらない（自然性は 1.3 節で詳しく説明する）．式(1) は，式(1.68) を簡略化したものである．

　ここではごく単純な例を紹介した．本書を読み進めていくと複雑な例が現れるようになるが，複雑な例になるほど数式よりも図式のほうが相対的にわかりやすいと感じるようになると思う．

▶ **補足**　本書の範囲を超えるようなより複雑な式などでは，図式よりも数式で表したほうがわかりやすい場合も少なからずあるように思う．状況に応じて数式と図式を使い分ければよい．

▶ **余談**　将棋にたとえると，将棋の局面を図面で表すことが図式で表すことに相当し，「2 六歩」のように棋譜で表すことが数式で表すことに相当するといえるかもしれない．慣れれば棋譜から将棋の局面を理解することも可能ではあるが，多くの人にとっては図面のほうが理解しやすいのではないだろうか．

0.3　想定する読者

　本書は，圏論の基礎を学びたいと思っている多くの人を対象としている．本書を理解するのに数学の専門知識は必要なく，たとえば物理学や計算機科学の専門家や数学科ではない学生でも理解できることをめざした．数学者向けに書かれた圏論の書籍を読んで挫折してしまった人なども対象としている．このような読者を想定したため，数学に詳しくない人にとってはあまりなじみがないと思われるような概念（たとえば，位相，群・環・体などの代数，トポロジー，多様体）についての知識がなくても読めるように心がけた．ただし，理工系の学生が大学 1, 2 年次で学ぶ数学の知識や考え方は前提とする．一方で，本書の内容は，ストリング図に興味のある数学科の学生に対しても役に立つと信じている．

　圏論の基礎をしっかりと学べるようにするために，数学的な厳密性をできるだけ犠牲にせずに説明することを心がけた．いくつかの証明は難しく感じるかもしれない．証明を理解する必要がなさそうだと感じたら，適宜読み飛ばしても構わない．一方で，各概念について直観的なイメージをもっていたほうが理解の助けになることが少なからずあると思う．このため，いくつかの概念については直観的なイメージも述べるようにした．

0.4　本書の構成と読み方

0.4.1　構成

　本書の構成は次のとおりである．

4 第 0 章 はじめに

第 1〜3 章では，圏論に関する基礎的で重要ないくつかの概念を説明する．とくに自然性（p.34）と普遍性（p.93）は，本書で何度も現れる重要な概念である．まず第 1 章で圏・関手・自然変換などの概念について説明し，次に第 2 章で関手や自然変換を合成する方法などを説明する．ストリング図の基本的な規則もこれらの章で述べる．最後に第 3 章では，普遍射という概念を通して普遍性を説明する．

第 4, 5, 7 章では，それぞれ随伴，極限，カン拡張について説明する．これらの概念は，ある意味において特別な種類の普遍性を表しているとみなせる．これらの章を通して，随伴と極限とカン拡張が互いに密接に関わっていることも述べる．

第 6 章では，特別な種類の圏について述べる．具体的には，モノイダル圏とそのいくつかの特別な場合（たとえばモノイダル閉圏やコンパクト閉圏）について説明する．また，圏を一般化した概念である豊穣圏についても少し触れる．この章は，一般的な圏ではなくモノイダル圏と豊穣圏が話題の中心であり，また（ある意味では）普遍性とはあまり関係がない概念を扱っているという点で，第 4, 5, 7 章とは異なっている．圏論を物理学や計算機科学に応用する際などにはこの章の内容が少なからず役立つし，モノイダル圏などではストリング図が活躍する機会が多々ある．しかし，先を急ぐ読者は，この章を読み飛ばしても構わない．

0.4.2 読み方

本書で用いている主な表記を本書の冒頭でまとめている（図式での表記は付録 A にまとめている）．わからない表記があれば参照してほしい．

記号「*」を付けた節や項は，初学者にとって相対的に難しく，かつ本書の内容を大まかに理解する際にはそれほど重要ではないと筆者が判断した項目である．これらの項目は，概要のみを大まかに理解するだけでもよい．後でこれらの内容が必要になった場合には，戻ってくればよい．

圏論を学ぶことの大きな利点の一つは，数学や数学以外の各分野におけるさまざまな概念を統一的な視点で眺められるようになることであろう．このような統一的な視点を身につけるためには，多くの具体例に触れることが重要であると思われる．そこで，本書でも主要な概念についての具体例をいくつか示す．しかし，読者が専門とする分野（数学・物理学・計算機科学など）によって適切な例は大きく異なると思われるので，ほかの書籍などで適宜補ってほしい．本書で示す例には，本書の中で繰り返し現れるような重要なものもあれば，一度しか現れないものもある．すべての例を理解する必要はないため，難しいと感じた例があればひとまず読み飛ばしてほしい．重要な例は後で参照されることになる．

演習問題は，圏論の基礎的な理解を深めるために役立つであろう内容や，紙面の都

合のため述べられなかった内容を数多く含んでいる．演習問題の解答は，森北出版の Web サイト

https://www.morikita.co.jp/books/mid/006371

に掲載している．この解答では，図式を積極的に用いて丁寧に説明している．図式の威力を実感してもらえると思うので，これらの解答にぜひ一度は目を通してもらいたい．また，重要だと感じた問題や興味のある問題は自力で解いてみてほしい．しかし，演習問題の難易度はさまざまであるため，難しいと思ったら無理に解こうとしなくても構わない．

また，上記の Web サイトでは補遺も掲載している．この補遺では，極限やカン拡張と密接に関連する概念であるエンドや重み付き極限について扱っている．ほかにも，いくつかの役に立つと思われる情報を Web 上で発信する予定である．

0.5　圏論の参考文献

ここでは，個人的に推薦したい圏論の書籍をいくつか挙げておく．必要に応じて，本書とあわせて読むとよいと思う．

マックレーン氏の『圏論の基礎』（Categories for the Working Mathematician）[1] は，圏論の基礎をひととおりしっかりと学びたい人にとっての必読書であろう．ただし，数学者向けに書かれており，数学を専門としない人にとってはわかりにくい箇所が少なくないかもしれない．

リール氏の『Category Theory in Context』[2] も，圏論の基礎を学ぶのに適していると思う．この本の特徴の一つは，豊富な具体例をわかりやすく列挙している点であろう．

随伴・普遍性・極限の基礎をしっかりと身につけたい人は，レンスター氏の『ベーシック圏論』（Basic Category Theory）[3] を読むとよいであろう．先に紹介した2冊の書籍と比べると扱われている内容は少ないが，初学者にとってわかりやすいように丁寧に書かれており，圏論の入門書としておすすめできる．

最近刊行されたヒンゼ氏とマースデン氏の『Introducing String Diagrams』[4] は，そのタイトルが表すようにストリング図をメインとした圏論の書籍であり，随伴やモナドを中心に述べられている．ストリング図を積極的に用いているという点において，ここで紹介した書籍の中では本書に最も近い．浅芝氏の『圏と表現論』[5] では，2圏論やストリング図の基礎が述べられている．また，alg-d 氏の『全ての概念は Kan 拡張である』[6] も役に立つ．

第 **1** 章 　圏・関手・自然変換

　本章では，圏・関手・自然変換という，圏論の基礎を学ぶために不可欠な概念について説明する．また，これらの概念をストリング図で表す方法についても述べる．

1.1　圏

　圏は圏論における中心的な概念である．集合は圏の特別な場合とみなせるし，代数構造をもつような集合もしばしば圏とみなせる．また，「すべてのベクトル空間とそれらの間の線形写像」といったものも一つの圏として扱える．

1.1.1　集合と写像

　本書では，0 以上の整数を自然数とよぶ．自然数全体からなる集合を $\mathbb{N}$，整数全体からなる集合を $\mathbb{Z}$，実数全体からなる集合を $\mathbb{R}$ とおく．値 $a, b, \ldots$ の順序を気にした組をしばしば $\langle a, b, \ldots \rangle$ のように書く．また，集合 X, Y に対して，X の要素と Y の要素の組を集めた集合 $\{\langle x, y \rangle \mid x \in X, y \in Y\}$ を X と Y のデカルト積とよび，$X \times Y$ と書く．

　本書では，添字付けられた集まり（つまり添字の情報を含んだ集まり）を $\{a_x\}_{x \in X}$ または $\langle a_x \rangle_{x \in X}$ のように表し，添字付けられていない集まりを $\{a_x \mid x \in X\}$ のように表すことにする[‡1]．単に集まりとよんだ場合には，通常は添字付けられていない集まりのことを意味する．しかし，文脈から容易にわかる場合には，添字付けられた集まりのことを意味することもある．

　集まり X の各要素を集まり Y の一つの要素に対応付けたものを，X から Y への写像とよぶ．集まり X から集まり Y への写像 f は，X の各要素 x を Y の要素 $f(x)$ に写す（$f(x)$

[‡1] 集合 X が $\{1, 2, 3\}$ である場合，添字付けられた集まり $\{a_x\}_{x \in X}$ は添字の情報を含んだ集合として，たとえば $\{\langle 1, a_1 \rangle, \langle 2, a_2 \rangle, \langle 3, a_3 \rangle\}$ のことだとみなせる．一方，添字付けられていない集まり $\{a_x \mid x \in X\}$ は集合 $\{a_1, a_2, a_3\}$ に等しい．たとえば $a_1 = a_2 = a_3 = 0$ のとき，$\{a_x\}_{x \in X} = \{\langle 1, 0 \rangle, \langle 2, 0 \rangle, \langle 3, 0 \rangle\}$ であり，$\{a_x \mid x \in X\} = \{0\}$ である．

を $f \circ x$ や fx と書くこともある). 写像 f は $f \colon X \to Y$ や $f \colon X \ni x \mapsto f(x) \in Y$ のように も書く. ここで, 「$x \mapsto f(x)$」は各 x を $f(x)$ に写すという意味である (「$x \overset{f}{\mapsto} f(x)$」 のように書くこともある). この写像 f は, 添字付けられた集まり $\{f(x)\}_{x \in X}$ と同一 視できる. 本書では, X から Y への可逆写像があることを, しばしば X の要素と Y の要素が「一対一に対応する」のようによぶ. 写像 $f \colon X \to Y$ と写像 $g \colon Y \to Z$ を合 成した写像 $X \ni x \mapsto g(f(x)) \in Z$ を考えることができ, この写像を $g \circ f$ または gf と書く.

▶ 補足　本書では,「集合」を含むより一般的な概念を「集まり」とよぶ. つまり, 任意の集合は 集まりであり, また集まりには集合ではないものも含まれるとする. 直観的には, 集合ではない 集まりとは「大きすぎて集合とはよべないようなもの」のことだと解釈するとよいと思う. この ため, 本書では集合ではない集まりを大きいとよぶことにする. たとえば「すべての集合を集め てできる集まり」は大きい (つまり集合ではない) ことが知られている (興味のある読者は, い わゆるラッセルのパラドックスについて調べてほしい). 圏論では大きい集まりを扱いたい場合 がしばしばあり, 例 1.17 で紹介する圏 **Set** の対象の集まり ob **Set** がその代表例である. なお, 本書では「集合」という用語を明確に定義することは控えるが, 知識がある読者は, 一般に小さ い集合とよばれているもの (つまり適切に定義されたユニバースの要素) を集合とよんでいると 思ってほしい[‡2].

1.1.2　モノイド

　圏の定義は初学者にとってイメージしにくいかもしれない. そこで, 準備としてモ ノイドという概念から話を始めることにする. 以降では, モノイドの定義を示した後 で, モノイドの例をいくつか挙げる.

定義 1.1 (モノイド)　集合 M が次の条件をすべて満たすとする.

(1) 積：M の 2 個の任意の要素 g, f について, g と f の積 (multiplication) とよ ばれる M の要素 $g \circ f$ が定まっている. なお, 写像の合成 $\circ$ と同じ記号を用 いているが, 積は一般に写像の合成とは異なる演算である. しばしば記号 $\circ$ を 省略して, $g \circ f$ を単に gf と書く. gf は次のような図式で表される.

[‡2] 本書では, 任意の集合 X, Y についてデカルト積 $X \times Y$ や X のべき集合は集合であり, X の要素で添字 付けられた集合の集まり $\{S_x \mid x \in X\}$ について和集合 $\bigcup_{x \in X} S_x$ は集合であるといった, 一般的な集合 論で成り立つ命題を暗に用いる場合がある.

ただし，$\mathcal{M}$ の要素を四角形のブロックで表し，「線をつなげる」ことで積 ∘ を表している．gf は，数式では g の右側に f が並ぶのに対し，図式では g の下側に f が並ぶ.

(2) 結合律：任意の $f, g, h \in \mathcal{M}$ について

$$(1.2) \qquad h(gf) = (hg)f \quad \underset{\text{数式}}{\overset{\text{図式}}{\rightleftharpoons}}$$

を満たす．ただし，記号 $\underset{\text{数式}}{\overset{\text{図式}}{\rightleftharpoons}}$ は左側の数式と右側の図式が同じものを表していることを意味する．また，破線はとくに断りがない限り，図式をグループ化するための単なる補助線を表すものとする（後で述べるように，補助線はいつでも省略できる）．図式の左辺は，補助線で囲まれた積 gf に対して h との積を施すという意味である．このように，「先に演算する」といった意味で補助線を用いることがしばしばある.

(3) 単位律：$\mathcal{M}$ のある要素 1（単位元 (identity element) とよばれる）が存在して，任意の $f \in \mathcal{M}$ について

$$(1.3) \quad f1 = f = 1f \quad \underset{\text{数式}}{\overset{\text{図式}}{\rightleftharpoons}}$$

を満たす．破線のブロックが単位元を表している.

このとき，集合 $\mathcal{M}$ と積 ∘ と単位元 1 の組 $\langle \mathcal{M}, \circ, 1 \rangle$ をモノイド (monoid) とよぶ.

$\langle \mathcal{M}, \circ, 1 \rangle$ をモノイドとよぶ代わりに，しばしば単に（積 ∘ と単位元 1 を省略して）$\mathcal{M}$ をモノイドとよぶ．モノイドとは，結合律と単位律を満たすような演算 ∘ をもつ集合であるといえる．とくに，任意の $a, b \in \mathcal{M}$ について $ab = ba$ を満たすとき，このモノイドは可換 (commutative) であるとよぶ.

条件 (2) の結合律では，「積を 2 回続けて施した結果はその積の順序によらない」ことを表している．このため，式(1.2) の括弧を省略して hgf と表しても（または図式から補助線を消しても）意味を損なわない．また，条件 (3) の式(1.3) は，図式上では

単位元を単なる線として表せて，直観的には「線を縦方向に自由に伸縮できる」ことを意味している．この式の破線を省略しても意味を損なわない．

例 1.4 自然数全体 $\mathbb{N}$ は，和 + を積として 0 を単位元とする可換モノイドである．実際，各 $a, b, c \in \mathbb{N}$ に対して結合律 $a + (b + c) = (a + b) + c$ と単位律 $a + 0 = a = 0 + a$ と式 $a + b = b + a$ が成り立つ．また，$\mathbb{N}$ は自然数の積 × を積として 1 を単位元とする可換モノイドでもある． △

例 1.5 ベクトル空間 $\mathbf{V}$ は，和 + を積としてゼロベクトル $\mathbb{0}$ を単位元とする可換モノイドである． △

例 1.6 集合 X から X 自身へのすべての写像の集合は，写像の合成 ∘ を積として恒等写像を単位元とするモノイドである．このモノイドは一般に可換ではない． △

例 1.7 **自由モノイド** 任意に選んだ集合 X に対して，X の自由モノイドとよばれる集合（Free(X) と書く）が考えられる．Free(X) の要素は X の有限個の任意の要素の組 $\langle x_1, \ldots, x_n \rangle$ である．また，$\langle x_1, \ldots, x_n \rangle$ と $\langle y_1, \ldots, y_k \rangle$ の積を $\langle x_1, \ldots, x_n, y_1, \ldots, y_k \rangle$ と定め，単位元を空列 $\langle \rangle$ と定める．このとき，明らかに結合律と単位律を満たすため，Free(X) はモノイドである． △

1.1.3 圏の定義と例

圏は，モノイドよりも一般的な概念である．大ざっぱに述べると，モノイドでは 1 個の集合 M のみを考えたが，圏ではこれを複数個の集合に拡張してそれらを対象とよぶ．また，モノイドにおける M の各要素に相当するものを射とよぶ．ただし，次の定義が示すように，実際には対象は集合（や集まり）とは限らないより一般的な概念である．モノイドは 1 個の対象からなる圏とみなせる．

定義 1.8（圏） 圏（category）C とは，対象（object）の集まり $\{a, b, c, \ldots\}$ と射（morphism）の集まり $\{f, g, h, \ldots\}$ から構成されており，次の条件をすべて満たすもののことである．

(1) 各射 f に対して，f のドメイン（domain）とよばれる対象とコドメイン（codomain）とよばれる対象が定まっている．f のドメインが a でコドメインが b であるとき，f を a から b への射とよび，$f : a \to b$ のように書く．この f を次のような図式で表す．

$$(1.9) \qquad f: a \to b \qquad \underset{\text{数式}}{\overset{\text{図式}}{\rightleftarrows}}$$

射は四角形などのブロックで表される[‡3]．ブロックの下側および上側から伸びている線がそれぞれドメインおよびコドメインを表しており，線に付いたラベルでどの対象であるかを表している．また，ラベル「C」が付いたグレーの領域は圏 C を意味しており，式(1.9) のように描くことで f が圏 C の射であることを表している．

(2) 射の合成：2 本の任意の射 $f: a \to b$ と $g: b \to c$（a, b, c は任意の対象）について，f と g の合成とよばれる射 $g \circ f: a \to c$ が定まっている．しばしば $g \circ f$ を単に gf と書く．gf は次のような図式で表される．

$$(1.10)$$

同一の図式の中に現れる同じ色（や同じ模様）の領域はとくに断りがない限り同じ圏を表すものとし，重複するラベルはしばしば省略する（式(1.10) では，右辺のグレーの領域のラベル「C」が省略されている）．

(3) 結合律：3 本の任意の射 $f: a \to b$ と $g: b \to c$ と $h: c \to d$（a, b, c, d は任意の対象）について

$$(1.11) \qquad h(gf) = (hg)f \qquad \underset{\text{数式}}{\overset{\text{図式}}{\rightleftarrows}}$$

を満たす．

[‡3] ブロックの形状は四角形以外であってもよく，自由に選べる．（一部の例外を除き）この形状には何らかの重要な情報が含まれているわけではない．

(4) 単位律：各対象 c に対して恒等射（identity morphism）とよばれる c から c への射（1_c と書く）があり，任意の $f: a \to b$ について[‡4]

(1.12)

$$f1_a = f = 1_b f \quad \xleftarrow[\text{数式}]{\text{図式}} \quad$$

を満たす．破線のブロックが恒等射を表している．

例 1.13　**モノイド**　先述のとおり，任意のモノイド $\langle M, \circ, 1 \rangle$ は圏の特別な場合とみなせる．具体的には，1 個の対象のみをもち，集合 M の各要素を射とし，積 $\circ$ を射の合成とし，単位元 1 を恒等射とする圏とみなせる．このことは，圏の定義における図式から対象を表すラベルを消すと，モノイドの定義における図式とほぼ同じになることから容易にわかるであろう．このような圏をしばしば同じ記号を用いて M と書く．なお，一般の圏ではモノイドと異なり複数の対象をもてることから，圏はモノイドの「多対象版」とよばれることがある．　　　　　　　　　　　　　　　　　　　　△

　条件 (3) の結合律と条件 (4) の単位律は，モノイドの定義における結合律と単位律に対応している．式(1.11) の括弧や補助線を省略しても意味を損なわないし，式(1.12) のように恒等射を単なる線として表せる．なお，結合律を満たすならば，3 回以上合成を行った場合にもその合成の順序によらないことがわかる．たとえば，合成可能な射 i, h, g, f について $(ih)(gf) = ((ih)g)f$ が成り立つ．

　本書では，圏は $\mathcal{C}, \mathcal{D}, \ldots$ のような大文字の筆記体で，対象や射は，それぞれ $a, b, \ldots$ や $f, g, \ldots$ のような小文字で表すことが多い．対象 a から同じ対象 a への射のことを a 上の射とよぶ．以降では，射 f と射 g について gf のように書いた場合には，f のコドメインと g のドメインが等しいことを暗に要請しているものとする．

　$\mathcal{C}$ の対象全体からなる集まりを ob $\mathcal{C}$ と表し，$\mathcal{C}$ の射全体からなる集まりを mor $\mathcal{C}$ と表す．$a \in \mathcal{C}$ と書いた場合には，a が $\mathcal{C}$ の対象であること，つまり $a \in$ ob $\mathcal{C}$ であることを意味するものとする．また，各 $a, b \in \mathcal{C}$ について a から b への射全体からなる集まりを $\mathcal{C}(a, b)$ と書き，ホムセット（hom-set）とよぶ．$f: a \to b$ は $f \in \mathcal{C}(a, b)$ とも表せる．a から b への射は存在しない場合もあるし複数存在する場合もある．射 f のドメインを dom f と書き，コドメインを cod f と書く．

[‡4] 「任意の $f: a \to b$」のように述べたときは，とくに断りがない限り a と b も任意であるとする．

12 | 第 1 章 圏・関手・自然変換

▶ **補足** 式(1.12) の図式が示唆するように，対象 a と恒等射 1_a を同一視しても実質的には問題ない．実際，対象を恒等射に置き換えた定義として，対象を用いず射のみを用いて圏を定義することもできる（演習問題 1.1.5）．本書でも，このような定義を意識して対象 a と恒等射 1_a を（実質的に）同一視することがある．図式では，対象 a と恒等射 1_a はどちらも同じ線で表され，区別できない．なお，各対象 a について a 上の恒等射は一意に定まる（演習問題 1.1.1(a)）．

例 1.14 **圏 1** 1 個の対象（$*$ とおく）と 1 本の射（$*$ 上の恒等射 1_*）のみからなる圏が，本書でしばしば登場する．この圏を **1** と書くことにする．圏 **1** では，恒等射の定義より $1_* \circ 1_* = 1_*$ を満たす．圏 **1** を模式的に表すと，次のようになる（矢印が射を表している）．

$$* \;\circlearrowright\; 1_*$$

▶ **補足** 式(1.9) などの図式では，右側半分の領域は白色になっている．この白色の領域は圏 **1** を表していると解釈できることが，後でわかる（例 1.49 を参照のこと）． △

例 1.15 **圏 2** 2 個の対象 $1, 2$ と射 $!: 1 \to 2$，および 2 本の恒等射 $1_1, 1_2$ のみからなる圏も，本書で何度か登場する．この圏を **2** と書くことにする．圏 **2** を模式的に表すと，次のようになる（矢印が射を表している）．

$$1_1 \;\circlearrowright\; 1 \overset{!}{\longrightarrow} 2 \;\circlearrowright\; 1_2$$

△

例 1.16 **離散圏** 恒等射以外の射をもたない圏を離散圏（discrete category）とよぶ．離散圏 C は圏の対象の集まり $\mathrm{ob}\, C$ と本質的には変わらない．圏 **1** は 1 個の対象のみをもつ離散圏のことである．また，任意の集合はその集合の各要素を対象とするような離散圏とみなせる． △

例 1.17 **集合の圏** 例 1.16 では任意の集合を圏とみなせることを述べたが，これとは別にすべての集合からなる圏というものが考えられる．この圏を集合の圏（category of sets）とよび，**Set** と書く．圏 **Set** では，集合を対象として集合 X から集合 Y への写像を X から Y への射とする[‡5]．ただし，射の合成は写像の合成とする．このとき，集合 X 上の恒等写像が X 上の恒等射になる．

▶ **補足** 以降では，集合 X を $X \in \mathbf{Set}$ と書き，集合 X から集合 Y への写像 f を $f \in \mathbf{Set}(X, Y)$ と書くことがしばしばある． △

[‡5] 「集合を対象として」という文言は，「すべての集合はこの圏の対象であり，この圏はそれ以外の対象をもたない」という意味である．射についても同様である．以降，圏の対象や射を定める場合にはしばしばこのような文言を用いる．

1.1 圏 | 13

例 1.18 **モノイドの圏** 圏 **Set** と同様に，すべてのモノイドからなる圏 **Mon** が考えられる．**Mon** ではモノイドを対象とする．また，対象（つまりモノイド）$\langle \mathcal{M}, \circ, 1 \rangle$ から対象 $\langle \mathcal{M}', \circ', 1' \rangle$ への射 f は，$\mathcal{M}$ から $\mathcal{M}'$ への写像のうち

$$f(a \circ b) = f(a) \circ' f(b) \qquad (\forall a, b \in \mathcal{M}),$$
$$f(1) = 1'$$

を満たすものとする．このような写像 f は，モノイド準同型（monoid homomorphism）とよばれる．また，射の合成は写像の合成とする．恒等射は恒等写像であることがわかる．同様にして，可換モノイドを対象としてモノイド準同型を射とする圏 **CMon** が考えられる．圏 **Mon** をモノイドの圏（category of monoids）とよび，圏 **CMon** を可換モノイドの圏（category of commutative monoids）とよぶ． ◁

例 1.19 **ベクトル空間の圏** 体 $\mathbb{K}$ 上のベクトル空間を対象として線形写像を射とする圏が考えられる（射の合成は写像の合成とする）．この圏を **Vec$_\mathbb{K}$** と書き，体 $\mathbb{K}$ 上のベクトル空間の圏（category of $\mathbb{K}$-vector spaces）とよぶ．なお，以降では体 $\mathbb{K}$ 上のベクトル空間がしばしば登場する．体になじみのない読者は，たとえば $\mathbb{K} = \mathbb{R}$ の場合を考えればよい．体 $\mathbb{R}$ 上のベクトル空間とは実ベクトル空間のことである．**Vec$_\mathbb{K}$(V, W)** は，ベクトル空間 **V** からベクトル空間 **W** への線形写像全体からなる集合である．なお，**Vec$_\mathbb{K}$(V, W)** にはスカラー倍と和を自然に定義できる．そこで，以降では集合 **Vec$_\mathbb{K}$(V, W)** をしばしばベクトル空間（つまり **Vec$_\mathbb{K}$** の対象）とみなす．

Vec$_\mathbb{K}$ と同様に，体 $\mathbb{K}$ 上の有限次元ベクトル空間を対象として線形写像を射とする圏を **FinVec$_\mathbb{K}$** と書き，体 $\mathbb{K}$ 上の有限次元ベクトル空間の圏（category of finite-dimensional $\mathbb{K}$-vector spaces）とよぶ． ◁

例 1.20 0 以上の実数を対象として，対象 a から対象 b への射が，$a \geq b$ ならば 1 個存在し，$a < b$ ならば存在しないような圏を $\mathbb{R}_{\geq 0}$ とおく．つまり，a から b への射の有無が，大小関係 $a \geq b$ が成り立つか否かを表す．a 上の射は恒等射のみ存在し，大小関係 $a \geq a$ が成り立つことを表す．射の合成は推移律（$a \geq b$ かつ $b \geq c$ ならば $a \geq c$）に相当する．

▶**補足** ここでは対象を 0 以上の実数に限定したが，任意の実数を対象とするような圏 $\mathbb{R}$ や任意の整数を対象とするような圏 $\mathbb{Z}$ なども同様にして考えられる．たとえば圏 $\mathbb{R}$ では，$a \in \mathbb{R}$ から $b \in \mathbb{R}$ への射は $a \geq b$ ならば 1 個存在し，$a < b$ ならば存在しないものとする（$\mathbb{Z}$ も同様）． ◁

14 第 1 章 圏・関手・自然変換

例 1.21 大文字のアルファベット "A", "B", ..., "Z" を対象として，対象 a から対象 b への射は a で始まり b で終わるような文字列であるような圏が考えられる．ただし，射は 1 文字以上であり大文字のアルファベットのみからなるものとする．たとえば，文字列 "CATEGORY" は対象 "C" から対象 "Y" への射である．射の合成として，文字列 f の後に文字列 g から先頭の文字を除いたものをつなげた文字列を fg とする（射 "COD" と射 "DOMAIN" の合成は射 "CODOMAIN" である）．恒等射は 1 文字の文字列である（対象 "A" 上の恒等射は "A" である）． ◁

▶ **補足** **Set** や **Mon** や **Vec**$_\mathbb{K}$ のように対象が集合である場合には，射が写像であることがしばしばある．このため，射の狭い解釈として，対象 a から対象 b への写像のようなものが射 $f: a \to b$ であると捉えるとわかりやすいかもしれない．

一方で，このような解釈が適切ではないような圏も少なくない．たとえば，集合 a から集合 b への写像が射 $f: b \to a$ として表されるような場合もあるし，対象を集合とはみなせないような場合もある．例 1.20 のように，射が写像ではない場合もある．

▶ **余談** 集合論では集合（つまり **Set** の対象）を主役とみなすことが多く，線形代数ではベクトル空間（つまり **Vec**$_\mathbb{K}$ の対象）を主役とみなすことが多いように思う（もちろん例外もある）．これに対し，圏論では対象よりも射を主役とみなすほうがわかりやすい場合が多いであろう．射を主役とみなすことは，対象という「もの自体」ではなく，射という「ものの間の関係」に注目していると解釈できる．

圏とは射の集まりのことであり，それらの射がどのように合成されるかによって特徴付けられると解釈できる（$a \in C$ のような表記から，圏とは対象の集まりのことというイメージをもつかもしれないが，このイメージは混乱を招くことがあると思う）．定義 1.8 を振り返ると，対象や射が具体的に何であるかということには言及していない．このため，この定義で述べた合成に関する規則さえ満たしていれば，対象や射は何でもよい．このことは，圏論では「もの」に備わっている性質そのものにはとくに関心はないことを示唆しているようである．

なお，本書では話が進むにつれて，（ある意味において）射を一般化した概念である自然変換が話題の中心となっていく．

任意の $a, b \in C$ についてホムセット $C(a, b)$ が集合であるような圏 C を局所小圏，または局所的に小さい（locally small）という．以降では，本書で扱う圏はとくに断りがない限りすべて局所的に小さいと仮定する（例 1.13〜1.21 で紹介した圏はすべて局所小圏である）．また，集まり $\mathrm{mor}\, C$ が集合であるとき，C を小圏，または小さい（small）という．C が小圏ならば，集まり $\mathrm{ob}\, C$ も集合である（対象を恒等射と同一視すると $\mathrm{ob}\, C \subseteq \mathrm{mor}\, C$ が成り立つため）．また，小圏は明らかに局所小圏である（各 $C(a, b)$ は $\mathrm{mor}\, C$ の部分集合であるため）．

任意の局所小圏 C では $C(a, b)$ は集合であり，これを **Set** の対象とみなすと便利な場合がしばしばある．これから説明するほかの概念を **Set** の対象や射とみなしたい場合も多い．このようにして，一般の圏について考える際に圏 **Set** がとくに重要な役割を

果たすことになる．なお，できれば本書では話を簡単にするため小圏のみを扱いたいところだが，圏 **Set** が小圏ではないため，小圏ではない圏も必然的に扱うことになる．

射 $f\colon a \to b$ において $gf = 1_a$ および $fg = 1_b$ を満たすような射 $g\colon b \to a$ が存在するとき，f を**同型射**（isomorphism）または**可逆**（invertible）であるとよび，$f\colon a \cong b$ のように書く．また，g を f の**逆射**（inverse morphism）とよび f^{-1} と書く．各同型射 f の逆射 f^{-1} は一意に定まる（演習問題 1.1.1(b)）．対象 a から対象 b への同型射が存在するとき，a と b は**同型**（isomorphic）であるとよび，$a \cong b$ と書く．

例 1.22 **Set** の 2 個の対象（つまり集合）X と Y が同型であるとは，X から Y への可逆写像（または同じことであるが全単射[‡6]）が存在することと同値である． ◁

例 1.23 $\mathbf{Vec}_{\mathbb{K}}$ の 2 個の対象（つまりベクトル空間）$\mathbf{V}$ と $\mathbf{W}$ が同型であることは，ベクトル空間として同型である，つまり可逆な線形写像 $f\colon \mathbf{V} \to \mathbf{W}$ が存在することと同値である． ◁

▶ **補足** 圏 $\mathcal{C}$ の射 $f\colon a \to b$ が同型であることと，各 $x \in \mathcal{C}$ に対して写像 $\mathcal{C}(x,a) \ni g \mapsto fg \in \mathcal{C}(x,b)$ が可逆であることと，各 $x \in \mathcal{C}$ に対して写像 $\mathcal{C}(b,x) \ni h \mapsto hf \in \mathcal{C}(a,x)$ が可逆であることは，いずれも同値である（演習問題 1.1.3）．このことは，$\mathcal{C}$ の対象が同型か否かを，その対象への（またはその対象からの）射の集まりが同型か否かにより判定できることを意味している．直観的には，「圏の対象はほかの対象との関係性により特徴付けられる」といえる．

圏 $\mathcal{C}'$ が圏 $\mathcal{C}$ の**部分圏**（subcategory）であるとは，$\mathcal{C}'$ のすべての対象が $\mathrm{ob}\,\mathcal{C}$ に含まれ（つまり $\mathrm{ob}\,\mathcal{C}' \subseteq \mathrm{ob}\,\mathcal{C}$ であり），$\mathcal{C}'$ のすべての射が $\mathrm{mor}\,\mathcal{C}$ に含まれ（つまり $\mathrm{mor}\,\mathcal{C}' \subseteq \mathrm{mor}\,\mathcal{C}$ であり），$\mathcal{C}'$ での射の合成が $\mathcal{C}$ での射の合成であり，$\mathcal{C}'$ のすべての恒等射が $\mathcal{C}$ の恒等射であることをいう．$\mathcal{C}$ の部分圏 $\mathcal{C}'$ が**充満**（full）であるとは，任意の $a, b \in \mathcal{C}'$ について $\mathcal{C}'(a,b) = \mathcal{C}(a,b)$ を満たすことをいう．$\mathcal{C}$ の充満部分圏 $\mathcal{C}'$ は，その対象の集まりが定まれば一意に定まる．

例 1.24 任意の圏 $\mathcal{C}$ に対して，$\mathcal{C}$ と同じ対象をもつ離散圏（または同じことであるが，$\mathcal{C}$ から恒等射以外のすべての射を除いた圏）は $\mathcal{C}$ の部分圏である．この圏は集まり $\mathrm{ob}\,\mathcal{C}$ と本質的には変わらないため，しばしば同じ表記を用いて $\mathrm{ob}\,\mathcal{C}$ と表される．$\mathcal{C}$ 自身が離散圏でない限り，$\mathcal{C}$ の部分圏 $\mathrm{ob}\,\mathcal{C}$ は充満ではない． ◁

例 1.25 $\mathbf{FinVec}_{\mathbb{K}}$ は明らかに $\mathbf{Vec}_{\mathbb{K}}$ の充満部分圏である．同様に，**CMon** は **Mon** の充満部分圏である． ◁

[‡6] X から Y への写像 f が X の異なる要素を必ず Y の異なる要素に写すならば**単射**（injective）とよび，Y の各要素 y に対して $f(x) = y$ を満たす $x \in X$ が存在するならば**全射**（surjective）とよぶ．とくに，単射かつ全射であることを**全単射**（bijective）とよぶ．写像が可逆であることと全単射であることは同値である．

16　第 1 章　圏・関手・自然変換

1.1.4　双対圏

　任意の圏 C に対して，C とまったく同じ対象と射をもつが，すべての射のドメインとコドメインが逆になっているような別の圏が考えられる．この圏を C の双対（dual）または反対（opposite）とよび，C^{op} と書く．この定義より，$\mathrm{ob}\, C^{\mathrm{op}} = \mathrm{ob}\, C$ および $\mathrm{mor}\, C^{\mathrm{op}} = \mathrm{mor}\, C$ が成り立つ．また，各 $a, b \in C$ について $C^{\mathrm{op}}(b, a) = C(a, b)$ が成り立ち，C^{op} の各射 $f : b \to a$ は C の射 $f : a \to b$ に等しい．直観的には，C^{op} の射は C の対応する射に対して向きが「反転」しているとみなせる．C^{op} の恒等射は C の恒等射である．C^{op} の 2 本の射 $g \in C^{\mathrm{op}}(c, b)$ と $f \in C^{\mathrm{op}}(b, a)$ の合成 $fg \in C^{\mathrm{op}}(c, a)$ は，C での合成 $gf \in C(a, c)$（ただし $f \in C(a, b),\ g \in C(b, c)$）に等しい．この射 $fg \in C^{\mathrm{op}}(c, a)$ は，次の図式で表される．

$$(1.26)$$

　ただし，$\overset{\text{同じ意味}}{\Longleftrightarrow}$ の左側にある射はいずれも C^{op} の射を表しており，右側にある射はいずれも C の射を表している．$\overset{\text{同じ意味}}{\Longleftrightarrow}$ の左側と右側は，互いに「上下反転」の関係になっている．

> ▶ **補足**　この図式では C と C^{op} の背景色を変えているが，同じ色（や同じ模様）にすることがある．単に射 f と書かれたときに C と C^{op} のどちらの射を表しているかがまぎらわしいと思うが，以降ではこのような表記が頻繁に現れるため慣れてほしい．

　双対圏の定義より，$(C^{\mathrm{op}})^{\mathrm{op}}$ は C に等しい[‡7]．これは，「上下反転」を 2 回施すと元に戻ることに相当する．C の対象 a や射 $f : a \to b$ を C^{op} の対象や射として捉えていることを明記したい場合には，a^{op} や f^{op} のように書くこともある（この場合でも $a^{\mathrm{op}} = a$ および $f^{\mathrm{op}} = f$ であることには変わりない）．

> ▶ **補足**　図式で C^{op} のような領域が現れたら，C の対象や射を上下反転して表していると解釈すればよい．ただし，以降では部分的に上下反転しているような図式がしばしば登場し（たとえば式(3.19)），慣れないうちは混乱しやすいかもしれない．どの部分が上下反転しているかを落ち着いて考えるようにしてほしい．

[‡7] 2 個の圏 C, D が等しいとは，$\mathrm{ob}\, C = \mathrm{ob}\, D$ および $\mathrm{mor}\, C = \mathrm{mor}\, D$ を満たし，かつ射の合成の仕方が同じことである．

1.1 圏 | 17

例 1.27 例 1.20 で定めた圏 $\mathbb{R}_{\geq 0}$ の双対 $\mathbb{R}_{\geq 0}^{\mathrm{op}}$ は，0 以上の実数を対象として，対象 a から対象 b への射は $a \leq b$ ならば 1 個存在し，$a > b$ ならば存在しないような圏である． △

　これから述べる多くの概念や性質について，それらの双対，つまり双対圏を考えたときの対応する概念や性質をすぐに考えることができる．双対は単に図式を「上下反転」させることに相当するため，双対を考えても自明なことしかわからないように思えるかもしれない．しかし，すぐには自明であるとは思えないような重要な知見が少なからず得られることが，これから次第にわかるようになる．

▶ **余談**　圏論において双対を考える（つまり「上下反転」させる）ことに意味があるのは，興味深い圏の多くが「上下対称」ではないためであろう．たとえば，圏 C の対象 a, b を固定したときに 2 個のホムセット $C(a, b)$ と $C(b, a)$ の要素数は一般に同じではない（**Set** でこのような場合について考えてみてほしい）．このような圏においては，単に双対を考えることで新たな知見が得られることがしばしばある．

1.1.5　始対象と終対象

　圏 C の対象 c を 1 個選ぶ．各 $d \in C$ に対して c から d への射が存在して一意に定まるとき，つまり集合 $C(c, d)$ が要素を 1 個のみもつとき，c を **始対象**（initial object）とよぶ．同様に，各 $d \in C$ に対して d から c への射が存在して一意に定まるとき，c を **終対象**（terminal object）とよぶ．以降では，しばしば始対象の一つを 0 と書き，終対象の一つを 1 と書く．始対象かつ終対象であるような対象は **ゼロ対象**（zero object）とよばれる．$c \in C$ が始対象であることは圏 C^{op} の終対象であることと同値であり，終対象であることは C^{op} の始対象であることと同値である．

例 1.28　**集合**　空集合から集まり X への写像を X への **空写像** とよぶ．任意の集まり X に対して X への空写像が存在して一意に定まる[‡8]．このため，空集合は **Set** の始対象である．また，1 個の要素のみをもつ任意の集合 Y（**1 点集合** とよぶ）は **Set** の終対象である．実際，各集合 X から Y への写像は，X のすべての要素を Y の唯一の要素に写すものだけである．以降では，1 点集合の一つを代表して $\{*\}$ と書くことにする．

　なお，任意の集合 X に対して，X の各要素 $x \in X$ と写像 $\{*\} \ni * \mapsto x \in X$ が一対一に対応する（$\{*\}$ の要素は $*$ のみであるため）．本書では，x とこの写像 $* \mapsto x$ を同一視する．これにより，$\mathbf{Set}(\{*\}, X) = X$ となる．このとき，x は

[‡8] 1.1.1 項では集まり Z から集まり X への写像 f を添字付けられた集まり $\{f(z)\}_{z \in Z}$ と同一視できると述べた．この集まり $\{f(z)\}_{z \in Z}$ が空集合であるような写像が空写像であると解釈すれば，直観的にわかりやすいかもしれない．一般的な集合論では，このような直観的な解釈を厳密な形で述べることができ，各集合 X に対して X への空写像が存在して一意に定まることを示せる．

18　第 1 章　圏・関手・自然変換

(1.29)
$$x \in X \quad \underset{\text{数式}}{\overset{\text{図式}}{\rightleftarrows}} \quad$$

$$\begin{array}{|c|} \hline \textbf{Set}\, X \\ \hline \boxed{x} \\ \hline \end{array}$$

と表せる．この図式のように，本書では $\{*\} \in \textbf{Set}$ をグレーの点線で表すことにし，ラベル $\{*\}$ は省略する．

▶ **補足**　x と写像 $* \mapsto x$ を同一視するのは，単に話を簡単にするためである．これらを同一視しなくても，集合 $\textbf{Set}(\{*\}, X)$ から X への可逆写像を考えれば，実質的に同じ議論を行える．△

▶ **補足**　圏論では，$\textbf{Set}$ のように対象が集合であったとしても，その集合の要素に直接言及する手段はなく，射を通して言及する必要がある．しかし，これによって困ることはとくにないであろう．実際，例 1.28 で述べたように，$\textbf{Set}$ の対象（つまり集合）X の要素 x は $\textbf{Set}$ の射（つまり写像）$\{*\} \ni * \mapsto x \in X$ により特徴付けられた．別の主要な圏でも同様のことが成り立つ．たとえば $\textbf{Vec}_{\mathbb{K}}$ の対象（つまりベクトル空間）V の要素 v は，$\textbf{Vec}_{\mathbb{K}}$ の射（つまり線形写像）$\mathbb{K} \ni k \mapsto kv \in V$ により特徴付けられる．

▶ **高度な話題**　$\textbf{Set}$ において対象 X を射の集合 $\textbf{Set}(\{*\}, X)$ と同一視できるのと同様に，対象を集合とみなせるようなほかの圏でも似たような同一視を行える場合がしばしばある．詳しくは，p.183 で述べるセパレータを参照のこと．

圏 $\textbf{Set}$ の主な性質を表 1.1 に示す．

表 1.1　圏 $\textbf{Set}$

対象	集合
射	写像
射の合成	写像の合成
始対象	空集合
終対象	1 点集合
備考	局所小圏，具体圏（p.54），完備かつ余完備（例 5.56），カルテシアン閉（例 6.50）

例 1.30　**線形代数**　0 次元ベクトル空間 $\{0\}$ は $\textbf{Vec}_{\mathbb{K}}$ のゼロ対象である．実際，各 $V \in \textbf{Vec}_{\mathbb{K}}$ に対して $\textbf{Vec}_{\mathbb{K}}(\{0\}, V)$ の要素は 0 を V のゼロベクトルに写す写像のみであるため $\{0\}$ は始対象であり，$\textbf{Vec}_{\mathbb{K}}(V, \{0\})$ の要素はすべての V の要素を 0 に写す写像のみであるため $\{0\}$ は終対象でもある．△

始対象 0 が存在するような圏 C では，各対象 $c \in C$ に対して始対象から c への唯一の射 $!_c : 0 \to c$ が定まり，逆に $!_c$ が与えられれば c が $c = \text{cod}\,!_c$ により定まる．したがって，対象 c と始対象からの射 $!_c$ は一対一に対応する．この双対として，終対

象 1 が存在するような圏 C では，各対象 $c \in C$ に対して c から終対象への唯一の射 $!'_c : c \to 1$ が定まり，逆に $!'_c$ が与えられれば c が $c = \mathrm{dom}\,!'_c$ により定まる．

任意の圏 C について，ある性質を満たす対象が**本質的に一意**（essentially unique）であるとは，その性質を満たす対象が複数存在するならば互いに同型なものに限られることをいう．

例 1.31 $\mathbf{FinVec}_\mathbb{K}$ の対象のうち，次元が n であるものは本質的に一意である．つまり，2 個の任意の n 次元ベクトル空間 $\mathbf{V}, \mathbf{W} \in \mathbf{FinVec}_\mathbb{K}$ は互いに同型である． ◿

始対象は存在しない場合もあるし複数存在する場合もある．しかし，次の補題がつねに成り立つ．

補題 1.32 任意の圏 C について，C の始対象は存在するならば本質的に一意（つまり，始対象が複数存在するならば互いに同型）であり，始対象と同型な対象はすべて始対象である．

この双対として，C の終対象は存在するならば本質的に一意であり，終対象と同型な対象はすべて終対象である．

証明 まず，始対象が存在するとして本質的に一意であることを示す．圏 C の 2 個の任意の始対象 0 と $0'$ が同型であることを示せば十分である．0 は始対象であるため，0 上の射は 1 本（つまり恒等射 1_0）のみである．同様に，$0'$ 上の射は $1_{0'}$ のみである．0 から $0'$ への唯一の射を f とおき，$0'$ から 0 への唯一の射を g とおく．gf は 0 上の射であるため 1_0 に等しく，fg は $0'$ 上の射であるため $1_{0'}$ に等しい．したがって，$f : 0 \to 0'$ は同型射であるため $0 \cong 0'$ である．

次に，始対象 $0 \in C$ と同型な対象 $a \in C$ が始対象であることを示す．このためには，任意に選んだ $b \in C$ に対して a から b への射が存在して一意に定まることを示せばよい．0 から a および b への唯一の射をそれぞれ $!_a$ および $!_b$ とおく．仮定より，$!_a$ は可逆である．$g : a \to b$ を任意に選んだとき，$g!_a$ は 0 から b への射であるため $!_b$ に等しく，右側から $!_a^{-1}$ を施すと $g = !_b !_a^{-1}$ が得られる．このため，a から b への射は $!_b !_a^{-1}$ と一意に定まる．したがって，a は始対象である．

最後に，終対象について示す．$a \in C$ が終対象であることは，双対圏 C^{op} の始対象であることと同値である．また，$a, b \in C$ が同型であることは C^{op} の対象として同型であることと同値である（このことは，C^{op} の射が C の射の向きを「反転」させたものであることからすぐにわかる）．一方，上記の証明において C の代わりに C^{op} を考えれば，C^{op} の始対象は複数存在するならば互いに同型であり，始対象と同型な対象はすべて始対象であることがわかる．したがって，C の終対象は複数存在するならば

20 第1章 圏・関手・自然変換

互いに同型であり，終対象と同型な対象はすべて終対象である． □

この補題における終対象のように，双対に関する性質は単に双対を考えることで得られる．そこで，以降では双対に関する性質の証明は原則として省略する．

▶補足 これから本書では，ある特別な圏の始対象（や終対象）がもつ「普遍性」という性質に着目していくことになる（普遍性は 3.2 節で説明する）．この際，補題 1.32 のおかげで，この性質は始対象の選び方によらないことが示される．大ざっぱに述べると，始対象が複数あった場合にどの始対象を選んでも圏論的には同じ議論ができる．

1.1.6 圏の直積

圏 C と圏 $\mathcal{D}$ に対し，次のように定められる圏 $C \times \mathcal{D}$ を C と $\mathcal{D}$ の**直積**（product）とよぶ．直観的には，2個の対象や2本の射を組にしたものが直積圏 $C \times \mathcal{D}$ である．

- 対象は，$c \in C$ と $d \in \mathcal{D}$ の組 $\langle c, d \rangle$ である[‡9]．この対象を次の図式で表すことにする．

$$(1.33)$$

この左辺はこれまでと同じ表記であり，右辺がここで新たに導入する表記である．便宜上，この表記を「直積用の表記」とよぶことにする．この右辺のように，$c \in C$ を表す矢印と $d \in \mathcal{D}$ を表す矢印を2本並列に並べることで $\langle c, d \rangle$ を表す．また，直積であることを示すために，2本の矢印の間にグレーの破線を入れる（この破線は例外的に補助線ではない）．なお，この表記では対象を線ではなく矢印で表しているが，これまでの表記と区別するためのものだと考えてほしい．

- 対象 $\langle c, d \rangle$ から対象 $\langle c', d' \rangle$ への射は，$f \in C(c, c')$ と $g \in \mathcal{D}(d, d')$ の組 $\langle f, g \rangle$ である．この射を次の図式で表すことにする．

$$(1.34)$$

右辺が直積用の表記である．このように，2本の射 f と g を並列に並べることで $\langle f, g \rangle$ を表す．

- 射 $\langle f, g \rangle \colon \langle c, d \rangle \to \langle c', d' \rangle$ と射 $\langle f', g' \rangle \colon \langle c', d' \rangle \to \langle c'', d'' \rangle$ の合成は，$\langle f'f, g'g \rangle$ である．図式で表すと，次のようになる．

[‡9] 例 1.17 の脚注でも述べたように，この文言は「$C \times \mathcal{D}$ のすべての対象は $\langle c, d \rangle$ の形で表され，$C \times \mathcal{D}$ はそれ以外の対象をもたない」という意味である．

$$(1.35) \,{}^{\ddagger 10} \qquad \langle f', g' \rangle \circ \langle f, g \rangle := \langle f'f, g'g \rangle \qquad \underset{\text{数式}}{\overset{\text{図式}}{\rightleftarrows}}$$

これまでの図式と同様に，射の合成は射を直列につなげることで表す．一方，数式からわかるように，この図式を「2 本の射 $f'f$ と $g'g$ を並列に並べたもの」と捉えてもよい．

- 対象 $\langle c, d \rangle$ 上の恒等射は，$\langle 1_c, 1_d \rangle$ である．この恒等射を表す図式は，対象 $\langle c, d \rangle$ を表す図式である式(1.33) と同じである．

例 1.36 2 個の集合 X と Y を離散圏とみなしたときの直積 $X \times Y$ は，X と Y のデカルト積を離散圏とみなしたものに等しい．このことは，X と Y の射が恒等射しかないことを考えればすぐにわかる． △

式(1.37) と恒等射の性質を用いると，次式が得られる．

$$\langle 1_{c'}, g \rangle \circ \langle f, 1_d \rangle = \langle f, g \rangle = \langle f, 1_{d'} \rangle \circ \langle 1_c, g \rangle$$

$$(1.37) \qquad \underset{\text{数式}}{\overset{\text{図式}}{\rightleftarrows}}$$

この式は，**スライディング則**（sliding rule）などとよばれる．

上では，「直積用の表記」という新しい表記を導入した．ここでは，ほかの表記についても紹介しておこう．本書では，ストリング図の表記として次の 4 種類を使い分ける．

(1) メインの表記：本書で現れる図式の多くがこの表記である．
(2) 直積用の表記：直積圏の対象や射を直観的な形で表せる．
(3) 点線の枠による表記：いくつかのホムセットや集合値関手（p.61）を表す表記である．2.4 節で説明する．
(4) モノイダル圏または豊穣圏向けの表記：第 6 章で現れる．

なお，前項までで用いたストリング図はすべてメインの表記である．

$^{\ddagger 10}$ $x := y$ は x を y のように定義するという意味である．$y =: x$ と書くこともある．

22　第 1 章　圏・関手・自然変換

演習問題

1.1.1

(a) 圏 C の各対象 a 上の恒等射は 1 本のみ存在することを示せ.

(b) 圏 C の各同型射 f の逆射は 1 本のみ存在することを示せ.

1.1.2　圏 C の射 $h\colon a \to a$ について, 以下はすべて同値であることを示せ.

(1) $h = 1_a$ である.

(2) ドメインが a であるような C の任意の射 f について $fh = f$ を満たす.

(3) コドメインが a であるような C の任意の射 g について $hg = g$ を満たす.

1.1.3　圏 C の射 $f\colon a \to b$ について, 以下はすべて同値であることを示せ.

(1) f は同型である.

(2) 各 $x \in C$ について写像 $C(x, a) \ni g \mapsto fg \in C(x, b)$ は可逆である.

(3) 各 $x \in C$ について写像 $C(b, x) \ni h \mapsto hf \in C(a, x)$ は可逆である.

1.1.4　$c, c' \in C$ と $d, d' \in \mathcal{D}$ が $c \cong c'$ かつ $d \cong d'$ を満たすことと, 直積圏 $C \times \mathcal{D}$ において $\langle c, d \rangle \cong \langle c', d' \rangle$ を満たすことは, 同値であることを示せ.

1.1.5　定義 1.8 と同値な定義として, 対象という用語を明示的に用いずに, 射の集まりのみから構成されるものとして圏を定義したい. この際, 圏 C の射 a が恒等射であることを,「ga が定義されているような C の任意の射 g に対して $ga = g$ を満たし, ah が定義されているような C の任意の射 h に対して $ah = h$ を満たすこと」のように定義する. このとき, 圏の定義を考えよ.

1.2　関手

圏はモノイドの「多対象版」として解釈できた. また, 例 1.18 で述べたように, モノイドの構造を保つような写像としてモノイド準同型が考えられた. 関手とは, 圏の構造を保つような写像として定められる. 直観的には, 関手はモノイド準同型の「多対象版」であるといえる.

1.2.1　関手の定義

定義 1.38 (関手)　圏 C から圏 $\mathcal{D}$ への**関手** (functor) F とは, 次の条件をすべて満たすもののことである.

(1) F は C の各対象 a を $\mathcal{D}$ のある対象 ($F(a)$ または単に Fa と書く) に写すような写像と, C の各射 $f\colon a \to b$ ($a, b \in C$ は任意) を $\mathcal{D}$ の Fa から Fb へのある射 ($F(f)$ または単に Ff と書く) に写すような写像からなる. 前者の写像 $\mathrm{ob}\, C \ni a \mapsto Fa \in \mathrm{ob}\, \mathcal{D}$ を F の**対象への作用** (action on objects) とよび, 後者の写像 $\mathrm{mor}\, C \ni f \mapsto Ff \in \mathrm{mor}\, \mathcal{D}$ を F の**射への作用** (action on morphisms)

とよぶ. 図式では, 関手 F をラベル「F」が付いた青線として

(1.39)

$$\boxed{\mathcal{D} \quad |_F \quad \mathcal{C}}$$

と表す. 式(1.39)の右側の領域は圏 $\mathcal{C}$ を表しており, 左側の領域は圏 $\mathcal{D}$ を表している. また,

(1.40)

$$Fa \quad \underset{\text{数式}}{\overset{\text{図式}}{\rightleftarrows}} \quad \boxed{\mathcal{D} \; |_F \; \mathcal{C} \; a} \quad = \quad \boxed{Fa}$$

$$Ff \quad \underset{\text{数式}}{\overset{\text{図式}}{\rightleftarrows}} \quad \boxed{\mathcal{D} \; |_F \; \begin{matrix} \mathcal{C} \; b \\ \boxed{f} \\ a \end{matrix}} \quad = \quad \boxed{\begin{matrix} Fb \\ \boxed{Ff} \\ Fa \end{matrix}}$$

のように, この青線を $\mathcal{C}$ の対象 a や射 f の左側に並べることで Fa や Ff を表す. これらの式の右辺は, Fa が $\mathcal{D}$ の対象であり, Ff が $\mathcal{D}$ の Fa から Fb への射であることを表している. この式は, F が射 f のドメイン a を Ff のドメイン Fa に写すことも表している (コドメインも同様).

(2) 合成の保存:$\mathcal{C}$ の2本の任意の射 $f: a \to b$ と $g: b \to c$ ($a, b, c \in \mathcal{C}$ も任意) について,

(1.41) $\quad F(gf) = (Fg)(Ff) \quad \underset{\text{数式}}{\overset{\text{図式}}{\rightleftarrows}} \quad$

$$\boxed{\mathcal{D} \; |_F \; \begin{matrix} \mathcal{C} \; c \\ \boxed{g} \\ b \\ \boxed{f} \\ a \end{matrix}} \quad = \quad \boxed{|_F \; \begin{matrix} c \\ \boxed{g} \\ b \\ \boxed{f} \\ a \end{matrix}}$$

を満たす.

(3) 各恒等射を恒等射に写す. つまり, 各 $a \in \mathcal{C}$ について $F1_a = 1_{Fa}$ を満たす.

$\mathcal{C}$ から $\mathcal{D}$ への関手 F を $F: \mathcal{C} \to \mathcal{D}$ と書く. また, 圏 $\mathcal{C}$ を F の**ドメイン**とよび, 圏 $\mathcal{D}$ を F の**コドメイン**とよぶ (これらを射のドメイン・コドメインと区別してほしい). 本書では, 関手を $F, G, \ldots$ のような大文字で表すことが多い. $\mathcal{C}$ から $\mathcal{C}$ への関手を **$\mathcal{C}$ 上の関手**とよぶ.

▶ **補足** 関手の表記「$F: \mathcal{C} \to \mathcal{D}$」は射の表記「$f: a \to b$」に似ているためまぎらわしいが, 関手と射を混同すべきではない. この点について, コラム「関手と射は混同しやすい?」(p.48) で整理して述べる.

式(1.40)の1行目の図式は,「線 F と線 a を横方向に動かして1本に重ねることができ, そのとき線 Fa になる」といったイメージで捉えるとよいかもしれない. 同様

に，この式の 2 行目の図式は，「線 F とブロック f を横方向に動かして重ねるとブロック Ff になる」とみなせる．この際，「ブロック f の下側にある線 a は線 F と重なって線 Fa になり，同様に線 b は線 Fb になる」とみなせる．

▶ **補足**　同様の観点で式(1.10) を眺めると，「ブロック f とブロック g を縦方向に動かして重ねるとブロック gf になる」とみなせる．このように，式(1.10) で示した射同士の合成は「縦方向の合成」とみなせて，式(1.40) で示した関手との合成は「横方向の合成」とみなせる．これらの縦方向および横方向の合成は，それぞれ 2.1 節で説明する垂直合成および水平合成の特別な場合であり，これから重要な役割を果たすことになる．

定義 1.8 で述べたように，すべての圏は合成という演算と恒等射をもつ必要があった．直観的には，関手の定義における条件 (2) と条件 (3) は，これらの圏の構造を保つことを要請しているといえる．

条件 (2) では，2 本の射 f, g を合成してから F を施した $F(gf)$ が，各射にそれぞれ F を施してから合成した $(Fg)(Ff)$ に等しいことを要請している．この意味で，合成という演算と「F を施す」という演算の順序を逆にできることを要請しているといえよう．式(1.10) を F で写した次の式を考えるとわかりやすいかもしれない．

$$
\begin{array}{ccc}
\mathcal{C}\ c & & c \\
\boxed{gf} & = & \begin{array}{c} \boxed{g} \\ b \\ \boxed{f} \end{array} \\
a & & a
\end{array}
\quad \xmapsto{F} \quad
\begin{array}{ccc}
\mathcal{D}\ Fc & & Fc \\
\boxed{F(gf)} & = & \begin{array}{c} \boxed{Fg} \\ Fb \\ \boxed{Ff} \end{array} \\
Fa & & Fa
\end{array}
$$

この $\xmapsto{F}$ は F の射への作用を表しており，その左側にある等式を右側にある等式に写していると考えてほしい．左側と右側の等式が同じ形をしていることがわかると思う．右側の等式は式(1.41) を表記し直したものになっている．なお，式(1.41) から補助線（破線）を削除すると左辺と右辺を区別できなくなるが，これらは等しいので問題ない．言い換えると，条件 (2) は式(1.41) から補助線を削除しても整合性を保つために必要な条件である．

条件 (3) は，式(1.40) の 1 行目が成り立つことと，「対象と恒等射が実質的に同一視できる」という性質が整合するために必要な条件であるといえる．実際，2 個の対象 a および Fa をそれぞれ恒等射 1_a および 1_{Fa} とみなすと，式(1.40) の 1 行目は条件 (3)，つまり $F1_a = 1_{Fa}$ を表しているように読める．

図式では関手の条件をどのように表しているかをまとめておこう．図式では，圏の構造は「射の縦方向の接続に関する規則」により表される．これに対し，関手を施すことは関手を表す青線を左側に並べることで表される．関手の条件は，図式において青線を左側に並べても「射の縦方向の接続に関する規則」が変わらないことを要請し

ていると解釈できる。このような図式により，関手が圏の構造を保つことを素直な形で表せる。

各関手 $F: C \to \mathcal{D}$ には，そのドメイン C およびコドメイン $\mathcal{D}$ という情報が付随している。また，各対象 $c \in C$ には C という情報が付随しており，各射 $f \in C(a, b)$ には C, a, b という情報が付随している。図式ではこれらの情報がすべて明記されているため，これらの情報を把握したい場合には図式を眺める（または描く）ことが有効であろう。新しい対象・射・関手が登場するたびに，それらに付随する情報が何であるかを把握するように心がけてほしい（後で述べる自然変換についても同様）。

関手 $F: C \to \mathcal{D}$ は，その射への作用 $\operatorname{mor} C \ni f \mapsto Ff \in \operatorname{mor} \mathcal{D}$ により一意に定まる。実際，対象は恒等射と実質的に同一視できることから，射への作用が定まれば対象への作用が定まる（写像 $1_a \mapsto F1_a$ を対象への作用とみなせばよい[‡11]）。このため，2 個の関手 $F, G: C \to \mathcal{D}$ が与えられたとき，$F = G$ であることはそれらの射への作用が同じであることと同値である。つまり，次式が成り立つ（「$A \Leftrightarrow B$」は「A と B は同値」の意味）[‡12]。

$$(1.42) \qquad F = G \qquad \Leftrightarrow \qquad Ff = Gf \quad (\forall f \in \operatorname{mor} C)$$

このように，関手を一意に定めるためには射への作用のみを定めれば十分である（演習問題 1.2.1 も参照のこと）。ただし，これ以降ではわかりやすさを優先して，対象への作用についてもしばしば明記することにする。なお，対象への作用のみが与えられても，一般に関手は一意には定まらない。

▶ **余談** p.14 の余談にて，圏は射の集まりとして解釈できることを述べた。関手がその射への作用により一意に定まることは，この解釈と整合している。

1.2.2 関手の例

(1) 一般的な例

まず，本書で頻繁に現れるいくつかの重要な関手を紹介する。

例 1.43 **恒等関手** 圏 C 上の「恒等写像」に相当する関手，つまり C の任意の対象 a を a 自身に写し，任意の射 f を f 自身に写す関手が考えられる。これを C 上の**恒等関手**（identity functor）とよび 1_C と書く。図式では，

[‡11] より厳密には，対象への作用が $\operatorname{ob} C \ni a \mapsto \operatorname{dom}(F1_a) \in \operatorname{ob} \mathcal{D}$ として定まる。

[‡12] 「$P \Leftrightarrow Q \ (\forall x)$」のような式は，「$P$」と「$Q \ (\forall x)$」が同値であることを意味するものとする（「すべての x について $P \Leftrightarrow Q$」という意味ではない）。念のため，このような式では記号 $\Leftrightarrow$ の前後に大きめの空白を入れることで，誤解を招きにくいようにしている。

26　第 1 章　圏・関手・自然変換

(1.44)

の右辺のように，1_c を表す線をしばしば省略する．　　　　　　　　　　　　△

例 1.45　**包含関手**　圏 C' が圏 C の部分圏であるとき，C' の各対象 c を C の同じ対象 c に写し，C' の各射 f を C の同じ射 f に写すものは明らかに関手である．この関手は C' から C への**包含関手**（inclusion functor）とよばれる．　　　　△

例 1.46　**1 への唯一の関手**　圏 C から圏 **1** への関手は，C のすべての対象を $*$ に写し，C のすべての射を 1_* に写すような関手として一意に定まる．以降では，この関手をしばしば！で表す．C の射 f に対して，$!f = 1_*$ は次の図式で表される．

(1.47)

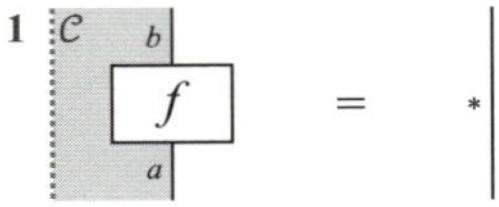

このように，本書では関手！をグレーの点線で表すことにし，ラベル！は省略する．直観的には，！は入力である圏 C の対象と射に関する情報をすべて消すようなはたらきをする．なお，以降では圏 **1** の背景色は白として，**1** を表すラベルはしばしば省略する．　　△

例 1.48　**関手 $\Delta_C d$**　圏 $C, \mathcal{D}$ と $d \in \mathcal{D}$ を固定したとき，C から $\mathcal{D}$ への関手 $\Delta_C d$ が次のように定められる．

- C のすべての対象を $\mathcal{D}$ の（固定した）対象 d に写す．
- C のすべての射を恒等射 1_d に写す．

直観的には，この関手を施すと，入力である圏 C の対象と射に関する情報がすべて失われる．例 1.46 の関手！は，$\Delta_C * : C \to \mathbf{1}$ に等しい．　　　　　　　　△

例 1.49　**任意の対象は関手とみなせる**　圏 **1** から圏 $\mathcal{D}$ への関手は，**1** の唯一の対象 $*$ を $\mathcal{D}$ のある対象（d とおく）に写し，**1** の唯一の射 1_* を 1_d に写す．これは，例 1.48 で述べた関手 $\Delta_{\mathbf{1}} d$ に等しい．これにより，**1** から $\mathcal{D}$ への関手 $\Delta_{\mathbf{1}} d$ と $\mathcal{D}$ の対象 d は一対一に対応することがわかる．以降では，任意の圏 $\mathcal{D}$ の任意の対象 d を関手 $\Delta_{\mathbf{1}} d$ と同一視する．

　この同一視により，任意の対象は **1** からの関手とみなせる．このため，以降では対象を関手とよぶ場合がある．図式では，対象の右側半分の領域と圏 **1** を表す領域はどちらも白色であり，このことは対象 d と関手 $\Delta_{\mathbf{1}} d$ を同一視することと整合している．　　　　　　　　　　　　　　　　　　　　　　　　　　　　　　　△

1.2 関手 | 27

例 1.50 **任意の対象の集まりは関手とみなせる** 離散圏 C と圏 $\mathcal{D}$ を任意に選ぶ．このとき，関手 $F\colon C \to \mathcal{D}$ はその対象への作用のみから定まる（C の射は恒等射のみであるため）．逆に，C の各対象によって添字付けられた $\mathcal{D}$ の対象の集まり $\{d_c \in \mathcal{D}\}_{c \in C}$ に対して，対象への作用が $\mathrm{ob}\, C \ni c \mapsto Fc := d_c \in \mathrm{ob}\, \mathcal{D}$ であるような関手 $F\colon C \to \mathcal{D}$ が一意に定まる．

一般に，関手とは圏の構造を保つような写像である．とくに C が離散圏の場合には，その構造が自明であるため，関手 F はその対象への作用と同一視できるのである．より一般には，任意の圏 $C, \mathcal{D}$ について，対象の集まり $\{d_c \in \mathcal{D}\}_{c \in C}$ と関手 $F\colon \mathrm{ob}\, C \to \mathcal{D}$ が一対一に対応する（この $\mathrm{ob}\, C$ は例 1.24 で述べた離散圏である）．

▶ **補足** この例より，2 個の任意の集合 X, Y をともに離散圏とみなしたとき，関手 $F\colon X \to Y$ は集合 X から集合 Y への写像と同一視できる． ◺

▶ **補足** 例 1.49, 1.50 では，対象や対象の集まりが関手とみなせることを述べた．例 1.72, 1.73 で述べるように，射や射の集まりについても同様のことがいえる．

▶ **余談** 初学者のうちは，圏の具体例として集合（を離散圏とみなしたもの）を考えるとわかりやすいことが多いかもしれない．しかし，集合で成り立つ性質が一般の圏において成り立つとは限らないことには注意すべきであろう．たとえば，集合をドメインとする関手は，例 1.50 よりその対象への作用から一意に定まる．しかし，任意の関手がその対象への作用から一意に定まるわけではない．

例 1.51 2 個の関手 $F\colon C \to \mathcal{D}$ と $F'\colon C' \to \mathcal{D}'$ の組 $\langle F, F' \rangle$ を，$C \times C'$ の各対象 $\langle c, c' \rangle$ および各射 $\langle f, f' \rangle$ をそれぞれ $\mathcal{D} \times \mathcal{D}'$ の対象 $\langle Fc, F'c' \rangle$ および射 $\langle Ff, F'f' \rangle$ に写すものとして定める．この $\langle F, F' \rangle$ は，$C \times C'$ から $\mathcal{D} \times \mathcal{D}'$ への関手である． ◺

(2) 具体的な例

次に，具体的な圏における関手の例を示す．

例 1.52 **モノイド準同型** 例 1.13 で述べたように任意のモノイドを 1 個の対象からなる圏とみなしたとき，モノイド M からモノイド M' へのモノイド準同型であることは，M から M' への関手であることと同値である．関手 $f\colon M \to M'$ は，M の唯一の対象を M' の唯一の対象に写し，M の各射 x を M' の射 $f(x)$ に写す． ◺

例 1.53 **忘却関手** 「モノイドが備えている積という演算を忘れて，各モノイド M を単なる集合とみなして各モノイド準同型を単なる写像とみなす」という操作は，**Mon** から **Set** への関手であるといえる．このような，集合が備えている演算などを忘れるような関手は，忘却関手（forgetful functor）とよばれる．

28 第1章 圏・関手・自然変換

$\mathbf{Vec_K}$ から $\mathbf{Set}$ への忘却関手（ベクトル空間が備えているスカラー倍と和という演算を忘れるような関手）なども同様にして定められる. △

例 1.54 **自由関手** 例 1.7 で述べた自由モノイド Free(X) $(X \in \mathbf{Set})$ を考える. $\mathbf{Set}$ の任意の射 $f \in \mathbf{Set}(X, Y)$ に対して写像

$$\mathrm{Free}(f)\colon \mathrm{Free}(X) \ni \langle x_1, \ldots, x_n \rangle \mapsto \langle f(x_1), \ldots, f(x_n) \rangle \in \mathrm{Free}(Y)$$

を考えると, これはモノイド準同型である. 写像 $X \mapsto \mathrm{Free}(X)$ および写像 $f \mapsto \mathrm{Free}(f)$ をそれぞれ対象および射への作用とするような $\mathbf{Set}$ から $\mathbf{Mon}$ への関手を自由関手（free functor）とよび, Free と書くことにする. 似たような考え方で, $\mathbf{Set}$ から $\mathbf{Vec_K}$ への自由関手も定められる（演習問題 4.1.4 を参照のこと）. △

例 1.55 線形代数におけるテンソル積を $\otimes$ と書くことにする. ベクトル空間 $\mathbf{V} \in \mathbf{Vec_K}$ を固定したとき, 各ベクトル空間 $\mathbf{X} \in \mathbf{Vec_K}$ をベクトル空間 $\mathbf{X} \otimes \mathbf{V}$ に写して, 各線形写像 $f \in \mathbf{Vec_K}(\mathbf{X}, \mathbf{X}')$ $(\mathbf{X}, \mathbf{X}' \in \mathbf{Vec_K}$ は任意$)$ を線形写像 $f \otimes 1_{\mathbf{V}} \in \mathbf{Vec_K}(\mathbf{X} \otimes \mathbf{V}, \mathbf{X}' \otimes \mathbf{V})$ に写す写像は, $\mathbf{Vec_K}$ 上の関手である. この関手を $- \otimes \mathbf{V}$ とおく（直観的には, $-$ は「空欄」を表していると解釈できる）. △

例 1.56 **モノイドの表現** モノイド $\langle \mathcal{M}, \circ, 1 \rangle$ を 1 個の対象からなる圏（$\tilde{\mathcal{M}}$ と書く）とみなしたとき, $\tilde{\mathcal{M}}$ から $\mathbf{Set}$ への任意の関手 F は $\tilde{\mathcal{M}}$ の唯一の対象をある集合 X に写し, 各射（つまり $\mathcal{M}$ の要素）$f \in \mathcal{M}$ を X 上の写像 $Ff \in \mathbf{Set}(X, X)$ に写す. モノイド $\mathcal{M}$ の各要素 f が（写像 Ff として）集合 X に作用するという意味で, F はモノイド作用（monoid action）とよばれることがある.

関手の定義より, F は $(Fg) \circ (Ff) = F(g \circ f)$ $(\forall f, g \in \mathcal{M})$ を満たし（左辺の $\circ$ は写像の合成で, 右辺の $\circ$ は $\mathcal{M}$ における積）, $F1$ は X 上の恒等写像である. このことから, F は $\mathcal{M}$ を（積と単位元の構造を保ったまま）X 上の写像の集合に写すと解釈できる.

▶ **補足** F の射への作用 $\mathcal{M} \ni f \mapsto Ff \in \mathbf{Set}(X, X)$ は写像 $\mathcal{M} \times X \ni \langle f, x \rangle \mapsto (Ff)(x) \in X$ のことだとみなしてもよい（ただし $\mathcal{M} \times X$ は集合 $\mathcal{M}$ と集合 X のデカルト積）. △

ある数学的対象 $\mathcal{A}$ をその構造を保ったまま別の数学的対象 $\mathcal{B}$ に写すような写像は, しばしば表現（representation）とよばれる. $\mathcal{A}$ よりも $\mathcal{B}$ のほうが扱いやすい場合などでは, この写像がしばしば役立つ. $\mathcal{A}$ と $\mathcal{B}$ が圏である場合, 関手はしばしばこの意味での表現とみなせる. 例 1.56 の関手 F は, $\mathcal{M}$ の $\mathbf{Set}$ による表現とよべる. また, モノイド $\mathcal{M}$ を圏 C に一般化すれば, C から $\mathbf{Set}$ への関手は C の $\mathbf{Set}$ による表現とよ

1.2 関手 29

べて，これは「モノイド作用の一般化」とみなせる．なお，本書では多くの場合，3.2.3
項で定める意味で「表現」という用語を用いる．

例 1.57 **群の線形表現** モノイド $\langle \mathcal{G}, \circ, 1 \rangle$ のうち，各 $f \in \mathcal{G}$ に対して $f^{-1} \in \mathcal{G}$ が存
在して $f^{-1}f = 1 = ff^{-1}$ を満たすものを群（group）とよぶ．群はモノイドであるた
め，1 個の対象からなる圏とみなせる．（圏としての）$\mathcal{G}$ から $\mathbf{Vec}_{\mathbb{K}}$ への関手 F は $\mathcal{G}$
の線形表現（linear representation）とよばれる．F は $\mathcal{G}$ の唯一の対象をあるベクトル
空間 $\mathbf{V}$ に写し，$\mathcal{G}$ の各射 f を $\mathbf{V}$ 上の線形写像 $Ff \in \mathbf{Vec}_{\mathbb{K}}(\mathbf{V}, \mathbf{V})$ に写す．このように
各 $f \in \mathcal{G}$ を線形写像 Ff に写すことで，群に関する議論において線形代数の概念を利
用することなどが可能になる．

▶ 補足 $\mathcal{G}$ から任意の圏 C への関手 G は，群としての構造を保つ．実際，モノイドとしての構造
を保つ（つまり，合成を保存して各恒等射を恒等射に写す）ことは，関手の定義から明らかであ
る．また，関手は各同型射を同型射に写し（演習問題 1.2.2），このことは逆元を保つことを意味
する． ◁

1.2.3 反変関手

定義 1.58 **（反変関手）** 圏 C から圏 $\mathcal{D}$ への反変関手（contravariant functor）F と
は，C^{op} から $\mathcal{D}$ への関手のことである．

なお，圏 C から圏 $\mathcal{D}$ への関手は，反変関手と区別するためにしばしば共変関手
（covariant functor）とよばれる．

反変関手 $F \colon C^{\mathrm{op}} \to \mathcal{D}$ は，圏 C^{op} の各射 $f \in C^{\mathrm{op}}(b, a) = C(a, b)$ を $\mathcal{D}$ の射
$Ff \in \mathcal{D}(Fb, Fa)$ に写す．F は単なる関手にすぎない．しかし，C^{op} の射 f を C の射
として捉えたときには，F は f のドメインを Ff のコドメインに写し，同様にコドメ
インをドメインに写す．つまり，F で写す前後でドメインとコドメインが入れ替わる
ことになる．

合成の保存についても補足しておく．圏 C^{op} の 2 本の射 $f \in C^{\mathrm{op}}(b, a)$ と $g \in C^{\mathrm{op}}(c, b)$
に対して，反変関手 $F \colon C^{\mathrm{op}} \to \mathcal{D}$ は次式を満たす．

ただし，$fg \in C^{\mathrm{op}}(c, a)$ である．式(1.59) を数式で表すと，次式のようになる．

(1.60) $$F(fg) = (Ff)(Fg) \quad (f, g \in \mathrm{mor}\, C^{\mathrm{op}})$$

一方，C^{op} の射 f, g, fg はそれぞれ C の射 f, g, gf のことであるため，式(1.60) は

(1.61) $$F(gf) = (Ff)(Fg) \quad (f, g \in \mathrm{mor}\, C)$$

とも表せる．

▶ 補足　「関手 $F \colon C^{\mathrm{op}} \to \mathcal{D}$」のように書けば，$F$ をわざわざ「C から $\mathcal{D}$ への反変関手」とよばなくても厳密性は損なわれない．このため，本書では反変関手という用語はあまり用いない．この F は「C^{op} から $\mathcal{D}$ への共変関手」ともみなせるため，反変関手や共変関手というよび方はそれほど重要ではないといえよう．

例 1.62　各ベクトル空間 $\mathbf{V}$ について，$\mathbf{V}$ から $\mathbb{K}$ への線形写像全体からなる集合 $\mathbf{V}^* := \mathbf{Vec}_{\mathbb{K}}(\mathbf{V}, \mathbb{K})$ はベクトル空間とみなせる（$\mathbf{V}$ の**双対ベクトル空間**とよばれる）．そして $\mathbf{Vec}_{\mathbb{K}}{}^{\mathrm{op}}$ から $\mathbf{Vec}_{\mathbb{K}}$ への関手 $(\text{--})^*$ が，各ベクトル空間 $\mathbf{V}$ を $\mathbf{V}^*$ に写して各線形写像 $f \in \mathbf{Vec}_{\mathbb{K}}{}^{\mathrm{op}}(\mathbf{W}, \mathbf{V}) = \mathbf{Vec}_{\mathbb{K}}(\mathbf{V}, \mathbf{W})$ を線形写像 $f^* \colon \mathbf{W}^* \ni w \mapsto w \circ f \in \mathbf{V}^*$ に写すような関手として定められる（演習問題 1.2.3）．関手 $(\text{--})^*$ は次の図式で表される．

▶ 補足　双対ベクトル空間に慣れていない読者は，$\mathbf{V}$ および $\mathbf{W}$ として有限次元（それぞれ $N_{\mathbf{V}}$ 次元および $N_{\mathbf{W}}$ 次元とする）の列ベクトル全体からなるベクトル空間を考えるとわかりやすいかもしれない．このとき，$\mathbf{V}^*$ は $N_{\mathbf{V}}$ 次元行ベクトル全体からなるベクトル空間とみなせる．また，線形写像 $f \colon \mathbf{V} \to \mathbf{W}$ は $N_{\mathbf{W}}$ 行 $N_{\mathbf{V}}$ 列の行列とみなせて，$f^* \colon \mathbf{W}^* \to \mathbf{V}^*$ は $N_{\mathbf{W}}$ 次元の各行ベクトル w を $N_{\mathbf{V}}$ 次元行ベクトル wf に写すような写像とみなせる．　△

1.2.4　関手の双対

関手 $F \colon C \to \mathcal{D}$ に対し，「双対圏 C^{op} に対して双対をとってから F を施して，その後で再び双対をとる」（つまり，F を施す前後で「上下反転」させる）という写像が一対一に対応する．この写像は，C^{op} から $\mathcal{D}^{\mathrm{op}}$ への関手になる．この関手を F の**双対** (dual) または**反対** (opposite) とよび，同じ記号を用いて F と書くことにする．図式では，$F \colon C \to \mathcal{D}$ とその双対 $F \colon C^{\mathrm{op}} \to \mathcal{D}^{\mathrm{op}}$ は次式のように表される．

ただし，$\xleftrightarrow{\text{双対}}$ の左側および右側は，それぞれ $Ff \in \mathcal{D}(Fa, Fb)$ および $Ff \in \mathcal{D}^{\mathrm{op}}(Fb, Fa)$

を表している（$f \in C(a, b)$ は任意）．このように，F の双対は F の「上下反転」に相当する．混乱を招きやすい場合には F の双対を（F ではなく）F^{op} と書くことにするが，F と F^{op} を同一視しても構わない[‡13]．なお，反変関手 $G\colon C^{\mathrm{op}} \to \mathcal{D}$ の双対は関手 $G\colon C \to \mathcal{D}^{\mathrm{op}}$ である．

▶ **補足** 反変関手 $F\colon C^{\mathrm{op}} \to C$ として，双対圏 C^{op} の各対象と各射を自分自身に写して圏 C の対象や射と捉えるようなものを考えたくなるかもしれない．しかし，一般にはこのような反変関手は存在しない．実際，このような F が存在するならば各射 $f \in C^{\mathrm{op}}(b, a) = C(a, b)$ を f 自身に写すため，そのドメイン $b \in C^{\mathrm{op}}$ を $f \in C(a, b)$ のドメイン $a \in C$ に写す，つまり $Fb = a$ を満たす．一方で，F は対象 $b \in C^{\mathrm{op}}$ を $b \in C$ に写すため，$Fb = b$ である．ここから $a = Fb = b$ を得るが，一般には $a \neq b$ の場合もある．

1.2.5 双関手

$C \times \mathcal{D}$ のような直積圏をドメインとする関手 $F\colon C \times \mathcal{D} \to \mathcal{E}$ を**双関手**（bifunctor）とよぶ．直観的には，双関手とは 2 入力（C と $\mathcal{D}$）の写像のうち構造を保つもののこと，つまり 2 変数の準同型写像のようなものである．反変関手と同様に，双関手は関手の特別な場合にすぎない．ドメインが直積圏であることを強調したい場合に，双関手という用語を用いる．

便宜上，$F\langle c, d \rangle$ を $F(c, d)$ と書き，$F\langle f, g \rangle$ を $F(f, g)$ と書く．また，以降では $F(1_c, g)$ をしばしば $F(c, g)$ と書くことにする（c と 1_c は実質的に同一視できたことを思い出してほしい）．同様に，$F(f, 1_d)$ をしばしば $F(f, d)$ と書くことにする．なお，F はしばしば $F(-, =)$ とも書く．直観的には，$-$ と $=$ の部分は「空欄」を表し，この部分に対象や射が入ると解釈できる．

$C \times \mathcal{D}$ の射 $\langle f, g \rangle\colon \langle c, d \rangle \to \langle c', d' \rangle$ を双関手 F で写した $\mathcal{E}$ の射は，次の二通りの図式で表される．

$$(1.63) \qquad F(f, g) \quad \underset{\text{数式}}{\overset{\text{図式}}{\rightleftarrows}} \quad$$

この図式の右辺は，1.1.6 項で導入した「直積用の表記」である．この表記では，（左辺の表記との違いを強調する意味を込めて）関手を表す線を対象や射の両側に描くことにする（左側の線は矢印とする）．F と書かれた 2 本の線が 1 個の関手 F を表している．また，これらの線で囲まれた領域が関手 F への入力を表しており，式(1.63) の場合は $\langle f, g \rangle$ が F への入力である．双関手 F の図式については，演習問題 1.2.4 も参

[‡13] 実際，F の射への作用と F^{op} の射への作用は同じである．このことは，F と F^{op} がともに各射 $f \in C(a, b) = C^{\mathrm{op}}(b, a)$ を射 $Ff \in \mathcal{D}(Fa, Fb) = \mathcal{D}^{\mathrm{op}}(Fb, Fa)$ に写すことからわかる（これらの対象への作用も同じである）．

照のこと．

例 1.64 射影　圏 $C \times \mathcal{D}$ から圏 C への**射影**（projection）とよばれる，次の双関手が考えられる．
- $C \times \mathcal{D}$ の各対象 $\langle c, d \rangle$ を C の対象 c に写す．
- $C \times \mathcal{D}$ の各射 $\langle f, g \rangle$ を C の射 f に写す．

直観的には，圏 $\mathcal{D}$ の対象と射に関する情報を消すような関手である．同様に，$C \times \mathcal{D}$ から $\mathcal{D}$ への射影として，各 $\langle c, d \rangle$ を d に写して各 $\langle f, g \rangle$ を g に写すような関手が定められる． △

例 1.65 双関手 $F: C \times \mathcal{D} \to \mathcal{E}$ と $c \in C$ を固定する．このとき，次のような関手 $F(c, -): \mathcal{D} \to \mathcal{E}$ が定められる．
- $\mathcal{D}$ の各対象 d を $\mathcal{E}$ の対象 $F(c, d)$ に写す．
- $\mathcal{D}$ の各射 g を $\mathcal{E}$ の射 $F(c, g) = F(1_c, g)$ に写す．

この関手は，直観的には 2 変数の準同型写像のうち最初の変数を c に固定したものとみなせる．関手 $F(c, -)$ は，次のような図式として捉えられる．

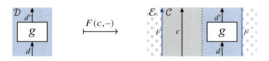

この図式の線「$-$」が $\mathcal{D}$ の対象や射に置き換わると考えてほしい．この関手は，射への作用が次式で表されるようなものになる．

$F(c, -)$ が関手であることは容易にわかる（演習問題 1.2.5）．同様に，各 $d \in \mathcal{D}$ に対して関手 $F(-, d): C \to \mathcal{E}$ が定められる． △

▶ **補足**　本書では，今後 $\times: C \times C \to C$（例 5.54）や $\otimes: C \times C \to C$（定義 6.1）のような双関手が現れる．このとき，例 1.65 と同様の方法で得られる関手 $\times(c, -): C \to C$ や関手 $\otimes(c, -): C \to C$ を $c \times -$ や $c \otimes -$ のように書くことにする．$- \times c$ なども同様である．なお，線形代数におけるテンソル積 $\otimes$ は $\mathbf{Vec}_{\mathbb{K}} \times \mathbf{Vec}_{\mathbb{K}}$ から $\mathbf{Vec}_{\mathbb{K}}$ への双関手とみなせて，例 1.55 で述べた $- \otimes \mathbf{V}$ は $\otimes(-, \mathbf{V})$ のことである（例 4.37 を参照のこと）．

――― 演習問題 ―――

1.2.1 圏 $C, \mathcal{D}$ について写像 $F_{\mathrm{mor}}: \mathrm{mor}\, C \to \mathrm{mor}\, \mathcal{D}$ が与えられたとする．このとき，F_{mor} が合成を保存して各恒等射を恒等射に写すならば，F_{mor} を射への作用とするような関手 $F: C \to \mathcal{D}$ が存在して一意に定まることを示せ．

1.3 自然変換 | 33

1.2.2 関手は各同型射を同型射に写すことを示せ.

1.2.3 例 1.62 で定めた $(-)^*$ が関手であることを示せ.

1.2.4 双関手 $F : C \times \mathcal{D} \to \mathcal{E}$ が合成を保つことと各恒等射を恒等射に写すことを示す図式を描け.

1.2.5 例 1.65 で定めた関手 $F(c, -)$ が関手であることを確認せよ.

1.3 自然変換

いくつかの場合には,圏 C の射 $f : a \to b$ とは,対象 a を対象 b に変換するものであると捉えられた.同様に,直観的には関手 F を関手 G に変換するような概念(より一般には F と G を関連付けるような概念)として,F から G への自然変換が定義される.

> ▶ **余談** 射は,「対象の間の関係」を表していると解釈することもできる.このような観点で捉えると,関手は「圏の間の関係」を表しているといえて,さらに自然変換は「関手の間の関係」を表しているといえよう.

例 1.49 では,任意の対象を関手とみなせることを述べた.このように,対象と関手は密接な関係にある.これと同様の関係にあるのが射と自然変換である.実際,例 1.72 で述べるように,任意の射は自然変換とみなせる.

1.3.1 自然変換の定義

(1) 定義

定義 1.66 (自然変換) 圏 C から圏 $\mathcal{D}$ への 2 個の関手 F, G について,F から G への自然変換 (natural transformation) α とは,次の条件をすべて満たすもののことである.

(1) α は,C の各対象によって添字付けられた $\mathcal{D}$ の射の集まり $\{\alpha_a \in \mathcal{D}(Fa, Ga)\}_{a \in C}$ である.α は,次の図式で表される.

$$(1.67) \qquad \quad \mathcal{D}\ G\ | \ C \ \left[\begin{array}{c} \alpha \end{array} \right] \quad := \quad \left\{ \begin{array}{c} G \\ \alpha \ \ a \\ F \end{array} \right. \quad := \quad \left. \begin{array}{c} G \quad\quad a \\ \boxed{\alpha_a} \\ F \quad\quad a \end{array} \right\}_{a \in C}$$

ただし,射 α_a のドメインが Fa であることを,α_a を表すブロックの下側に線 F と線 a を横に並べることで表しており(Fa が式(1.40)のように表せたことを思い出してほしい),α_a のコドメイン Ga についても同様である.この図

式のように，自然変換 α をしばしば丸のブロックで表し，このブロックの右側に線 a を並べることで射 α_a を表す．

> ▶ **補足** 射 α_a が C ではなく $\mathcal{D}$ の射であることは，ブロック α_a のすぐ左側に圏 $\mathcal{D}$ を表す領域があることからわかる．このように，ブロックのすぐ左側にある領域をみれば，その射がどの圏のものであるかがわかる．

(2) **自然性**（naturality）：C の任意の射 $f: a \to b$（$a, b \in C$ も任意）に対して次式を満たす．

(1.68)

$$Gf \circ \alpha_a = \alpha_b \circ Ff$$

F から G への自然変換 α を $\alpha: F \Rightarrow G$ と書く．なお，F から G への自然変換が定義されるのは，F と G のドメインおよびコドメインがそれぞれ等しい場合に限る．自然変換を，しばしば $\alpha, \beta, \ldots$ のような小文字のギリシャ文字で表すことにする．α が自然変換であるとき，α_a（または $\alpha = \{\alpha_a\}_{a \in C}$）は **$a$ について自然**（natural）であるとよぶこともある．自然変換 α の各要素を α の **成分**（component）とよび，α_a のように下付き文字を付けて表す．

2 個の自然変換 $\alpha, \beta: F \Rightarrow G$（ただし $F, G: C \to \mathcal{D}$）が与えられたとき，$\alpha = \beta$ であることは各成分が等しいことと同値である．つまり，次式が成り立つ．

(1.69) $$\alpha = \beta \quad \Leftrightarrow \quad \alpha_a = \beta_a \quad (\forall a \in C)$$

図式では，

(1.70) 関手 F ，自然変換 α

のように，関手を対象と同じように線で表し，自然変換を射と同じようにブロックで表す．この図式が示唆するように，関手は対象のようなものであり自然変換は射のようなものであると解釈すると，わかりやすいと思う．実際に，関手を対象とみなして自然変換を射とみなすような圏が考えられる（詳細は 2.3.1 項で述べる）．本書では，このような対応関係を何度も用いることになる．

各自然変換 $\alpha: F \Rightarrow G$ $(F, G: C \to \mathcal{D})$ には，$C, \mathcal{D}, F, G$ という情報が付随している．式(1.70) のように，図式にはこれらの情報がすべて含まれている．

(2) 自然性

式(1.68) で表される自然性の条件は，式(1.67) を用いると次のようにも表せる．

(nat) $\qquad Gf \circ \alpha_a = \alpha_b \circ Ff \qquad \underset{\text{数式}}{\overset{\text{図式}}{\longleftrightarrow}}$

ある添字付けられた射の集まり $\alpha := \{\alpha_a \in \mathcal{D}(Fa, Ga)\}_{a \in C}$ が与えられたとき，α が自然変換であることがわかるまでは式(1.67) のような丸のブロックで表すべきではないであろう．このため本書では，集まり α が自然変換である（つまり自然性を満たす）ことを確認する際に，式(1.68) ではなく式(nat) の図式をしばしば用いる．

> ▶ **補足**　式(nat) の補助線（破線）は削除しても構わない．なぜならば，式(nat) の左辺は補助線を削除しても $Gf \circ \alpha_a$ 以外の解釈はできないためである（右辺も同様）．以降では，式(nat) の補助線は削除する．なお，以降の議論（より具体的には命題 2.9）により式(1.68) の補助線も削除できることがわかるが，このことを示すまでは式(1.68) の補助線は描くことにする．

直観的には，自然性とは（式(1.68) や式(nat) のように）各射 f が自然変換 α またはその成分である α_a や α_b を素通りして縦方向に自由に動けることであると解釈できる．この意味で式(1.68) は式(1.37) に似ており，式(1.68) も**スライディング則**などとよばれる．

> ▶ **補足**　とくに圏 $\mathcal{D}$ の射を写像とみなせる場合を考えると，よりイメージしやすいかもしれない（たとえば，$\mathcal{D}$ が **Set** や $\mathbf{Vec}_{\mathbb{K}}$ である場合を考えてほしい）．このとき，式(1.68) や式(nat) で表される式 $Gf \circ \alpha_a = \alpha_b \circ Ff$ は，α に対応する写像 α_a を施してから f に対応する写像 Gf を施した結果が，f に対応する写像 Ff を施してから α に対応する写像 α_b を施した結果に等しいことを意味する．直観的には，「α に対応する写像」と「f に対応する写像」のどちらを先に施しても結果は同じであると解釈できる．

各関手 $F: C \to \mathcal{D}$ について，恒等射の集まり $1_F := \{1_{Fa} \in \mathcal{D}(Fa, Fa)\}_{a \in C}$ は

36 第1章 圏・関手・自然変換

より式(nat)を満たすため，FからFへの自然変換である．この自然変換を**恒等自然変換**（identity natural transformation）とよぶ．直観的には，恒等自然変換は「何もしない」（または恒等写像のような）変換である．

▶ **補足** 恒等射1_{Fa}と恒等自然変換1_Fは似ているため，慣れないうちは混同するかもしれない．しかし，Faが対象でありFが関手であることから，これらを区別できる．

1.3.2 自然変換の対象への作用と射への作用

自然変換$\alpha = \{\alpha_a \in \mathcal{D}(Fa, Ga)\}_{a \in C}$は，$C$の各対象$a$を$\mathcal{D}$のある射$\alpha_a: Fa \to Ga$に写すような写像$\mathrm{ob}\, C \ni a \mapsto \alpha_a \in \mathrm{mor}\, \mathcal{D}$とみなせる．この写像を，$\alpha$の**対象への作用**とよぶ．また，式(1.68)を用いれば，αの射への作用が素直な形で定められる．自然変換αに対して，Cの各射$f \in C(a, b)$を$\mathcal{D}$の射

$$\alpha \bullet f := Gf \circ \alpha_a = \alpha_b \circ Ff \in \mathcal{D}(Fa, Gb)$$

(1.71)

に写すものを，αの**射への作用**とよぶことにする．なお，ここで導入した記号$\bullet$は，図式において「横に並べる」ことに相当している（この記号は2.1節でより一般化された形で再定義される）．この定義より，αの対象への作用と関手G（または関手F）さえ定まっていれば，αの射への作用が定まることがわかる．なお，式(1.71)に$f = 1_a$を代入すると，$\alpha \bullet 1_a = G1_a \circ \alpha_a = \alpha_a$となる（$G1_a$は恒等射であるため）．このとき，左辺の図式は$\alpha_a$の図式と区別できなくなるが，$\alpha \bullet 1_a = \alpha_a$であるため問題ない．

1.2.1項で述べたように，関手$F: C \to \mathcal{D}$は一般にはその対象への作用のみからは一意に定まらず，射への作用$\mathrm{mor}\, C \ni f \mapsto Ff \in \mathrm{mor}\, \mathcal{D}$により一意に定まる．一方，自然変換$\alpha: F \Rightarrow G$（$F, G: C \to \mathcal{D}$）は，その対象への作用$\mathrm{ob}\, C \ni a \mapsto \alpha_a \in \mathrm{mor}\, \mathcal{D}$により一意に定まる．関手と自然変換のこのような違いは初学者にとって混乱を招くかもしれないため，以下で補足しておきたい．

任意の対象aは恒等射1_aと実質的に同一視できるため，関手の射への作用が定まれば対象への作用が一意に定まるのであった．自然変換についても同様で，その射への作用が定まれば対象への作用が一意に定まる．しかし先述のように，とくに自然変換は，その対象への作用のみからも一意に定まるのである．このことは，自然変換の射への作用がもっている「恒等射以外の射の写り先」という情報が冗長であることを

1.3 自然変換 | 37

意味している（実際，上で述べたとおり，式(1.71)の定義よりこの情報は冗長である）．
このため，このような冗長な情報を含まないような定義として，自然変換をその対象
への作用のみにより定めることは合理的といえよう．一方，この冗長性を気にしなけ
れば，関手と自然変換をともにそれらの射への作用とみなすことができ，これにより
関手と自然変換を統一的な視点で捉えられる．

　参考までに，関手と自然変換のそれぞれを対象への作用と射への作用という観点で
まとめたものを，表 1.2 に示す．

表 1.2　関手 F と自然変換 $\alpha: F \Rightarrow G$（ただし $F, G: C \to \mathcal{D}$）を写像とみなした場合の
比較

入力	関手 F の出力	自然変換 α の出力
対象 $a \in C$	対象 $Fa \in \mathcal{D}$	射 $\alpha_a \in \mathcal{D}(Fa, Ga)$
射 $f \in C(a, b)$	射 $Ff \in \mathcal{D}(Fa, Fb)$	射 $\alpha \bullet f = Gf \circ \alpha_a = \alpha_b \circ Ff \in \mathcal{D}(Fa, Gb)$

▶ **余談**　自然性の条件について考えるために，ここでは自然変換 α が必ずしも自然性の条件を満
たさなくてもよいと仮定してみよう．この場合，$\alpha \bullet f$ の定義として，式(1.71) の中央の式（つ
まり $\alpha \bullet f := Gf \circ \alpha_a$）または右辺（つまり $\alpha \bullet f := \alpha_b \circ Ff$）のように定めるという，二通
りの定義が考えられる．これらの方法は同程度に妥当だと思われるため，$\alpha \bullet f$ の定義として最
も妥当と思われるものを一つに定めることは難しそうである．このように考えると，自然性の条
件は α の射への作用を適切に定めるために必要なものといえるかもしれない．

▶ **高度な話題**　$F \neq F'$ であるような 3 個の関手 $F, F', G: C \to \mathcal{D}$ について，自然変換 $\alpha: F \Rightarrow G$
と自然変換 $\alpha': F' \Rightarrow G$ が射への作用としては等しい（つまり $\alpha \bullet f = \alpha' \bullet f$（$\forall f \in \mathrm{mor}\, C$）を
満たす）ことがあり得る．もちろん，この場合には α と α' は対象への作用としても等しい．

1.3.3　自然変換の例

(1) 一般的な例

例 1.72　**任意の射は自然変換とみなせる**　例 1.49 で述べたように，任意の対象は関手
とみなせる．2 個の対象 $a, b \in \mathcal{D}$ をともに **1** から $\mathcal{D}$ への関手とみなすと，任意の射
$f \in \mathcal{D}(a, b)$ に対して 1 個の要素からなる集合 $\{f\}_{*\in 1}$ は関手 a から関手 b への自然変
換とみなせる．実際，**1** の射は 1_* のみであるため，$\{f\}_{*\in 1}$ の自然性は $1_b \circ f = f \circ 1_a$
という自明な式になる．以降では，この自然変換 $\{f\}_{*\in 1}$ をしばしば射 f と同一視す
る[14]．この同一視により，任意の射は自然変換とみなせる．以降では，射を自然変換
とよぶ場合がある．　　　　　　　　　　　　　　　　　　　　　　　　　　　　△

例 1.73　**任意の射の集まりは自然変換とみなせる**　自然変換 $\alpha: F \Rightarrow G$（$F, G: C \to \mathcal{D}$）

[14] 集合 $\{f\}_{*\in 1}$ は写像 $\{*\} \ni * \mapsto f \in \mathrm{mor}\, \mathcal{D}$ と同一視できる．例 1.28 で述べたように写像 $* \mapsto f$ を f と同
一視しているため，$\{f\}_{*\in 1}$ と f を同一視していると考えてもよい．

において，C が離散圏の場合を考える．このとき，C の射は恒等射のみであるため，α の自然性は $1_{Ga} \circ \alpha_a = \alpha_a \circ 1_{Fa}$ ($\forall a \in C$) という自明な式になる．また，離散圏 C の対象で添字付けられた $\mathcal{D}$ の射の集まり $\alpha := \{\alpha_c \in \mathcal{D}(a_c, b_c)\}_{c \in C}$ を任意に選んだとき（各 $a_c, b_c \in \mathcal{D}$ も任意），2 個の写像 $c \mapsto a_c$ および $c \mapsto b_c$ のそれぞれを対象への作用とするような C から $\mathcal{D}$ への 2 個の関手 F および G が一意に定まり（例 1.50 を参照のこと），また上記の議論により α は自然性をつねに満たすため，F から G への自然変換である． △

例 1.74　双関手 $F: C \times \mathcal{D} \to \mathcal{E}$ と各対象 $c \in C$ について，関手 $F(c,-): \mathcal{D} \to \mathcal{E}$ が例 1.65 のように定められた．任意の $f \in C(c, c')$ に対して射の集まり $F(f,-) := \{F(f, d)\}_{d \in \mathcal{D}}$ を定める（なお，$F(f, d) = F(f, 1_d)$ は $\mathcal{E}$ の射である）．このとき，$F(f,-)$ は $F(c,-)$ から $F(c',-)$ への自然変換である．実際，各 $g \in \mathcal{D}(d, d')$ に対して次式が成り立つため，自然性の条件（つまり式(nat)）を満たしている．

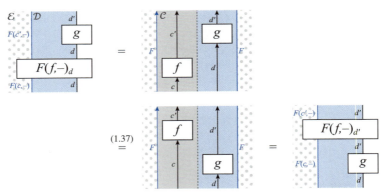

(1.37)

ただし，2 番目と 3 番目の式は直積用の表記である（式(1.63) を参照のこと）． △

(2) 具体的な例

例 1.75　ベクトル空間 $\mathbf{V}$ から 2 重双対ベクトル空間（つまり $\mathbf{V}^* := \mathbf{Vec}_{\mathbb{K}}(\mathbf{V}, \mathbb{K})$ から $\mathbb{K}$ への線形写像の集まり）$\mathbf{V}^{**}$ への射 $\mathrm{eval}_\mathbf{V}: \mathbf{V} \to \mathbf{V}^{**}$ を，各 $v \in \mathbf{V}$ を $\mathbf{V}^{**}$ の要素（つまり線形写像）$\mathbf{Vec}_{\mathbb{K}}(\mathbf{V}, \mathbb{K}) \ni f \mapsto f(v) \in \mathbb{K}$ に写すものとして定める．このとき，$\mathrm{eval} := \{\mathrm{eval}_\mathbf{V}\}_{\mathbf{V} \in \mathbf{Vec}_{\mathbb{K}}}$ は恒等関手 $1_{\mathbf{Vec}_{\mathbb{K}}}$ からある関手 $(-)^{**}: \mathbf{Vec}_{\mathbb{K}} \to \mathbf{Vec}_{\mathbb{K}}$ への自然変換である（演習問題 2.2.5）． △

▶ 補足 1　$\mathbf{Vec}_{\mathbb{K}}$ を $\mathbf{FinVec}_{\mathbb{K}}$ に置き換えても，eval はやはり自然変換になる．$\mathbf{FinVec}_{\mathbb{K}}$ の場合を具体的に述べると，任意の $\mathbf{V} \in \mathbf{FinVec}_{\mathbb{K}}$ は $\mathbf{V}^* \in \mathbf{FinVec}_{\mathbb{K}}$ と同型であり，したがって，$\mathbf{V}^{**} \in \mathbf{FinVec}_{\mathbb{K}}$ とも同型である（$\mathbf{V} \cong \mathbf{V}^*$ かつ $\mathbf{V}^* \cong \mathbf{V}^{**}$ であるため）．$\mathbf{V}$ の基底を定めて $\mathbf{V}$ の要素を n 次元列

1.3 自然変換 | 39

ベクトルとして表すと，$\mathbf{V}^*$ の要素は n 次元行ベクトルとして表せて，$\mathbf{V}^{**}$ の要素は n 次元列ベクトルとして表せる（例 1.62 の補足を参照のこと）．転置で表される写像 $-^\mathsf{T}$ が $\mathbf{V}$ から $\mathbf{V}^*$ への同型射を与え，転置を 2 回施すという写像 $(-^\mathsf{T})^\mathsf{T}$ が $\mathbf{V}$ から $\mathbf{V}^{**}$ への同型射を与える（$\mathbb{K} = \mathbb{R}$ の場合を考えるとわかりやすいであろう）．この写像 $(-^\mathsf{T})^\mathsf{T}$ が関手 $(-)^{**}$ に相当する．$\mathbf{V}$ と $\mathbf{V}^{**}$ の要素がともに n 次元列ベクトルとして表せることからわかるように，$\mathbf{V}^{**}$ と $\mathbf{V}$ を同一視しても通常は問題ない．このように同一視したとき，関手 $(-)^{**}$ は恒等関手 $1_{\mathbf{FinVec}_\mathbb{K}}$ とみなせて，eval は恒等自然変換 $1_{1_{\mathbf{FinVec}_\mathbb{K}}} = \{1_\mathbf{V}\}_{\mathbf{V} \in \mathbf{FinVec}_\mathbb{K}}$ とみなせる．

▶ **補足 2** 上の補足 1 において，写像 $-^\mathsf{T}$ は基底の選び方に依存して変わるのに対し，写像 $(-^\mathsf{T})^\mathsf{T}$ は基底の選び方に依存しない（このことは，転置を 2 回施すと「元に戻る」ことから直観的に理解できる）．この事実は，同型射 $-^\mathsf{T} : \mathbf{V} \to \mathbf{V}^*$ よりも同型射 $(-^\mathsf{T})^\mathsf{T} : \mathbf{V} \to \mathbf{V}^{**}$ のほうがより「自然」であることを示唆しているようである．このことを厳密な形で表したものが，$\mathbf{V}$ について自然な写像 $\mathrm{eval}_\mathbf{V} : \mathbf{V} \to \mathbf{V}^{**}$ の存在（つまり自然変換 $\mathrm{eval} : 1_{\mathbf{FinVec}_\mathbb{K}} \Rightarrow (-)^{**}$ の存在）であるといえよう．これに対して，$1_{\mathbf{FinVec}_\mathbb{K}}$ のドメイン $\mathbf{Vec}_\mathbb{K}$ と $(-)^*$ のドメイン $\mathbf{Vec}_\mathbb{K}{}^{\mathrm{op}}$ は異なるため，$1_{\mathbf{FinVec}_\mathbb{K}}$ から $(-)^*$ への自然変換は存在しない．このため，直観的には同型 $\mathbf{V} \cong \mathbf{V}^*$ にはこのような「密接な関係」はないといえる．なお，2.2 節で述べる用語を用いると，eval は自然同型でもあり，$\mathbf{FinVec}_\mathbb{K}$ と $\mathbf{FinVec}_\mathbb{K}{}^{\mathrm{op}}$ は同値である．

例 1.76　ベクトル空間 $\mathbf{V}$ の要素の和（$+_\mathbf{V}$ とおく）は，直和空間 $\mathbf{V} \oplus \mathbf{V}$ から $\mathbf{V}$ への線形写像として $+_\mathbf{V} : \mathbf{V} \oplus \mathbf{V} \ni \langle v, w \rangle \mapsto v + w \in \mathbf{V}$ のように表せる．また，各 $\mathbf{V}$ を $\mathbf{V} \oplus \mathbf{V}$ に写して各線形写像 f を $f \oplus f$ に写すような $\mathbf{Vec}_\mathbb{K}$ 上の関手（暫定的に $\oplus$ とおく）が考えられる．このとき，添字付けられた和 $+_\mathbf{V}$ の集まり $+ := \{+_\mathbf{V}\}_{\mathbf{V} \in \mathbf{Vec}_\mathbb{K}}$ は，関手 $\oplus$ から恒等関手 $1_{\mathbf{Vec}_\mathbb{K}}$ への自然変換である（演習問題 1.3.1）．ここではベクトル空間の和の例を示したが，より一般的な（準同型写像のような）「構造を保つ写像」はこのような自然変換の自然性として理解できることが少なくない． ◿

━━━━━━━━━━━━━━━━ 演習問題 ━━━━━━━━━━━━━━━━

1.3.1　例 1.76 において，$+ := \{+_\mathbf{V}\}_{\mathbf{V} \in \mathbf{Vec}_\mathbb{K}}$ が関手 $\oplus$ から恒等関手 $1_{\mathbf{Vec}_\mathbb{K}}$ への自然変換であることを示せ．

第 2 章 自然変換の合成と関手圏

　前章では，圏・関手・自然変換の定義や例について述べた．本章では，前章では触れられなかったこれらの概念に関連する重要なトピックについて述べる．具体的には，自然変換の合成について述べた後で，その合成を用いて定められる圏同型や圏同値，関手圏などの概念を導入する．また，次章以降で頻繁に登場することになるホム関手についても説明する．

2.1 垂直合成と水平合成

　自然変換を合成するための 2 種類の方法として，「射としての合成」である垂直合成と「写像としての合成」である水平合成がある．

2.1.1 垂直合成

　2 個の自然変換 $\alpha: F \Rightarrow G$, $\beta: G \Rightarrow H$ （ただし $F, G, H: \mathcal{C} \to \mathcal{D}$）を任意に選ぶ．このとき，各 $a \in \mathcal{C}$ に対して α の成分 $\alpha_a \in \mathcal{D}(Fa, Ga)$ と β の成分 $\beta_a \in \mathcal{D}(Ga, Ha)$ は，射としての合成ができる．このような合成により得られる射の集まり $\{\beta_a \alpha_a\}_{a \in \mathcal{C}}$ を α と β の**垂直合成**（vertical composition）とよび，$\beta \circ \alpha$ または $\beta\alpha$ と書く．$\beta\alpha$ を次の図式で表すことにする．

(2.1)
$$\beta\alpha := \{(\beta\alpha)_a := \beta_a \alpha_a\}_{a \in \mathcal{C}}$$

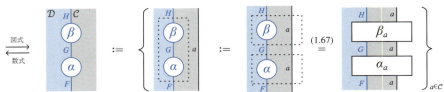

　なお，便宜上この図式の線 a のように，1 本の線に同じラベルを複数個付ける場合が

ある．$\beta\alpha$ は自然変換である．実際，$\mathcal{C}$ の各射 f について

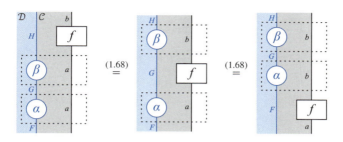

が成り立つ（つまり，f が自然変換 α と β の両方を素通りして縦方向に自由に動ける）ため，$\beta\alpha$ は自然性を満たす．

各自然変換 $\alpha\colon F \Rightarrow G$ に対して，次式が成り立つことがわかる．

(2.2) $\qquad \alpha 1_F = \alpha = 1_G \alpha$

ただし，破線のブロックは恒等自然変換を表している．自然変換の垂直合成は射の合成に似ており，式(2.2) は式(1.12) で示した単位律に似ていることがわかると思う．2.3 節では，これらの類似性をより明確な形で述べる．

例 2.3 **射の合成は自然変換の垂直合成とみなせる** 例 1.72 で述べたように，任意の射 f を自然変換 $\{f\}_{*\in 1}$ と同一視するのであった．この同一視により，射の合成 gf は自然変換の垂直合成 $\{g\}_{*\in 1} \circ \{f\}_{*\in 1} = \{gf\}_{*\in 1}$ とみなせる． △

2.1.2 水平合成

(1) 関手の水平合成

まずは，関手の水平合成を定める．関手はその対象や射への作用を考えれば写像とみなせるため，写像としての合成が考えられる．具体的には，関手 $F\colon \mathcal{C} \to \mathcal{D}$ と関手 $G\colon \mathcal{D} \to \mathcal{E}$ について，対象および射への作用がそれぞれ

$$\mathrm{ob}\,\mathcal{C} \ni a \mapsto G(Fa) \in \mathrm{ob}\,\mathcal{E}, \qquad \mathrm{mor}\,\mathcal{C} \ni f \mapsto G(Ff) \in \mathrm{mor}\,\mathcal{E}$$

で与えられるような $\mathcal{C}$ から $\mathcal{E}$ への関手を，G と F の合成 (composition) または水平合成 (horizontal composition) とよび，$G \bullet F$ と書く．$G \bullet F$ が関手であることは，F と G がともに構造を保つ（つまり合成を保って各恒等射を恒等射に写す）ことからす

ぐにわかる（演習問題 2.1.1）．$G \bullet F$ を次のような図式で表すことにする．

(2.4) $\qquad G \bullet F \quad \overset{\text{図式}}{\underset{\text{数式}}{\rightleftarrows}} \quad \boxed{\mathcal{E} \mid \mathcal{C}}_{G\bullet F} \quad = \quad \boxed{\mathcal{D}}_{G \; F}$

▶ 補足　直観的には，式(2.4) は「線 $G \bullet F$ は線 G と線 F を横方向に動かして重ねたもの」と解釈できる．式(1.40) でも同様の解釈ができたことを思い出してほしい．

図式では，射の合成は射を上下に並べて表すのに対し，関手の水平合成は関手を左右に並べて表すことに注意してほしい．数式では，前者のような縦方向の合成を記号 ○ で表し，後者のような横方向の合成を記号 ● で表すことで両者を区別している．写像を合成することでより複雑な写像を作れるのと同様に，関手を水平合成することでより複雑な関手を作れる．

(2) 自然変換の水平合成

次に，自然変換の水平合成を定める．関手の場合と同様に，自然変換もその対象や射への作用を考えれば写像とみなせるため，写像としての合成が考えられる．任意の自然変換 $\alpha: F \Rightarrow F'$, $\beta: G \Rightarrow G'$（関手 $F, F': \mathcal{C} \to \mathcal{D}$ と関手 $G, G': \mathcal{D} \to \mathcal{E}$ と圏 $\mathcal{C}, \mathcal{D}, \mathcal{E}$ も任意）について，写像

(2.5) $\qquad \mathrm{ob}\,\mathcal{C} \ni a \;\overset{\alpha}{\mapsto}\; \alpha_a \;\overset{\beta}{\mapsto}\; \beta \bullet \alpha_a \in \mathrm{mor}\,\mathcal{E}$

を考える[‡1]．式(1.71) の α に β を代入し，f に α_a を代入すると，

(2.6)

$\beta \bullet \alpha_a = G'\alpha_a \circ \beta_{Fa} = \beta_{F'a} \circ G\alpha_a$

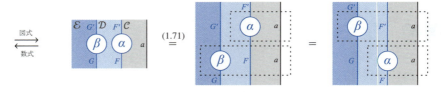

であることがわかる．ここで，式(2.5) の写像を対象への作用とするもの，または同じことであるが，添字付けられた $\mathcal{E}$ の射の集まり $\{\beta \bullet \alpha_a : (G \bullet F)a \to (G' \bullet F')a\}_{a \in \mathcal{C}}$ を，β と α の水平合成とよび $\beta \bullet \alpha$ と書く．$\beta \bullet \alpha$ は，関手 $G \bullet F$ から関手 $G' \bullet F'$

[‡1] この $\overset{\alpha}{\mapsto}$ は α の対象への作用を表しており，$\overset{\beta}{\mapsto}$ は β の射への作用を表している．以降でもこのように表すことがしばしばあるが，対象への作用と射への作用のどちらを表しているかは，対象と射のどちらを入力としているかで区別できる．

への自然変換であることがわかる（演習問題 2.1.2）. $\beta \bullet \alpha$ の各成分 $(\beta \bullet \alpha)_a$ は，定義より $\beta \bullet \alpha_a$ に等しい. 式(2.6) の左辺の図式を考慮して，$\beta \bullet \alpha$ を次の図式で表すことにする.

(2.7)

$$\mathcal{E}\;\boxed{\beta \bullet \alpha}\;\mathcal{C} \;=\; \boxed{\beta \;\; \alpha} \;:=\; \left\{ \boxed{\beta \;\; \alpha} \right\}_{a \in \mathcal{C}}$$

> ▶ **補足**　関手の水平合成と同じく，直観的には「ブロック $\beta \bullet \alpha$ はブロック β とブロック α を横方向に動かして重ねたもの」と解釈できる.

とくに，$1_G \bullet \alpha$ を $G \bullet \alpha$ と表し，$\beta \bullet 1_F$ を $\beta \bullet F$ と表すことにする. これらの図式は，次のようになる.

(2.8)

$$\mathcal{E}\;\boxed{G \bullet \alpha}\;\mathcal{C} \;=\; \boxed{\quad \alpha \quad}$$

$$\boxed{\beta \bullet F} \;=\; \boxed{\quad \beta \quad}$$

対象 a を恒等射 1_a と同一視しても実質的に問題ないのと同様に，関手 G を恒等自然変換 1_G と同一視しても実質的には問題ない. 本書では，しばしばこのような同一視を行う. この同一視により $1_G \bullet \alpha$ は関手 G と自然変換 α の水平合成とみなせるため，これを $G \bullet \alpha$ と表しても違和感を感じないであろう. また，関手同士の水平合成 $G \bullet F$ は $1_G \bullet 1_F$ のことだと解釈できる.

> ▶ **補足 1**　別の同値な定義として，$G \bullet \alpha$ を写像としての合成であると定めてもよい. 具体的には，写像の合成 $\mathrm{ob}\,\mathcal{C} \ni a \xmapsto{\alpha} \alpha_a \xmapsto{G} G\alpha_a \in \mathrm{mor}\,\mathcal{E}$（ただし，$\xmapsto{\alpha}$ は α の対象への作用で，$\xmapsto{G}$ は G の射への作用）が対象への作用であるような自然変換として $G \bullet \alpha$ を定められる.

> ▶ **補足 2**　射 $f \in \mathrm{mor}\,\mathcal{C}$ は自然変換とみなせるため（例 1.72），$1_F \bullet f$ は $F \bullet f$ と表せる. このとき，$F \bullet f = Ff$ が成り立つことがわかる[‡2]. なお，$F \bullet f$ の図式と Ff の図式は区別できないが，これらは等しいため問題ない. 同様に，対象 $a \in \mathcal{C}$ は関手とみなせて（例 1.49），関手としての水平合成 $F \bullet a$ は Fa に等しい. 自然変換 α についても同様のことが成り立つ. つまり，射 f を自然変換とみなしたものとの水平合成は式(1.71) で定めた $\alpha \bullet f$ に等しく，また $\alpha \bullet a$ は α_a に等しい. このように，Ff と Fa と $\alpha \bullet f$ と α_a（つまり関手や自然変換の射または対

[‡2] 証明：$F \bullet f$ の対象への作用は写像の合成 $\mathrm{ob}\,\mathbf{1} \ni * \xmapsto{f} f \xmapsto{F} Ff \in \mathrm{mor}\,\mathcal{D}$（ただし，$\xmapsto{f}$ は f の対象への作用で，$\xmapsto{F}$ は F の射への作用）であり，これは Ff と同一視される. すぐ後で述べる $F \bullet a$, $\alpha \bullet f$, $\alpha \bullet a$ についても同様に，写像としての合成を考えればよい.

象への作用）は，いずれも自然変換同士の水平合成とみなせる．図式では，これらのすべてをブロックまたは線を横に並べることで表してきたが，これらは単に水平合成を表しているにすぎないといえる．なお，Ff, Fa, α_a という表記が一般によく用いられるため本書でもこの表記を採用しているが，それぞれを $F \bullet f, F \bullet a, \alpha \bullet a$ と書いたほうが一貫性があってわかりやすいかもしれない．

2.1.3 垂直合成と水平合成が混在した式

式(2.6) が各 $a \in C$ について成り立つため，式(1.69) より次式が成り立つ．

$$\beta \bullet \alpha = (G' \bullet \alpha) \circ (\beta \bullet F) = (\beta \bullet F') \circ (G \bullet \alpha)$$

(sld)

この式も，スライディング則などとよばれる．式(sld) は，直観的には α や β を線に沿って自由に動かせることを意味している．式(1.68) の自然性は，射 f を自然変換とみなせるため式(sld) の特別な場合といえる．

次の命題は，垂直合成と水平合成に関する重要な性質を示している．

命題 2.9 任意の自然変換 $\alpha: F \Rightarrow F'$, $\alpha': F' \Rightarrow F''$, $\beta: G \Rightarrow G'$, $\beta': G' \Rightarrow G''$ に対し（関手 $F, F', F'': C \to \mathcal{D}$ と関手 $G, G', G'': \mathcal{D} \to \mathcal{E}$ と圏 $C, \mathcal{D}, \mathcal{E}$ も任意），次式が成り立つ．

$$(\beta' \circ \beta) \bullet (\alpha' \circ \alpha) = (\beta' \bullet \alpha') \circ (\beta \bullet \alpha)$$

(2.10)

証明 式(1.69) より，式(2.10) の両辺の各成分が等しいことを示せばよい．各 $a \in C$ について次式が成り立つため，明らか．

2.1 垂直合成と水平合成

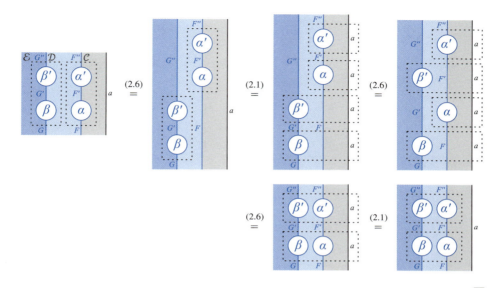

この命題は，自然変換を縦方向と横方向にそれぞれ2個ずつ並べる際，並べてできる自然変換が合成の順序によらないことを主張している．なお，式(2.10)の図式から補助線（破線）を消すと左辺と右辺を区別できなくなるが，これらは等しいので問題ない．

- ▶ **補足** 式(sld)のスライディング則は式(2.10)の特別な場合とみなせる．実際，式(2.10)において $\beta' = 1_{G'}$ および $\alpha = 1_F$ の場合を考えると，$\beta \bullet \alpha' = (1_{G'} \circ \beta) \bullet (\alpha' \circ 1_{F'}) = (G' \bullet \alpha') \circ (\beta \bullet F')$ を得る（ただし，左側の等号では式(2.2)を用いた）．したがって，式(sld)に $\alpha = \alpha'$ を代入した式の左側の等号が成り立つ．右側の等号も同様に示せる．

- ▶ **余談** 水平合成の話の辺りから，数式が複雑になってきたと感じるかもしれない．少し慣れれば，数式の代わりに図式で表したほうが直観的でわかりやすいと思えるようになるだろう．その主な理由は，数式では原則として文字や記号を横方向のみに並べて「1次元的」に書くのに対し，図式ではブロックを横方向のみではなく縦方向にも並べられて「2次元的」に描けるためであろう．

自然変換の垂直合成は射としての合成であるため，明らかに結合律（つまり $\gamma(\beta\alpha) = (\gamma\beta)\alpha$）を満たす．また，自然変換の水平合成も結合律（つまり $\tau \bullet (\sigma \bullet \rho) = (\tau \bullet \sigma) \bullet \rho$）を満たす[‡3]．もちろん，関手の水平合成も結合律を満たす．

自然変換の垂直合成・水平合成に関する結合律と命題2.9を組み合わせれば，3個以上の自然変換を垂直合成・水平合成により合成した結果はその合成の順序によらないことがわかる．このため，これまでの図式（たとえば式(1.68)）で現れたすべての補助

[‡3] 「ρ の対象への作用」と「σ の射への作用」と「τ の射への作用」の（写像としての）合成を考えればよい．

線は消せることがわかる．

　自然変換を合成することで，より複雑な自然変換を得ることができる．たとえば，4個の自然変換 f, g, α, β を合成してできる次のような自然変換が考えられる（例 1.72 より，射は自然変換とみなせるのであった）[‡4]．

(2.11)
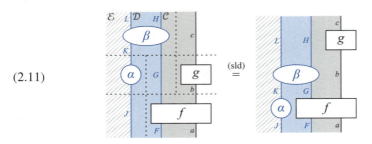

この左辺では，この自然変換が 4 個の自然変換 f, g, α, β と 3 個の関手 c, G, J（例 1.49 より，対象 c は関手とみなせる）の合成により構成されていることがわかるように補助線を描いている．式(sld) により各ブロックは線に沿って自由に動かせるため，明らかに等号が成り立つ．本書では，このように垂直合成と水平合成が混在した式が何度も現れる．どのように合成されているかは，この左辺のように適切に補助線を引けばすぐにわかると思う．

▶ **補足**　射の合成や自然変換の水平合成のように，圏論では結合律と単位律を満たすような（つまり「モノイド的」な）合成に着目することが多い．たとえば，4.4 節で述べるモナドや 6.1 節で述べるモノイダル圏でも，このような合成が考えられる．

▶ **余談**　関手と自然変換をそれぞれ定義 1.38 と定義 1.66 により定めたとき，命題 2.9 のような「都合のよい」性質が成り立つ．逆に，このような性質が成り立つためには関手と自然変換をどのように定義すればよいかを考えると，定義 1.38 と定義 1.66 にたどり着く（演習問題 2.3.4 を参照のこと）．このような観点で捉えると，関手と自然変換の定義は，この「都合のよい」性質を満たすための条件をエレガントな形にまとめたものであるといえよう．

2.1.4　垂直合成と水平合成についてのまとめ

　自然変換を合成する方法として，垂直合成と水平合成の 2 種類の合成について説明した．自然変換の垂直合成 $\beta\alpha$ は，その各成分 $(\beta\alpha)_a$ が射の合成 $\beta_a \alpha_a$ に等しいものとして定められた（式(2.1) を思い出してほしい）．この意味で，垂直合成は「射とし

[‡4] 数式では，式(2.11) の左辺は $\beta_c(\alpha \bullet Gg)(Jf)$ と表せる（または，$(\beta \bullet c) \circ (\alpha \bullet G \bullet g) \circ (J \bullet f)$ と書くとわかりやすいかもしれない）．また，右辺は $((L \bullet H)g)\beta_b(\alpha \bullet f)$ と表せる．なお，図式から読みとれるように，f は $\mathcal{D}$ の（Fa から Gb への）射で，g は $\mathcal{C}$ の（b から c への）射である．また，α は J から K への自然変換で，β は $K \bullet G$ から $L \bullet H$ への自然変換である．式(2.11) の両辺が表している自然変換は，$\mathcal{E}$ の $J(Fa)$ から $L(Hc)$ への射である．

ての合成」であるといえる．なお，一般には射は写像とは限らないため，垂直合成は「写像としての合成」とは限らない．一方，関手や自然変換の水平合成は，その対象や射への作用の「写像としての合成」として定められた．また，垂直合成と水平合成が混在している式では，その合成の順序にはよらないことを述べた（命題 2.9 を参照のこと）．

例 1.49, 1.72 で述べたように，対象および射はそれぞれ関手および自然変換の特別な場合とみなせる．このため，図式におけるすべてのブロックは自然変換を表しており，すべての線は関手を表しているとみなせる．さらに，各関手 F は恒等自然変換 1_F と同一視できる．このように対象と射と関手を自然変換とみなすと，これまでに述べてきた合成はすべて自然変換の垂直合成または水平合成とみなせる[‡5]．この自然変換の垂直合成と水平合成を，図式では単にブロック（や線）を縦方向につなげたり横方向に並べたりすることで表しているのである．

> ▶ **補足**　本書で採用している，数式において垂直合成と水平合成を表す演算子 $\circ$ と $\bullet$ を省略する際の規則についてまとめておく．演算子 $\circ$ は省略できる．たとえば，射 f と射 g の合成 $g \circ f$ は gf と書ける．また，関手と対象や射との水平合成を表す演算子 $\bullet$ も省略できる．たとえば，関手 F と射 f の水平合成 $F \bullet f$ は Ff と書ける[‡6]．さらに，自然変換と対象の水平合成を表す演算子 $\bullet$ は，対象を下付き文字で表すことで省略できる．たとえば，自然変換 α と対象 a の水平合成 $\alpha \bullet a$ は α_a と表せる．
>
> 　本書では，演算子の優先順位を明確に定めることは控えるが，演算子 $\circ$ や $\bullet$ を省略した場合には優先順位が上がるものとする．たとえば，$g \circ (F \bullet f)$ は $g \circ Ff$ と表せる．

ここまでで，本書で用いているストリング図（正確には p.21 で述べた「メインの表記」）の規則や主要な性質を述べてきた．ただし，これからも必要に応じて新しいブロックなどを追加することになる．また，付録 B ではストリング図の特徴をまとめているので，どこかのタイミングで一読するとよいと思う．

2.1.5　圏 Cat

集合を対象とするような圏 **Set** が考えられたのと同様に，小圏（つまり射全体からなる集まりが集合である圏）を対象とするような圏 **Cat** が考えられる．**Cat** は次のよ

[‡5] 図式において縦方向の合成として表されてきた演算は，「射の合成」と「自然変換の垂直合成」の 2 種類しかない．射を自然変換とみなせば，前者は後者の特別な場合とみなせる．また，図式において横方向の合成として表されてきた演算は，「対象 a や射 f に対して関手 F や自然変換 α を施すという演算」（つまり $Fa, Ff, \alpha_a, \alpha \bullet f$）と「関手の水平合成」と「自然変換の水平合成」の 3 種類しかない．対象と射と関手を自然変換とみなせば，これらはすべて「自然変換の水平合成」とみなせる．

[‡6] 次項で述べるように，関手 F は圏 **CAT** の射とみなせる．このようにみなすと，関手同士の水平合成 $G \bullet F$ は演算子 $\bullet$ を省略できて GF と書ける．しかし，GF という表記は初学者にとって垂直合成と間違えやすいと思われるため，本書では関手同士の水平合成を表す演算子 $\bullet$ は（F のドメインが $\mathbf{1}$ ではない限り）できるだけ省略しないことにした．

うに定められる.

- 対象は,小圏である.
- 対象(つまり小圏)C から対象 $\mathcal{D}$ への射は,C から $\mathcal{D}$ への関手である.
- 射の合成は関手の水平合成であり,対象 C 上の恒等射は恒等関手 1_C である.

すでに述べたように,関手の水平合成は結合律を満たし,また任意の関手 $F\colon C \to \mathcal{D}$ について $F \bullet 1_C = F = 1_{\mathcal{D}} \bullet F$ が成り立つため単位律を満たす.したがって,**Cat** は圏である.なお,対象を小圏に限定しているのは,圏 **Cat** を局所小圏とするためである(演習問題 2.3.2(a)).同様に,小圏の代わりに局所小圏を対象として関手を射とするような圏 **CAT** も定められる.ただし,**CAT** 自身は局所小圏ではないことに注意すること.

圏 **Cat** の主な性質を表 2.1 に示す.

表 2.1 　圏 **Cat**

対象	小圏
射	関手
射の合成	関手の水平合成
始対象	圏 **0**
終対象	圏 **1**
備考	局所小圏,具体圏(p.54),完備かつ余完備(演習問題 5.2.3),カルテシアン閉(例 6.51)

▶ **補足**　この表の始対象と終対象について補足しておく.圏 **0** は対象と射をまったくもたない圏である.この場合,**0** から任意の圏 C への関手は,その対象および射への作用がともに空写像(p.17)であるものとして一意に定まる.このため,**0** は **Cat** の始対象である.また,例 1.46 で述べたように,任意の圏 C から圏 **1** への関手は一意に存在する(存在して一意に定まることを,しばしば一意に存在するとよぶ).このため,**1** は **Cat** の終対象である.

コラム　関手と射は混同しやすい?

初学者のうちは,関手と射を混同してしまうことがあるかもしれない.これらを混同する主な理由としては,以下が考えられる.

- 関手の表記 $F\colon C \to \mathcal{D}$ が射の表記 $f\colon c \to d$ に似ている.
- 圏 **Cat** や圏 **CAT** では,関手が射である.
- 標準的な書籍では,「関手を線で描く図式」と「射を線で描く図式」の両方がしばしば用いられる(これらの図式は付録 B で紹介している).

2.2 自然同型と圏同型・圏同値　49

　関手と射にはいくらかの類似点はあるものの，圏論の基礎を学ぶ際には相違点を意識したほうが理解しやすいことが多いように思う．ここでは，関手と射の主な相違点を二つ挙げておく．一つ目の違いは，関手同士の合成が水平合成であるのに対し，射同士の合成は垂直合成であることである．二つ目の違いは，本書の図式（つまりストリング図）では，射はブロックで表されて関手は線で表されることである．本書の図式に慣れれば，関手は射よりもむしろ対象に似ていると感じるようになり，関手と射の違いに自然と敏感になるであろう．

◀　演習問題　▶

2.1.1　任意の関手 $F: C \to \mathcal{D}$, $G: \mathcal{D} \to \mathcal{E}$ について，$G \bullet F$ が C から $\mathcal{E}$ への関手であることを示せ．

2.1.2　任意の自然変換 $\alpha: F \Rightarrow F'$, $\beta: G \Rightarrow G'$（$F, F': C \to \mathcal{D}$ と $G, G': \mathcal{D} \to \mathcal{E}$ も任意）について，$\beta \bullet \alpha$ が $G \bullet F$ から $G' \bullet F'$ への自然変換であることを示せ．

2.1.3　2 個の関手 $F, G: C \to C$ と 2 個の自然変換 $\alpha: F \Rightarrow 1_C$，$\beta: 1_C \Rightarrow G$ について，$\beta\alpha = \beta \bullet \alpha = \alpha \bullet \beta$ であることを示せ．

2.2　自然同型と圏同型・圏同値

　本節では，自然同型・圏同型・圏同値といった主要な同値関係について述べる．また，充満忠実関手とよばれる関手について説明する．

2.2.1　自然同型

定義 2.12（自然同型）　圏 C から圏 $\mathcal{D}$ への 2 個の関手 F, G について，自然変換 $\alpha: F \Rightarrow G$ の各成分 α_a が同型射であるとき（つまり各 α_a に対して逆射 α_a^{-1} が存在するとき），α を**自然同型**（natural isomorphism）または単に**同型**という．また，F から G への自然同型が存在するとき，F と G は**自然同型**または単に**同型**であるとよび，$F \cong G$ と書く．

　α が自然同型であることを表すために，しばしば $\alpha: F \Rightarrow G$ の代わりに $\alpha: F \cong G$ と書く．α が自然同型のとき，各成分 α_a の逆射の集まり $\alpha^{-1} := \{\alpha_a^{-1} \in \mathcal{D}(Ga, Fa)\}_{a \in C}$ を α の**逆自然変換**（inverse natural transformation）とよぶ．各 α_a の逆射は一意に定まるため（演習問題 1.1.1(b)），逆自然変換 α^{-1} は一意に定まる．α^{-1} は G から F への自然同型であることがわかる（演習問題 2.2.1）．また，$\alpha_a^{-1}\alpha_a = 1_{Fa}$（$\forall a \in C$）より $\alpha^{-1}\alpha = 1_F$ であり，同様に $\alpha\alpha^{-1} = 1_G$ である．恒等自然変換自身は，明らかに自

然同型である．2個の自然同型の垂直合成や水平合成が自然同型であることもわかる（演習問題 2.2.2）．

α が自然同型のとき，式(1.68)（$Gf \circ \alpha_a = \alpha_b \circ Ff$）の両辺に右側（図式では下側）から α_a^{-1} を施すと，次式が得られる．

$$Gf = \alpha_b \circ Ff \circ \alpha_a^{-1}$$

これは，C の任意の射 f について α_b と α_a^{-1} を施すことにより Ff を Gf に写せることを意味している．同様に $Ff = \alpha_b^{-1} \circ Gf \circ \alpha_a$ であるため，Gf を Ff に写せる．この意味で F と G は互いに置き換えられるため，直観的には F と G を同一視できる．

$F \cong G$ は $Fa \cong Ga$ ($\forall a \in C$) よりも厳しい条件であることに注意してほしい．$Fa \cong Ga$ ($\forall a \in C$) は，各 $a \in C$ について同型射 $\alpha_a : Fa \cong Ga$ が存在することと同値である．これに対し，$F \cong G$ はさらにこのような α_a が a について自然である，つまり任意の $a, b \in C$ と任意の $f \in C(a,b)$ について，p.35 の式(nat)を満たすことと同値である．$F \cong G$ のことを，しばしば同型 $Fa \cong Ga$ が a について自然であるという．

本書では，関手 F と関手 G が自然同型であることを次の図式で表すことがある．

(2.13)
$$F \cong G$$

ひし形のブロックは，ある自然同型 $\alpha : F \cong G$ を表している．α を明記する必要がない場合などに，このようなひし形のブロックを用いると便利である．

> ▶ **補足** C の射 f が同型であることは，f を自然変換とみなしたときに自然同型であることと同値であることがわかる．このため，同型射 f を式(2.13)と同様にひし形のブロックを用いて表すこともある．

2.2.2 圏同型

関手 $F : C \to \mathcal{D}$ について $G \bullet F = 1_C$ および $F \bullet G = 1_\mathcal{D}$ を満たすような関手 $G : \mathcal{D} \to C$ が存在するとき，F は可逆であるとよぶ．また，G を F の逆関手 (inverse functor) とよび F^{-1} と書く[‡7]．F が可逆であることは，F の射への作用が可逆であ

[‡7] 文献によっては $G \bullet F \cong 1_C$ および $F \bullet G \cong 1_\mathcal{D}$ を満たすような G を逆関手とよぶこともある．

ることと同値である（演習問題 2.2.9）．このとき，F の対象への作用も可逆となる．
C から $\mathcal{D}$ への可逆関手が存在するとき，C と $\mathcal{D}$ は同型（isomorphic）であるとよび
$C \cong \mathcal{D}$ と書く．これまでの説明より，$C \cong \mathcal{D}$ ならば C の対象と $\mathcal{D}$ の対象が一対一
に対応して C の射と $\mathcal{D}$ の射も一対一に対応することがすぐにわかる．

> ▶ **補足** 本書では，同型 $\cong$ を次のいずれかの意味で用いる．
> (1) 対象 a と対象 b の同型 $a \cong b$
> (2) 関手 F と関手 G の同型（自然同型）$F \cong G$
> (3) 圏 C と圏 $\mathcal{D}$ の同型 $C \cong \mathcal{D}$
> 2.3 節で述べるように，関手の自然同型 $F \cong G$ は関手圏とよばれる圏の対象としての同型とみな
> せる．また，圏の同型 $C \cong \mathcal{D}$ は **CAT** の対象としての同型とみなせる．射や自然変換について
> は，同型という概念を導入しない．本書では，上の (1) の同型が成り立つとき，a と b は同一視
> できるとよぶ（(2) と (3) の同型についても同様）．なお，これらの関係 $\cong$ はいずれも同値関係で
> ある[8]．もちろん，各対象 a, b について $a = b$ ならば $a \cong b$ であり，関手や圏でも同様である．

ある性質を満たす対象が，互いに同型の関係にあるものを同一視すれば一意に定ま
るとき，本質的に一意とよんだ．同様に，ある性質を満たす関手または圏が，互いに
同型の関係にあるものを同一視すれば一意に定まるとき，本質的に一意とよぶ．

2.2.3 圏同値

圏同型の条件を緩めた概念として，圏同値という概念もしばしば用いられる．$G \bullet F \cong$
1_C および $F \bullet G \cong 1_{\mathcal{D}}$ を満たすような関手 $F : C \to \mathcal{D}$ と関手 $G : \mathcal{D} \to C$ が存在する
とき，C と $\mathcal{D}$ は同値（equivalent）であるといい，$C \simeq \mathcal{D}$ と書く．また，このような
F（または G）を，「圏同値 $C \simeq \mathcal{D}$ を導く」のようによぶことにする．同型 $C \cong \mathcal{D}$ と
同値 $C \simeq \mathcal{D}$ で異なる記号を用いていることに注意してほしい．

例 2.14 模式的に次のように表される圏 **2** と圏 $\mathcal{D}$ は同値である（**2** は例 1.15 で述べ
た圏である）．この図では，恒等射以外のすべての射を矢印で表している．

$$\mathbf{2} \quad := \quad 1 \overset{!}{\longrightarrow} 2, \qquad \mathcal{D} \quad := \quad 1 \overset{a}{\underset{b}{\rightrightarrows}} \begin{smallmatrix} 2 \\ c \downdownarrows c^{-1} \\ 2' \end{smallmatrix}$$

この図から，圏 $\mathcal{D}$ は恒等射のほかに 4 本の射をもつことがわかる．$\mathcal{D}$ の射 c^{-1} は c
の逆射であり，したがって $2 \cong 2'$ である．関手 $F : \mathbf{2} \to \mathcal{D}$ として，**2** の射 ! を $\mathcal{D}$ の射
a に写すものを考える（$F1 = 1$ および $F2 = 2$ である）．また，関手 $G : \mathcal{D} \to \mathbf{2}$ とし

---

[8] 集まり X で定められたある関係 ～ が同値関係であるとは，各 $a, b, c \in X$ について (1) 反射律：$a \sim a$，
(2) 対称律：$a \sim b$ ならば $b \sim a$，(3) 推移律：$a \sim b$ かつ $b \sim c$ ならば $a \sim c$，をすべて満たすことをい
う．

52 第 2 章 自然変換の合成と関手圏

て，$\mathcal{D}$ の射 a と射 b をともに！に写し，射 c と射 c^{-1} をともに 1_2 に写すものを考える（$G1 = 1$ および $G2 = G2' = 2$ である）．このとき，$G \bullet F = 1_{\mathbf{2}}$ および $F \bullet G \cong 1_{\mathcal{D}}$ を満たすことがわかる[‡9]．したがって，$\mathbf{2} \simeq \mathcal{D}$ である．

> ▶ 補足　$\mathbf{2}$ の対象 1 が $\mathcal{D}$ の対象 1 に対応し，$\mathbf{2}$ の対象 2 が $\mathcal{D}$ の対象 2 と対象 2' の両方に対応する．なお，$\mathbf{2}$ および $\mathcal{D}$ の対象の個数がそれぞれ 2 個および 3 個と異なるため，$\mathbf{2} \cong \mathcal{D}$ ではない． △

圏 C に対して，$C \simeq \tilde{C}$ を満たすような C の充満部分圏 $\tilde{C}$ のうち，互いに同型であるような異なる対象をもたないものは，C の**骨格**（skeleton）とよばれる．直観的には，$\tilde{C}$ は「C において互いに同型な対象を同一視した圏」のことである．任意の圏は骨格をもち，かつ骨格は本質的に一意であり，さらに 2 個の圏 C と $\mathcal{D}$ が同値であることはそれらの骨格 $\tilde{C}$ と $\tilde{\mathcal{D}}$ が同型であることと同値である（演習問題 2.2.10）．

> ▶ 補足　例 2.14 において $\mathcal{D}$ の骨格 $\tilde{\mathcal{D}}$ を具体的に得るためには，$\mathcal{D}$ から互いに同型な対象 2 と 2' のうち片方（2 とする）のみを残し，残りの対象 2' と，2' をドメインまたはコドメインとする射をすべて消せばよい．これにより，$\tilde{\mathcal{D}}$ の対象は $1, 2$ の 2 個で，恒等射以外の射は a の 1 本のみとなる．$\mathbf{2}$ の骨格は $\mathbf{2}$ 自身であり，$\mathcal{D}$ の骨格 $\tilde{\mathcal{D}}$ は $\mathbf{2}$ と同型である．

例 2.15　**行列の圏**　自然数を対象として，l 行 m 列の行列（ただし行列の各成分は体 $\mathbb{K}$ の要素）を対象 m から対象 l への射とするような圏 $\mathbf{Mat}_{\mathbb{K}}$ を考える[‡10]．行列の積を射の合成とする．この圏は $\mathbf{FinVec}_{\mathbb{K}}$ の骨格と同型であり，したがって，$\mathbf{Mat}_{\mathbb{K}} \simeq \mathbf{FinVec}_{\mathbb{K}}$ である．直観的には，各自然数 n について $\mathbf{FinVec}_{\mathbb{K}}$ の対象（つまりベクトル空間）のうち次元が n であるものを同一視したものが $\mathbf{Mat}_{\mathbb{K}}$ の対象 n に対応する．たとえば，「すべての 4 次元実列ベクトルの集合」と「すべての 2 次実正方行列の集合」は $\mathbf{FinVec}_{\mathbb{R}}$ では異なる対象とみなされるが，どちらも $\mathbf{Mat}_{\mathbb{R}}$ の対象 4 に対応する． △

2.2.4 充満と忠実

圏同値の条件をさらに緩めた概念として，これから説明する充満忠実関手について考えると便利な場合がしばしばある．

(1) 充満・忠実・充満忠実

関手 $F : C \rightarrow \mathcal{D}$ について，各 $a, b \in C$ に対する写像

[‡9] $F \bullet G$ から $1_{\mathcal{D}}$ への自然同型 α は $\alpha_1 := 1_1$, $\alpha_2 := 1_2$, $\alpha_{2'} := c^{-1}$ により定められる．α^{-1} は明らかに $\alpha_1^{-1} = 1_1$, $\alpha_2^{-1} = 1_2$, $\alpha_{2'}^{-1} = c$ を満たす．

[‡10] ただし，$l = 0$ の場合には，各 m について「すべての入力をゼロベクトルに写すような写像」を表す「0 行 m 列の行列」がただ一つ存在するものとみなす（$m = 0$ の場合も同様）．

(2.16) $$C(a,b) \ni f \mapsto Ff \in \mathcal{D}(Fa, Fb)$$

を考える．各 a, b に対してこの写像が全射（つまり，任意の $g \in \mathcal{D}(Fa, Fb)$ に対して $Ff = g$ を満たす $f \in C(a, b)$ が存在する）ならば関手 F は**充満**（full）であるとよび，単射（つまり，$Ff = Ff'$ を満たす任意の $f, f' \in C(a, b)$ について $f = f'$）ならば F は**忠実**（faithful）であるとよぶ．充満かつ忠実な関手を**充満忠実**（fully faithful）であるとよぶ．F が充満忠実であることは，各 $a, b \in C$ について式(2.16)の写像が可逆であることを意味する．また，F が充満忠実であることは，任意の $g \in \mathcal{D}(Fa, Fb)$（$a, b \in C$ も任意）に対して

(2.17) $$g = F\overline{g} \quad \underset{\text{数式}}{\overset{\text{図式}}{\rightleftharpoons}}$$

を満たす $\overline{g} \in C(a, b)$ が一意に存在することと同値である．ただし，記号「∃!」はそのすぐ右側にあるブロック（今回の場合は $\overline{g}$）が一意に存在することを意味するものとする[‡11]．なお，この「一意に存在する」という条件を「存在する」という条件に置き換えれば F が充満であるための必要十分条件になり，「存在するならば一意である」という条件に置き換えれば F が忠実であるための必要十分条件になる．

> ▶ **補足** F の射への作用を F_{mor} とおく．このとき，F_{mor} が単射であることと F が忠実であることは一般に同じではない．たとえば，2 個以上の対象をもつ離散圏 C から **1** への唯一の関手 $F := \,!$（例 1.46 を参照のこと）は忠実だが，対応する写像 F_{mor} は単射ではない．同様に，F_{mor} が全射であることと F が充満であることは一般に同じではない．

例 2.18 圏 C の部分圏 C' から C への包含関手は忠実である．また，この包含関手が充満（したがって，充満忠実）であることは，各 $a, b \in C'$ について $C'(a, b) = C(a, b)$ であることと同値であり，これは C' が C の充満部分圏であることと同値である． ⊿

例 2.19 例 1.53 で述べた **Mon** から **Set** への忘却関手は忠実である（**Vec**$_{\mathbb{K}}$ から **Set** への忘却関手も同様）． ⊿

(2) 圏同型と圏同値と充満忠実関手の関係

圏同型と圏同値と充満忠実関手の関係について述べておく．関手 $F: C \to \mathcal{D}$ について，次の三つの条件を考える：

[‡11] 「∃!」の有無という意味では，式(2.17)の数式と図式は厳密には対応していない（この式の直後で述べている「$\overline{g} \in C(a, b)$ が一意に存在する」という情報が，数式には含まれておらず図式には含まれている）．しかし，以降でもこのように表すことがしばしばある．

54 第 2 章 自然変換の合成と関手圏

(a) F が可逆である（したがって，$C \cong \mathcal{D}$ である）

(b) F が圏同値 $C \simeq \mathcal{D}$ を導く

(c) F が充満忠実である

このとき，条件 (a) は条件 (b) より厳しく[‡12]，条件 (b) は条件 (c) より厳しい（演習問題 2.2.8）．これらの関係については，演習問題 2.2.9, 4.3.7 でも扱う．

(3) 具体圏

圏のうち，各対象を集合とみなせるようなものを考えたい場合がしばしばある．このような圏は具体圏とよばれる．厳密な定義を述べると，**Set** への忠実な関手 $U: C \to \mathbf{Set}$ が定まっているような圏 C を，U を備えた**具体圏**（concrete category）とよぶ．このような具体圏 C では，各対象 a を集合 Ua とみなし，各射 $f \in C(a, b)$ を写像 $Uf \in \mathbf{Set}(Ua, Ub)$ とみなすことができる．

> **例 2.20** **Set** は，恒等関手 $1_{\mathbf{Set}}$ が忠実であるため，$1_{\mathbf{Set}}$ を備えた具体圏である．また，例 2.19 より，**Mon** や $\mathbf{Vec}_{\mathbb{K}}$ は忘却関手を備えた具体圏である．このことは，これらの圏の各対象が集合であることからも直観的に理解できると思う． △

演習問題

2.2.1 $\alpha: F \Rightarrow G$（ただし $F, G: C \to \mathcal{D}$）が自然同型のとき，α の逆自然変換 α^{-1} が G から F への自然同型であることを示せ．

2.2.2 2 個の自然同型の垂直合成や水平合成が自然同型であることを示せ．

2.2.3 直積圏 $C \times \mathcal{D}$ と直積圏 $\mathcal{D} \times C$ が同型であることを示せ．

2.2.4 圏同値 $\simeq$ は同値関係であることを示せ．

2.2.5 例 1.75 で述べた射の集まり eval について考える．例 1.62 で述べた関手 $(-)^*: \mathbf{Vec}_{\mathbb{K}}{}^{\mathrm{op}} \to \mathbf{Vec}_{\mathbb{K}}$ を用いて，関手 $(-)^{**}: \mathbf{Vec}_{\mathbb{K}} \to \mathbf{Vec}_{\mathbb{K}}$ を $(-)^{**} := (-)^* \bullet (-)^{*\mathrm{op}}$ と定める．なお，$(-)^{*\mathrm{op}}: \mathbf{Vec}_{\mathbb{K}} \to \mathbf{Vec}_{\mathbb{K}}{}^{\mathrm{op}}$ は $(-)^*$ の双対である．このとき，eval が $1_{\mathbf{Vec}_{\mathbb{K}}}$ から $(-)^{**}$ への自然変換であることを示せ．

2.2.6 充満忠実関手 $F: C \to \mathcal{D}$ と C の射 f について，次式が成り立つことを示せ．

$$f \text{ が同型射} \qquad \Leftrightarrow \qquad Ff \text{ が同型射}$$

2.2.7 充満忠実関手 $F: C \to \mathcal{D}$ と C の対象 a, b について，次式が成り立つことを示せ．

[‡12] $F^{-1} \bullet F = 1_C$ と $F \bullet F^{-1} = 1_{\mathcal{D}}$ の等号を，より緩い条件である同型 $\cong$ で置き換えればよい．このことから，$C \cong \mathcal{D}$ ならば明らかに $C \simeq \mathcal{D}$ である．

(2.21) $$a \cong b \quad \Leftrightarrow \quad Fa \cong Fb$$

2.2.8 関手 $F: \mathcal{C} \to \mathcal{D}$ が圏同値 $\mathcal{C} \simeq \mathcal{D}$ を導くならば，充満忠実であることを示せ．

2.2.9 関手 $F: \mathcal{C} \to \mathcal{D}$ について，以下はすべて同値であることを示せ．
(1) F は可逆である（したがって，$\mathcal{C} \cong \mathcal{D}$ である）．
(2) F の射への作用は可逆である．
(3) F の対象への作用は可逆であり，かつ F は充満忠実である．

2.2.10 圏の骨格に関し，次の基本的な性質が成り立つことを示せ．ただし，演習問題 4.3.7 で述べている (1) ⇔ (3) を用いてもよい．
(a) 任意の圏は骨格をもつ．
(b) 2 個の圏が圏同値であることは，それらの骨格同士が圏同型であることと同値である．
(c) 任意の圏について，その骨格は本質的に一意である．

2.3 関手圏

本節では，関手を対象として自然変換を射とするような圏（関手圏とよばれる）について説明する．

2.3.1 関手圏の定義

自然変換 $\alpha: F \Rightarrow G$ を表す図式と射 $f \in \mathcal{D}(a, b)$ を表す図式は似ている．

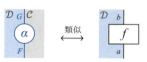

実際，任意の射は自然変換とみなせるのであった（例 1.72）．この逆も成り立ち，任意の自然変換は射とみなせる．具体的には，任意の圏 $\mathcal{C}, \mathcal{D}$ に対して次のような圏が考えられる．

- 対象は，$\mathcal{C}$ から $\mathcal{D}$ への関手である．
- 対象（つまり関手）$F: \mathcal{C} \to \mathcal{D}$ から対象 $G: \mathcal{C} \to \mathcal{D}$ への射は，F から G への自然変換である．
- 射の合成は自然変換の垂直合成であり，恒等射は恒等自然変換である．

この圏を $\mathcal{D}^\mathcal{C}$ と書き，**関手圏**（functor category）とよぶ．$\mathcal{D}^\mathcal{C}$ が圏であることは容易に確かめられる（演習問題 2.3.1）．この定義より，関手 F, G および自然変換 α は，それぞれ $\mathcal{D}^\mathcal{C}$ の対象および射として次の図式のように表せる．

56 第 2 章 自然変換の合成と関手圏

(2.22)
$$
\boxed{\alpha}^{\mathcal{D}^C \ G}_{\ F} \quad = \quad \bigcirc\!\!\alpha^{G}_{\ F} \quad = \quad \bigcirc\!\!\alpha^{\mathcal{D}\ G\ \mathcal{C}}_{\ F}
$$

なお，この左辺と中央の式は単に α を表すブロックの形状などが異なるだけであり，本質的な違いはまったくない．ホムセット $\mathcal{D}^C(F, G)$ は，F から G へのすべての自然変換の集まりに等しい．関手圏 $\mathcal{D}^C$ の C はドメイン（または入力）で，$\mathcal{D}$ はコドメイン（または出力）を表していると解釈できる．

▶ **補足 1**　以降では，関手 $F: C \to \mathcal{D}$ を $F \in \mathcal{D}^C$ のように書き，自然変換 $\alpha: F \Rightarrow G$ を $\alpha \in \mathcal{D}^C(F, G)$ のように書くことがある．$\alpha \in \mathcal{D}^C(F, G)$ という表記は，α に付随している情報 $C, \mathcal{D}, F, G$ を数式で一度に伝えられるため便利である．

▶ **補足 2**　関手圏を $\mathcal{D}^C$ のように書くとしばしば都合がよい．たとえば，任意の小圏 $C, \mathcal{D}, \mathcal{E}$ について $C^1 \cong C$, $(C \times \mathcal{D})^{\mathcal{E}} \cong C^{\mathcal{E}} \times \mathcal{D}^{\mathcal{E}}$, $(C^{\mathcal{D}})^{\mathcal{E}} \cong C^{\mathcal{D} \times \mathcal{E}}$ などが成り立つ（演習問題 6.2.3 において $C = \mathbf{Cat}$ の場合を考えれば，これらの式が得られる）．これらの式は，自然数 l, m, n について成り立つ式 $n^1 = n$, $(m \times n)^l = m^l \times n^l$, $(n^m)^l = n^{m \times l}$ に似ており，直観的にわかりやすいと思う．

$\mathcal{D}^C$ の射（つまり自然変換）$\alpha: F \Rightarrow G$ が同型射であることは，α が自然同型であることと同値である（どちらも $\alpha^{-1}\alpha = 1_F$ および $\alpha\alpha^{-1} = 1_G$ を満たす自然変換 $\alpha^{-1}: G \Rightarrow F$ が存在することと同値であるため）．

▶ **補足 1**　これから次第にわかるように，関手圏 $\mathcal{D}^C$ は圏 $\mathcal{D}$ と似たような性質をもつことがしばしばある．

▶ **補足 2**　圏 C と圏 $\mathcal{D}$ が局所小圏だとしても，関手圏 $\mathcal{D}^C$ は局所小圏（つまり各ホムセット $\mathcal{D}^C(F, G)$ が集合である）とは限らない．一方，C が小圏で $\mathcal{D}$ が局所小圏ならば，$\mathcal{D}^C$ は局所小圏である（演習問題 2.3.2(b)）．そこで，関手圏 $\mathcal{D}^C$ を考える場合には，しばしば断りなしに C は小圏であると仮定する．

 例 2.23 　**関手圏 C^1**　例 1.49, 1.72 で述べたように，関手圏 C^1 の対象および射はそれぞれ圏 C の対象および射と同一視できる．本書では，C^1 と C をしばしば同一視する．

△

 例 2.24 　**関手圏 C^2**　任意の圏 C について，関手圏 C^2 を考える（圏 **2** は例 1.15 で述べた）．この圏の対象（つまり関手）F は圏 **2** の射！を圏 C のある射 $f := F!$ に写すものとして定まる．このとき，**2** の対象 1 および対象 2 はそれぞれ $F1 = \operatorname{dom} f$ および $F2 = \operatorname{cod} f$ に写る．つまり，C^2 の対象 F は C の射 f と同一視できる．また，C^2 の射は自然変換 $\alpha: F \Rightarrow G$ である．$f := F!$ および $g := G!$ とおいて自然性の条件を考えると，α は $g\alpha_1 = \alpha_2 f$ を満たすような $\alpha_1 \in C(\operatorname{dom} f, \operatorname{dom} g)$ と $\alpha_2 \in C(\operatorname{cod} f, \operatorname{cod} g)$

の組 $\langle \alpha_1, \alpha_2 \rangle$ により一意に定まることがわかる．関手圏 C^2 は**射圏**（arrow category）などとよばれる．　△

> ▶ **補足**　対象・射・関手・自然変換などの役割は，用途などに応じて変わり得る．たとえば，関手圏では関手を対象とみなすし，射圏 C^2 では射を対象とみなす．自然変換を対象とみなすこともできるし，関手と自然変換の組を対象とみなすといったことも可能である．このように，さまざまな種類のものを対象とみなせるのである．各場合について，対応する射や関手や自然変換を考えられる．

2.3.2　関手圏に関する関手の例

関手圏に関する関手の例として，任意の関手 F に対して「F を前から施す」という関手と「F を後ろから施す」という関手を考える（例 2.25, 2.28）．また，前者の関手の代表例を二つ挙げる（例 2.31, 2.33）．

> **例 2.25**　**関手を前から施す関手**　関手 $F : C \to \mathcal{D}$ と圏 $\mathcal{E}$ を任意に選んだとき，「F を前（図式では右側）から施す」ような関手 $-\bullet F : \mathcal{E}^{\mathcal{D}} \to \mathcal{E}^{C}$ が次のように定められる．
>
> - $\mathcal{E}^{\mathcal{D}}$ の各対象（つまり関手）G を $\mathcal{E}^{C}$ の対象（つまり関手）$G \bullet F$ に写す．
> - $\mathcal{E}^{\mathcal{D}}$ の各射（つまり自然変換）α を $\mathcal{E}^{C}$ の射（つまり自然変換）$\alpha \bullet F$ に写す．

$-\bullet F$ が関手であることは容易に示せる（演習問題 2.3.5）．この関手の射への作用は次のように表せる（直観的には，「線 F を右側に描く」ようなはたらきをする）．

(2.26)

$-\bullet F$ と同様に，「自然変換 $\gamma : F \Rightarrow G$（ただし $F, G : C \to \mathcal{D}$）を前から施す」ような写像 $-\bullet \gamma$ が考えられる．直観的には，「ブロック γ を右側に描く」ようなはたらきをする．この写像は，$-\bullet F$ から $-\bullet G$ への自然変換である（演習問題 2.3.5）．垂直合成 $\theta\gamma$ と水平合成 $\gamma \bullet \tau$ ができるような任意の自然変換 γ, θ, τ について，次式が成り立つことがわかる（演習問題 2.3.6）．

(2.27)
$$(- \bullet \theta)(- \bullet \gamma) = - \bullet \theta\gamma,$$
$$(- \bullet \tau) \bullet (- \bullet \gamma) = - \bullet (\gamma \bullet \tau)$$

> ▶ **補足**　$(-\bullet\tau)\bullet(-\bullet\gamma)$ は，「前（図では右側）から γ を施して，さらにその前から τ を施す」ような写像とみなせる．このため，「前から $\gamma \bullet \tau$ を施す」ような写像とみなせる．　△

例 2.28 **関手を後ろから施す関手** 例 2.25 と同様に，「関手 $F\colon \mathcal{D} \to \mathcal{E}$ を後ろ（図式では左側）から施す」ような関手 $F \bullet -\colon \mathcal{D}^C \to \mathcal{E}^C$ が定められる．また，「自然変換 $\gamma\colon F \Rightarrow G$（ただし $F, G\colon \mathcal{D} \to \mathcal{E}$）を後ろから施す」ような写像として自然変換 $\gamma \bullet -\colon F \bullet - \Rightarrow G \bullet -$ が定められる（演習問題 2.3.5 の「左右を逆にしたもの」を考えれば容易に示せる）．本書では，$F \bullet -$ や $\gamma \bullet -$ を図式で表す際，混乱を招きにくそうな場合にはしばしば

の右辺のようにラベル「F」や「γ」を用いて表す（図式上ではこれらを区別する必要はとくにないためである）．垂直合成 $\theta\gamma$ と水平合成 $\gamma \bullet \tau$ ができるような任意の自然変換 γ, θ, τ について，次式が成り立つことがわかる（演習問題 2.3.6）．

(2.29)
$$(\theta \bullet -)(\gamma \bullet -) = \theta\gamma \bullet -,$$
$$(\gamma \bullet -) \bullet (\tau \bullet -) = (\gamma \bullet \tau) \bullet -$$

△

▶ **補足** 関手 $F\colon \mathcal{C} \to \mathcal{D}$ と関手 $G\colon \mathcal{D} \to \mathcal{E}$ について，恒等自然変換 $1_{G \bullet F}$（単に関手 $G \bullet F$ のことだと考えてもよい）を表す，次の左辺と右辺のような図式を導入できる．

(2.30)

この左辺と右辺では，$1_{G \bullet F}$ を 2 本の線が交差したような図として表している．これらの式は中央の式を複雑にしただけだと感じるかもしれないが，図式において線 $- \bullet F$ を線 F に置き換えたいときにはこのような表記が便利な場合がある（演習問題 2.3.7 が参考になるかもしれない）．類似の表記は，本書で何度か現れる（たとえば式 (5.58), (7.43)）．

例 2.31 **評価関手** 例 2.25 において $C = \mathbf{1}$ の場合を考え，$\mathcal{E}^{\mathbf{1}}$ を $\mathcal{E}$ と同一視する（例 2.23 を参照のこと）．このとき，関手 $F\colon \mathbf{1} \to \mathcal{D}$ は対象 $d := F(*) \in \mathcal{D}$ と同一視される．関手 $- \bullet d$ を**評価関手**（evaluation functor）とよび，ev_d と書く．$\mathrm{ev}_d \colon \mathcal{E}^{\mathcal{D}} \to \mathcal{E}$ は次のような関手である．

- $\mathcal{E}^{\mathcal{D}}$ の各対象（つまり関手）G を $\mathcal{E}$ の対象 $G \bullet d = Gd$ に写す．
- $\mathcal{E}^{\mathcal{D}}$ の各射（つまり自然変換）α を $\mathcal{E}$ の射 $\alpha \bullet d = \alpha_d$ に写す．

この様子は，自然変換 $\alpha \in \mathcal{E}^{\mathcal{D}}(F, G)$ に対する次の図式として表せる．

(2.32)

▶ 補足 $G \bullet d$ のことを「G を d で評価する」とよび，$\alpha \bullet d$ のことを「α を d で評価する」とよぶことにすれば，「評価」という用語のイメージをつかみやすいかもしれない． △

例 2.33 **対角関手** 例 2.25 において $\mathcal{D} = \mathbf{1}$ の場合を考え，$\mathcal{E}^{\mathbf{1}}$ を $\mathcal{E}$ と同一視する．このとき例 1.46 で述べたように，$\mathcal{C}$ から $\mathbf{1}$ への関手は $\mathcal{C}$ のすべての射を 1_* に写すような関手 ! として一意に定まる．関手 $- \bullet !: \mathcal{E} \to \mathcal{E}^{\mathcal{C}}$ を $\Delta_{\mathcal{C}}$ と書き，**対角関手**（diagonal functor）とよぶ．各射 $f \in \mathcal{E}(a, b)$（$a, b \in \mathcal{E}$ は任意）に対して $\Delta_{\mathcal{C}} f$ は次の図式で表される．

(2.34) $\Delta_{\mathcal{C}} f = f \bullet !$ $\underset{\text{数式}}{\overset{\text{図式}}{\rightleftarrows}}$

$\Delta_{\mathcal{C}} = - \bullet !$ は次のような関手であることがわかる．

- $\mathcal{E}$ の各対象 a を $\mathcal{E}^{\mathcal{C}}$ の対象（つまり関手）$\Delta_{\mathcal{C}} a = a \bullet !$ に写す．
- $\mathcal{E}$ の各射 f を $\mathcal{E}^{\mathcal{C}}$ の射（つまり自然変換）$\Delta_{\mathcal{C}} f = f \bullet ! = \{f\}_{c \in \mathcal{C}}$ に写す．

▶ 補足 1 関手 $\Delta_{\mathcal{C}} a: \mathcal{C} \to \mathcal{E}$ は，$\mathcal{C}$ のすべての対象を $\mathcal{E}$ の対象 a に写し，$\mathcal{C}$ のすべての射を $\mathcal{E}$ の恒等射 1_a に写す（この関手は例 1.48 で述べた関手 $\Delta_{\mathcal{C}} a$ にほかならない）．直観的には，関手 ! により $\mathcal{C}$ の対象や射に関する情報が失われると解釈できる（式 (1.47) を参照のこと）．同様に，自然変換 $\Delta_{\mathcal{C}} f$ は $\mathcal{C}$ のすべての対象を $\mathcal{E}$ の射 f に写す．

▶ 補足 2 $\mathcal{C}$ が 2 個の対象からなる離散圏の場合，$\Delta_{\mathcal{C}}$ は $\mathcal{E}$ の各対象 a および各射 f をそれぞれ対象の組 $\langle a, a \rangle$ および射の組 $\langle f, f \rangle$ に写す．ここで，$\mathcal{E}^{\mathcal{C}}$ の対象（つまり関手）や射（つまり自然変換）を対象や射の組とみなしている（例 1.50, 1.73 を参照のこと）．$\langle a, a \rangle$ や $\langle f, f \rangle$ のような組を考えれば，「対角」という用語のイメージをつかみやすいかもしれない． △

▶ 補足 例 2.33 からわかるように，単に対角関手 $\Delta_{\mathcal{C}}$ のように書いた場合には $\Delta_{\mathcal{C}}: \mathcal{E} \to \mathcal{E}^{\mathcal{C}}$ の圏 $\mathcal{E}$ の部分があいまいになるが，図式や文脈などからわかるためとくに困らないであろう．$- \bullet F$ や $F \bullet -$ や ev_d についても同様である．

―――――― 演習問題 ――――――

2.3.1 関手圏は圏であることを示せ．

2.3.2
(a) 圏 **Cat** は局所小圏であることを示せ．
(b) 小圏 $\mathcal{C}$ と局所小圏 $\mathcal{D}$ について関手圏 $\mathcal{D}^{\mathcal{C}}$ は局所小圏であることを示せ．

60 第2章 自然変換の合成と関手圏

2.3.3

(a) α が $F : C \to \mathcal{D}$ から $G : C \to \mathcal{D}$ への自然変換であることは $G^{\mathrm{op}} : C^{\mathrm{op}} \to \mathcal{D}^{\mathrm{op}}$ から $F^{\mathrm{op}} : C^{\mathrm{op}} \to \mathcal{D}^{\mathrm{op}}$ への自然変換であることと同値であることを示せ.

(b) 各関手 $F : C \to \mathcal{D}$ をその双対 $F : C^{\mathrm{op}} \to \mathcal{D}^{\mathrm{op}}$ と同一視したとき, $(\mathcal{D}^{\mathrm{op}})^{C^{\mathrm{op}}} = (\mathcal{D}^C)^{\mathrm{op}}$ であることを示せ.

2.3.4 定義 1.38, 1.66 とは異なる方法により関手と自然変換を定義したい. このための準備として, 演習問題 1.1.5 で取り組んだように, 任意の圏を射の集まりのみから構成されるものとして定義する. このとき, 各圏 $C, \mathcal{D}$ に対して次の条件をすべて満たすような圏 $[C, \mathcal{D}]$ を考える.

(1) $[C, \mathcal{D}]$ の任意の射 α は, C の各射 f を $\mathcal{D}$ の射 ($\alpha \bullet f$ と書く) に写す. とくに, α が恒等射ならば C の各恒等射 a に対して $\alpha \bullet a$ は恒等射である.

(2) $[C, \mathcal{D}]$ の任意の恒等射 F, F' は, C の各射 f に対して $F \bullet f = F' \bullet f$ を満たすならば $F = F'$ である. また, $[C, \mathcal{D}]$ の恒等射 F, G を任意に選んで固定したとき, 合成 $G\alpha F$ と合成 $G\alpha' F$ が可能な $[C, \mathcal{D}]$ の任意の射 α, α' は, C の各射 f に対して $\alpha \bullet f = \alpha' \bullet f$ を満たすならば $\alpha = \alpha'$ である.

(3) $[C, \mathcal{D}]$ の任意の射 α, β と C の任意の射 f, g は, 合成 $\beta\alpha$ と合成 gf が可能ならば次式を満たす.

(2.35)

$$(\beta \bullet g)(\alpha \bullet f) = (\beta\alpha) \bullet (gf)$$

なお, 便宜上, $[C, \mathcal{D}]$ の射を式(2.22) の右辺のような図式で表している.

また, 条件 (1)〜(3) を満たす任意の圏 $[C, \mathcal{D}]$ を部分圏にもつような圏のうち, その圏自身も条件 (1)〜(3) を満たすようなものを $[C, \mathcal{D}]$ とおく (直観的には, $[C, \mathcal{D}]$ は条件 (1)〜(3) を満たすような圏のうち最大のものである). 圏 $[C, \mathcal{D}]$ の各射を自然変換とよぶことにし, とくに $[C, \mathcal{D}]$ の各恒等射を関手とよぶことにする. このような関手と自然変換の定義は定義 1.38, 1.66 と本質的に同値であり, 圏 $[C, \mathcal{D}]$ は 2.3.1 項で定義した関手圏 $\mathcal{D}^C$ に等しいことを示せ.

2.3.5 例 2.25 で定めた写像 $- \bullet F$ および $- \bullet \gamma$ が, それぞれ関手および自然変換であることを確認せよ.

2.3.6 式(2.27) と式(2.29) を示せ.

2.3.7 例 2.31 の評価関手 ev_d $(d \in \mathcal{D})$ を, 式(2.30) で導入した図式で表すことを考える.

(a) 式(2.30) に対応する図式として, 恒等射 $1_{G \bullet d}$ (ただし $G : \mathcal{D} \to \mathcal{E}$) を表す図式を描け.

(b) 恒等自然変換 1_{ev_d} を表す図式を描け. [ヒント:線 G を線「$-$」に置き換えればよい.] また, この自然変換の自然性を表す図式を描け.

(c) 式(2.32) の左側の等号が成り立つことを, 直観的にわかりやすい図式で表すことを考えよ.

2.3.8 圏 $C, \mathcal{D}, \mathcal{E}$ について，関手 $H: \mathcal{D} \to \mathcal{E}$ が充満忠実ならば $H \bullet -: \mathcal{D}^C \to \mathcal{E}^C$ は充満忠実である．つまり任意の自然変換 $\tau: H \bullet F \Rightarrow H \bullet G$（$F, G: C \to \mathcal{D}$ も任意）に対して

$$(2.36) \qquad \tau = H \bullet \overline{\tau} \quad \underset{\text{数式}}{\overset{\text{図式}}{\rightleftarrows}}$$

を満たす自然変換 $\overline{\tau}: F \Rightarrow G$ が一意に存在することを示せ．

2.4 ホム関手と点線の枠による表記

本節では，これから頻繁に登場することになるホム関手やホム関手の間の自然変換などを説明する．また，これらを図式で表す際に役立つ「点線の枠による表記」を導入する．ここでは，局所小圏のホムセットと，ホムセットの間の写像について中心的に考えることになる．

2.4.1 ホム関手

(1) $\square^c$ （または $C(c, -)$）

圏 C から **Set** への関手を C からの集合値関手（set-valued functor）とよぶ．このような関手のうち，固定した $c \in C$ に対して次のように定められる関手を考える．

- C の各対象 a をホムセット（つまり **Set** の対象）$C(c, a)$ に写す．なお，暗黙の仮定により C は局所小圏であるため，$C(c, a)$ は集合である．
- C の各射 $f: a \to b$ を写像（つまり **Set** の射）$C(c, a) \ni g \mapsto fg \in C(c, b)$ に写す．この写像を $f \circ -$ と書く．

この関手をホム関手（hom-functor）または共変ホム関手とよび，$\square^c$ または $C(c, -)$ と書く．

▶ **補足**　直観的には，$\square^c$ の $\square$ は「空欄」を表し，この部分に C の対象が入ると解釈できる．具体的には，$C(c, d)$ のことをここでは d^c のように表して，d の部分を空欄 $\square$ に置き換えたものが $\square^c$ であるとみなせる[‡13]．同様に，$C(c, -)$ の $-$ も「空欄」を表していると解釈できる．

集合 $\square^c(a)$ は次の図式で表される．

[‡13] 「X から Y への写像の全体」のような概念に相当するものを Y^X と書くと便利なことがしばしばある．なお，$\square^c$ は $-^c$ と書きたいところだが，この表記は 6.2.2 項で述べる指数対象のためにとっておく．

62　第 2 章　自然変換の合成と関手圏

(2.37)

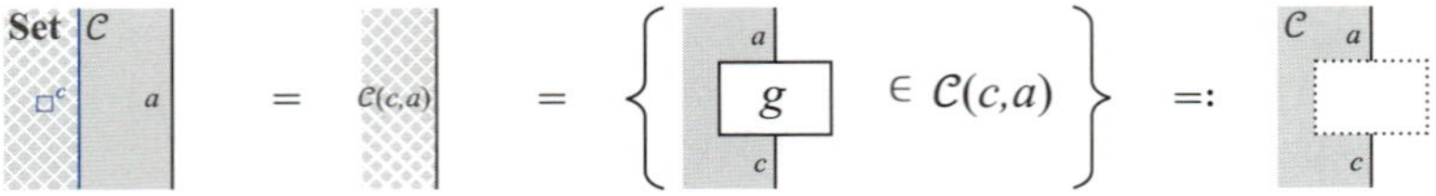

ただし，最後の式は集合 $\mathcal{C}(c,a)$ を表す新たな表記であり，ここではじめて導入する．この最後の式における点線の枠の中に $\mathcal{C}(c,a)$ の任意の要素を入れられる（このため点線の枠が $\mathcal{C}(c,a)$ を表している）と考えればイメージしやすいかもしれない．このような点線の枠が含まれる表記を，「**点線の枠による表記**」とよぶことにする．また，写像 $\square^c(f) = f \circ -$ は次の図式で表される．

(2.38)

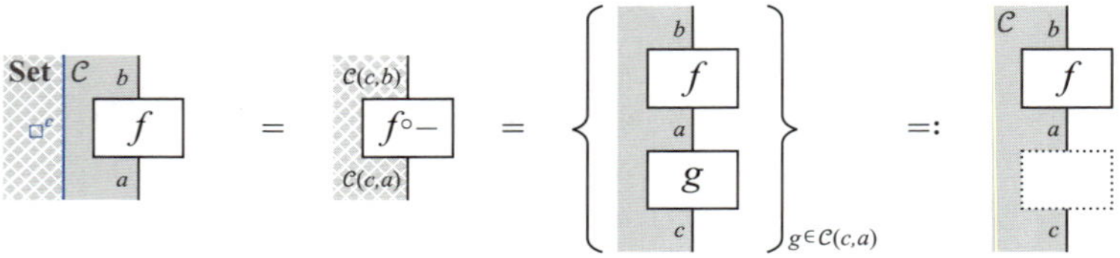

3 番目の式が示すように，$f \circ -$ は「f を後ろ（図式では上側）から施す」ような写像とみなせる．この最後の式は，$f \circ -$ を表す新たな表記である．この点線の枠の中に $g \in \mathcal{C}(c,a)$ を入れると射 $fg \in \mathcal{C}(c,b)$ を返すような写像を表していると解釈すれば，わかりやすいであろう．

　$\square^c$ が関手であることは容易に確認できる（演習問題 2.4.1(a)）．式(2.37), (2.38) を考慮して，関手 $\square^c$ を次式の右辺のように表すことにする．

(2.39)

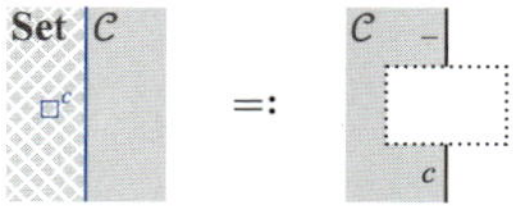

直観的には，この右辺の線「$-$」を，この関手への入力である $\mathcal{C}$ の対象 a や射 f に置き換えると，式(2.37) や式(2.38) の最後の式になると解釈すればわかりやすいと思う．

　▶**補足**　$\mathcal{D}^C(F,G)$ のような関手圏におけるホムセットも点線の枠で表せる．このように表したとき，点線の枠の中には $\mathcal{D}^C(F,G)$ の要素である自然変換が入る．

(2) $c^{\square}$　（または $C(-,c)$）

ホム関手 $C^{\mathrm{op}}(c,-)\colon C^{\mathrm{op}} \to \mathbf{Set}$　（ただし $c \in C^{\mathrm{op}}$）は**反変ホム関手**とよばれる．この関手をしばしば $c^{\square}$ または $C(-,c)$ と書く．

　▶**補足**　直観的には，$\square^c$ や $C(c,-)$ と同様に，$c^{\square}$ の $\square$ や $C(-,c)$ の $-$ は「空欄」を表しているとみなせる．

反変ホム関手 $c^\square$ は，次のような関手である．

- 各対象 $a \in C^{\mathrm{op}}$ をホムセット $C^{\mathrm{op}}(c, a)$ に写す．圏 C^{op} ではなく圏 C の言葉で言い換えると，各対象 $a \in C$ をホムセット $C(a, c)$ に写す（C^{op} の対象は C の対象に等しく，また $C^{\mathrm{op}}(c, a) = C(a, c)$ であったことを思い出してほしい）．集合 $c^\square(a)$ は次の図式で表される．

(2.40)

$$
\begin{array}{|c|} \hline \text{Set} \;\; C^{\mathrm{op}} \\ c^\square \quad a \\ \hline \end{array}
\;=\;
C(a,c)
\;=\;
\begin{array}{|c|} \hline C \quad c \\ \vdots \\ a \\ \hline \end{array}
$$

- 各射 $f \in C^{\mathrm{op}}(a, b)$ を写像 $C^{\mathrm{op}}(c, a) \ni g \mapsto fg \in C^{\mathrm{op}}(c, b)$ に写す．圏 C の言葉で言い換えると，各射 $f \in C(b, a)$ を写像 $C(a, c) \ni g \mapsto gf \in C(b, c)$（$- \circ f$ と書く）に写す．写像 $c^\square(f) = - \circ f$ は次の図式で表される．

(2.41)

$$
\begin{array}{|c|} \hline \text{Set} \;\; C^{\mathrm{op}} \;\; b \\ c^\square \;\; \boxed{f} \\ a \\ \hline \end{array}
\;=\;
\begin{array}{c} C(b,c) \\ \boxed{- \circ f} \\ C(a,c) \end{array}
\;=\;
\left\{
\begin{array}{|c|} \hline C \quad c \\ \boxed{g} \\ a \\ \boxed{f} \\ b \\ \hline \end{array}
\right\}_{g \in C(a,c)}
\;=:\;
\begin{array}{|c|} \hline C \quad c \\ \vdots \\ a \\ \boxed{f} \\ b \\ \hline \end{array}
$$

この図式では，最初の式のブロック f のみを C^{op} の射として表していることに注意してほしい．$- \circ f$ は，各射 $g \in C(a, c)$ に対して「$f \in C(b, a)$ を前（図式では下側）から施す」ような写像であると解釈できる．この最後の式は，$- \circ f$ を表す新たな表記である．

式(2.40), (2.41) と式(2.37), (2.38) のそれぞれの最後の式を比べると，直観的には対象 a や射 f が施される位置が「上下反転」していることがわかる（ただし，この「上下反転」では圏 C を双対圏 C^{op} に置き換えているわけではないことに注意が必要である）．式(2.39) と同様に，関手 $c^\square$ を次式の右辺のように表すことにする．

(2.42)

$$
\begin{array}{|c|} \hline \text{Set} \;\; C^{\mathrm{op}} \\ c^\square \\ \hline \end{array}
\;=:\;
\begin{array}{|c|} \hline C \quad c \\ \vdots \\ - \\ \hline \end{array}
$$

(3) $C(-, =)$

共変ホム関手 $C(c, -)$ と反変ホム関手 $C(-, c)$ を合わせたような双関手 $C(-, =) \colon C^{\mathrm{op}} \times C \to \text{Set}$ が考えられる．この双関手も**ホム関手**とよばれる．$C(-, =)$ は，具体的には次のような関手である．

- $C^{\mathrm{op}} \times C$ の各対象 $\langle a, b \rangle$ をホムセット $C(a, b)$ に写す.
- $C^{\mathrm{op}} \times C$ の各射 $\langle f, g \rangle$（ただし $f \in C^{\mathrm{op}}(a, a') = C(a', a)$ および $g \in C(b, b')$）を写像 $C(a, b) \ni h \mapsto ghf \in C(a', b')$（$g \circ - \circ f$ と書く）に写す.

$C(-, =)$ が関手であることは容易にわかる（演習問題 2.4.1(b)）．これらの写像（つまり $C(-, =)$ の対象および射への作用）は，次の図式として表される.

$$(2.43)$$

この最後の式は，$g \circ - \circ f$ を表す新たな表記である．このため，ホム関手 $C(-, =)$ を次の図式として表すと自然であろう.

$$(2.44)$$

直観的には，この右辺の線「–」および線「=」の組を，この関手への入力である対象の組 $\langle a, b \rangle$ および射の組 $\langle f, g \rangle$ に置き換えると，それぞれ式(2.43)の左側および右側の式の右辺になると解釈すればわかりやすいと思う.

例 2.45 ホム関手 $\mathbf{Vec}_{\mathbb{K}}(-, =) \colon \mathbf{Vec}_{\mathbb{K}}{}^{\mathrm{op}} \times \mathbf{Vec}_{\mathbb{K}} \to \mathbf{Set}$ を考えよう．この関手は，2個の任意のベクトル空間 $\mathbf{V}, \mathbf{W}$ の組を $\mathbf{Vec}_{\mathbb{K}}(\mathbf{V}, \mathbf{W})$（$\mathbf{V}$ から $\mathbf{W}$ への線形写像全体からなる集合）に写し，2個の任意の線形写像 $f \in \mathbf{Vec}_{\mathbb{K}}{}^{\mathrm{op}}(\mathbf{V}, \mathbf{V}') = \mathbf{Vec}_{\mathbb{K}}(\mathbf{V}', \mathbf{V})$ と $g \in \mathbf{Vec}_{\mathbb{K}}(\mathbf{W}, \mathbf{W}')$ の組を写像 $g \circ - \circ f \colon \mathbf{Vec}_{\mathbb{K}}(\mathbf{V}, \mathbf{W}) \ni h \mapsto ghf \in \mathbf{Vec}_{\mathbb{K}}(\mathbf{V}', \mathbf{W}')$ に写す．直観的には，写像 $g \circ - \circ f$ は，この写像への入力である線形写像 h に対して前処理 f と後処理 g を追加するものと解釈できる.　　　　△

2.4.2 ホム関手の間の自然変換

各 $c, d \in C$ について，「射 $p \in C(c, d)$ を前から施す」ような自然変換 $\square^p \colon \square^d \Rightarrow \square^c$ が考えられる．この自然変換は，その各成分 $\square^p{}_a$（$a \in C$）が写像 $- \circ p \colon C(d, a) \ni f \mapsto fp \in C(c, a)$ であるものとして，次式のように定められる（なお，$\square^d(a) = C(d, a)$ および $\square^c(a) = C(c, a)$ である）.

(2.46) $\qquad \square^p := \{\square^p{}_a := - \circ p \in \mathbf{Set}(\square^d(a), \square^c(a))\}_{a \in C}$

図式では，次のように表される．

(2.47)

最後の式は，$\square^p$ を表す新たな表記である．

▶ **補足**　最後の式は，線「−」を C の各対象 a に置き換えると写像 $- \circ p$ を表す図式になるため，（式(2.41) の最後の式を参照のこと）対象への作用が $a \mapsto (- \circ p)$ であるような自然変換，つまり $\square^p$ を表していると捉えるとわかりやすいと思う．

$\square^p$ の自然性は，各 $f \in C(a, b)$ に対して次式を満たすものとして表される．

(2.48)

▶ **補足**　式(2.48) の左側および右側の等式において，左辺はともに写像 $- \circ p$ を施してから写像 $\square^c(f) = f \circ -$ を施すような写像であり，右辺はともに写像 $\square^d(f) = f \circ -$ を施してから写像 $- \circ p$ を施すような写像である．どちらの写像も，写像 $f \circ - \circ p : C(d, a) \ni h \mapsto fhp \in C(c, b)$ に等しい．このことは，右側の図式から補助線（破線）を削除できると考えれば直観的でわかりやすいと思う．

式(2.46) の双対を考えれば，「射 $q \in C(c, d)$ を後ろから施す」という自然変換 $q^\square : c^\square \Rightarrow d^\square$ が次式のように定められる（$c^\square(a) = C(a, c)$, $d^\square(a) = C(a, d)$ である）．

(2.49) $\qquad q^\square := \{q^\square{}_a := q \circ - \in \mathbf{Set}(c^\square(a), d^\square(a))\}_{a \in C}$

2.4.3　点線の枠による表記の規則

ここで，「点線の枠による表記」の規則を明記しておこう．これらの規則に慣れれば，次項で述べるようなより複雑な集合値関手や自然変換をわかりやすく表せるよう

66　第 2 章　自然変換の合成と関手圏

になる．

これまでに登場した次の例を用いながら説明する．

(A) ホムセット：　　(B) 写像：　　　　(C) 集合値関手：　(D) 自然変換：
$C(c,a)$ [式(2.37)]　$f \circ -$ [式(2.38)]　$\square^c$ [式(2.39)]　$\square^p$ [式(2.47)]

以下で述べるように，(1) 線「−」を含むか否かと (2) 点線の枠以外のブロックを含むか否かによって，この例 (A)〜(D) のように 4 種類の図式に分類できる．

規則 1：線「−」を含まない図式は，例 (A) のように点線の枠以外のブロックを含まない場合にはホムセット（つまり **Set** の対象）を表す．一方，例 (B) のように点線の枠以外のブロックを含む場合には写像（つまり **Set** の射）を表す．

規則 2：線「−」を含む図式は，例 (C) のように点線の枠以外のブロックを含まない場合には集合値関手を表す．一方，例 (D) のように点線の枠以外のブロックを含む場合には集合値関手から集合値関手への自然変換を表す[‡14]．

> ▶ **補足**　例 (B) の図式に $f = 1_a$ を代入して得られる恒等写像 $1_a \circ -$ の図式は，例 (A) の図式と区別できない．このことは，**Set** において恒等射 $1_a \circ -$（これは $1_{C(c,a)}$ に等しい）が実質的に対象 $C(c,a)$ と同一視できることに対応している．同様に，例 (D) の図式に $p = 1_c$ を代入して得られる恒等自然変換 $\square^{1_c}$ の図式は，例 (C) の図式と区別できない．このように，恒等写像や恒等自然変換は，例外的に対応する対象や関手と同じ図式で表される．

規則 3：例 (B) のような写像を表す図式において，点線の枠の中に（対応するドメインとコドメインをもつ）射 g を入力したときに図式全体が表す射を $s(g)$ とおくと，その図式は写像 $g \mapsto s(g)$ を表す．

> ▶ **例**　例 (B) の図式では，点線の枠の中に $C(c,a)$ の要素が入る．射 $g \in C(c,a)$ を入力すると図式全体として射 $fg \in C(c,b)$ を表すため，例 (B) の図式は写像 $C(c,a) \ni g \mapsto fg \in C(c,b)$（つまり写像 $f \circ -$）を表す．

規則 4：例 (C) や例 (D) のような図式において，線「−」を「射 g を表すブロック」に置き換えたときに[‡15] 図式全体が表す写像を $s(g)$ とおくと，その図式は射への作用が写像 $g \mapsto s(g)$ であるような集合値関手や自然変換を表す．関手と自

[‡14] より正確には，点線の枠の横に関手を表す線が含まれる場合にも自然変換を表す．
[‡15] 線「−」に射 g を表すブロックをつなげる，と考えてもよい．

然変換は，その射への作用から一意に定まることを思い出してほしい．

> ▶ **例** 例 (C) の図式では，線「–」をブロック f に置き換えると例 (B)（つまり写像 $f \circ -$）の図式になる．このため，例 (C) の図式は射への作用が $\mathrm{mor}\, C \ni f \mapsto f \circ - \in \mathrm{mor}\,\mathbf{Set}$ であるような集合値関手，つまり $\square^c$ を表す．また，例 (D) の図式では，線「–」をブロック f に置き換えると式(2.48) の右側（つまり写像 $f \circ - \circ p$）の図式になる．このため，例 (D) の図式は射への作用が $\mathrm{mor}\, C \ni f \mapsto f \circ - \circ p \in \mathrm{mor}\,\mathbf{Set}$ であるような自然変換，つまり $\square^P$ を表す．

> ▶ **補足** 射への作用と同様に，線「–」を「対象を表す線」に置き換えることで対象への作用が得られる．たとえば，例 (C) の図式の線「–」を線 a に置き換えると例 (A) の図式が得られる．これは，関手 $\square^c$ の対象への作用が $\mathrm{ob}\, C \ni a \mapsto C(c, a) \in \mathrm{ob}\,\mathbf{Set}$ であることと整合している．また，例 (D) の図式の線「–」を線 a に置き換えると写像 $- \circ p$ が得られる（式(2.47) を参照のこと）．これは，自然変換 $\square^P$ の対象への作用が $\mathrm{ob}\, C \ni a \mapsto - \circ p \in \mathrm{mor}\,\mathbf{Set}$ であることと整合している．

規則 5：線「–」を含む図式では，その線の一方の端は点線の枠につながっており，もう一方の端はどこにもつながらない．

> ▶ **例** 例 (C) および例 (D) の図式では，線「–」の下側の端は点線の枠につながっており，上側の端はつながっていない．

次項で述べるいくつかの例を知ることで，これらの規則に対するより具体的なイメージがつかめることと思う．

> ▶ **補足** 式(2.44) の右辺のように，線「–」に加えて線「＝」を含む図式も考えられる．この場合にも，上記と同様の規則にしたがう．

「点線の枠による表記」は，（線「–」があれば対象や射で置き換えて）点線の枠の中に射を代入すれば単なる射とみなせるため，本章で登場したほかの表記（具体的には p.21 で述べた「メインの表記」）と同じような合成の規則にしたがう．直観的には，「点線の枠による表記」は「メインの表記」で表される図式の一部を点線の枠や線「–」に置き換えたものであるといえる．

> ▶ **補足** 集合値関手や自然変換を線「–」を含む図式として表したとき，関手や自然変換としての条件を満たすことは確認すべきである．しかし，次項で述べる例を通してわかるように，上記の規則を満たしていればこれらの条件は自動的に満たされる．

2.4.4 ホム関手との合成により得られる集合値関手と自然変換

ここでは，より複雑な集合値関手や集合値関手の間の自然変換の例を紹介する．

68 | 第 2 章　自然変換の合成と関手圏

(1) 集合値関手

まず，ホム関手に別の関手を水平合成して得られる集合値関手の例を述べる．

例 2.50　任意の対象 $c \in C$ と任意の関手 $G: \mathcal{D} \to C$ に対して，$\Box^c = C(c, -): C \to \mathbf{Set}$ と G との水平合成 $\Box^c \bullet G: \mathcal{D} \to \mathbf{Set}$ を考える．この関手の対象および射への作用は

$$\mathrm{ob}\,\mathcal{D} \ni d \quad \overset{G}{\longmapsto} \quad Gd \quad \overset{\Box^c}{\longmapsto} \quad C(c, Gd) \in \mathrm{ob}\,\mathbf{Set},$$

$$\mathrm{mor}\,\mathcal{D} \ni f \quad \overset{G}{\longmapsto} \quad Gf \quad \overset{\Box^c}{\longmapsto} \quad Gf \circ - \in \mathrm{mor}\,\mathbf{Set}$$

である．以降では，この関手をしばしば $C(c, G-)$ と書く．

▶ **補足**　この表記 $C(c, G-)$ は，対象への作用が $d \mapsto C(c, Gd)$ であることを示唆していると解釈できる．なお，写像 $Gf \circ -$ は $C(c, Gf)$ と書かれることもある．このように書けば $C(c, G-)$ の射への作用を $f \mapsto C(c, Gf)$ と表せるため，この表記は慣れれば便利であろう．

各 $f \in \mathcal{D}(a, b)$ に対して次式が成り立つ．

$$(2.51) \qquad $$

ただし，右側の等号では式 (2.38) の f に Gf を代入した式を用いた．

▶ **補足**　前項の規則 3 により，この右辺は写像 $Gf \circ -: C(c, Ga) \ni g \mapsto Gf \circ g \in \mathcal{D}(c, Gb)$ を表していることがわかる（点線の枠の中に $g \in C(c, Ga)$ を入れると図式全体として射 $Gf \circ g \in C(c, Gb)$ を表すため）．なお，この図式では点線の枠を台形としているが，ほかの形状であっても構わない（四角形以外であってもよい）．

関手 $C(c, G-)$ は次式で表される．

$$(2.52) \qquad $$

▶ **補足 1**　式 (2.52) の右辺の線「$-$」を $\mathcal{D}$ の射 f に置き換えると式 (2.51) の右辺に等しくなる．したがって，前項の規則 4 により，式 (2.52) の右辺は射への作用が $\mathrm{mor}\,\mathcal{D} \ni f \mapsto Gf \circ - \in \mathrm{mor}\,\mathbf{Set}$ であるような関手（つまり $C(c, G-)$）を表している．

▶ **補足 2**　とくに $\mathcal{D} = C$，$G = 1_C$ の場合を考えると $C(c, 1_C -) = C(c, -) = \Box^c$ である．このことは図式からもわかり，$G = 1_C$ の場合には式 (2.52) の右辺は式 (2.39) の右辺に等しい．　△

与えられた集合値関手を「点線の枠による表記」で表したい場合には，その関手に

2.4 ホム関手と点線の枠による表記 69

射を入力したときの出力を考えればよい．例2.50を用いて具体的に説明すると，関手 $C(c, G-)$ に射 f を入力したときの出力 $Gf \circ -$ は式(2.51)の右辺のように表される．この図式のブロック f を線「$-$」に置き換えたもの，つまり式(2.52)の右辺が，$C(c, G-)$ を表す図式になる．

例2.53 例2.50の関手 $\square^c$ を関手 $c^\square$ に置き換えた関手 $C(G-, c) := c^\square \bullet G : \mathcal{D}^{\mathrm{op}} \to \mathbf{Set}$ が考えられる[‡16]．この関手の対象および射への作用は

$$\mathrm{ob}\,\mathcal{D}^{\mathrm{op}} \ni d \quad \overset{G}{\longmapsto} \quad Gd \quad \overset{c^\square}{\longmapsto} \quad C(Gd, c) \in \mathrm{ob}\,\mathbf{Set},$$

$$\mathrm{mor}\,\mathcal{D}^{\mathrm{op}} \ni f \quad \overset{G}{\longmapsto} \quad Gf \quad \overset{c^\square}{\longmapsto} \quad - \circ Gf \in \mathrm{mor}\,\mathbf{Set}$$

である．各 $f \in \mathcal{D}^{\mathrm{op}}(a, b) = \mathcal{D}(b, a)$ に対して $- \circ Gf$ は写像 $C(Ga, c) \ni g \mapsto g \circ Gf \in \mathcal{D}(Gb, c)$ である．写像 $- \circ Gf$ および関手 $C(G-, c)$ はそれぞれ次の図式で表される．

これらは，直観的には式(2.51), (2.52)の「上下反転」に相当している． ◸

例2.54 関手 $F : \mathcal{E} \to C$ と関手 $G : \mathcal{D} \to C$ に対して，$\langle F, G \rangle : \mathcal{E}^{\mathrm{op}} \times \mathcal{D} \to C^{\mathrm{op}} \times C$ は射への作用が $\mathrm{mor}(\mathcal{E}^{\mathrm{op}} \times \mathcal{D}) \ni \langle f, g \rangle \mapsto \langle Ff, Gg \rangle \in \mathrm{mor}(C^{\mathrm{op}} \times C)$ であるような関手である（例1.51を参照のこと）．このとき，関手 $C(F-, G=) := C(-, =) \bullet \langle F, G \rangle : \mathcal{E}^{\mathrm{op}} \times \mathcal{D} \to \mathbf{Set}$ が考えられる．この関手の対象および射への作用は

$$\mathrm{ob}(\mathcal{E}^{\mathrm{op}} \times \mathcal{D}) \ni \langle e, d \rangle \quad \overset{\langle F, G \rangle}{\longmapsto} \quad \langle Fe, Gd \rangle \quad \overset{C(-, =)}{\longmapsto} \quad C(Fe, Gd) \in \mathrm{ob}\,\mathbf{Set},$$

$$\mathrm{mor}(\mathcal{E}^{\mathrm{op}} \times \mathcal{D}) \ni \langle f, g \rangle \quad \overset{\langle F, G \rangle}{\longmapsto} \quad \langle Ff, Gg \rangle \quad \overset{C(-, =)}{\longmapsto} \quad Gg \circ - \circ Ff \in \mathrm{mor}\,\mathbf{Set}$$

である．関手 $C(F-, G=)$ は次の図式で表される（演習問題2.4.3）．

(2.55)

[‡16] この G は $G : \mathcal{D} \to C$ の双対 $G : \mathcal{D}^{\mathrm{op}} \to C^{\mathrm{op}}$ である（G のコドメインが $c^\square : C^{\mathrm{op}} \to \mathbf{Set}$ のドメイン C^{op} に等しくなければならないため）．ただし，$G : \mathcal{D} \to C$ と $G : \mathcal{D}^{\mathrm{op}} \to C^{\mathrm{op}}$ の違いを気にしなくても実質的にはとくに問題ない．以降では，このような補足を繰り返し行うことは控える．

とくに $C(F-, 1_C=)$ を $C(F-, =)$ と書き，$C(1_C-, G=)$ を $C(-, G=)$ と書く．

▶ 補足　例 2.50 や例 2.53 で述べた関手は，$C(F-, G=)$ の形で表せるような関手の特別な場合とみなせる．実際，$\mathcal{E} = 1$ の場合を考えて $c := F(*)$ とおくと，関手 $C(c, G-)$ が得られる．同様に，$\mathcal{D} = 1$ の場合を考えて $c := G(*)$ とおくと，関手 $C(F-, c)$ が得られる．　△

(2) 自然変換

次に，ホム関手に自然変換などを合成して得られるような自然変換の例を挙げる．

例 2.56　集合値関手 $C(c, G-)$ から集合値関手 $\mathcal{E}(e, F-)$ への自然変換を考えよう（ただし，$c \in C$, $e \in \mathcal{E}$, $G: \mathcal{D} \to C$, $F: \mathcal{D} \to \mathcal{E}$). やや複雑な例として，射 $f \in \mathcal{E}(e, Hc)$ と自然変換 $\alpha: H \bullet G \Rightarrow F$ を任意に選んだとき（関手 $H: C \to \mathcal{E}$ も任意），各 $x \in \mathcal{D}$ に対して次式で与えられる写像（つまり **Set** の射）を考える．

$$\tau_x: C(c, Gx) \ni h \mapsto \alpha_x(H \bullet h)f \in \mathcal{E}(e, Fx)$$

(2.57)

このとき，$\tau := \{\tau_x\}_{x \in \mathcal{D}}$ は $C(c, G-)$ から $\mathcal{E}(e, F-)$ への自然変換である（演習問題 2.4.4）．本書では，この τ に似た形の自然変換がしばしば登場する．

▶ 補足　前項の規則 1 により，式(2.57) の右辺は写像を表している．具体的には，点線の枠の中に射 $h \in C(c, Gx)$ を入れると図式全体として射 $\alpha_x(H \bullet h)f \in \mathcal{E}(e, Fx)$ になることから，前項の規則 3 により写像 $C(c, Gx) \ni h \mapsto \alpha_x(H \bullet h)f \in \mathcal{E}(e, Fx)$ を表している．

自然変換 τ は次の図式で表せる．

(2.58)

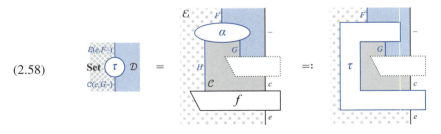

▶ 補足 1　式(2.58) の中央の式の線「–」を線 x に置き換えると式(2.57) の右辺に等しくなる．したがって，前項の規則 4（の補足）により，式(2.58) の中央の式は対象への作用が $\mathrm{ob}\,\mathcal{D} \ni x \mapsto \tau_x \in \mathrm{mor}\,\mathbf{Set}$

であるような自然変換，つまり τ を表していることがわかる（自然変換はその対象への作用から一意に定まる）．なお，この図式には式(2.52) の右辺の図式が含まれているとみなせる．

▶ **補足 2**　自然変換 τ を「点線の枠による表記」で表したい場合には，τ_x の図式を考えればよい．実際，τ_x の図式（つまり式(2.57) の図式の右辺）における線 x を線「–」に置き換えれば，式(2.58) の中央の式が得られる．

式(2.58) の右辺は新たな表記であり，中央の式において τ を表す部分（具体的には 2 個のブロック α, f と線 H）をグループ化して，「コ」を左右反転させたような形状をしたブロックとして τ を表している．

△

▶ **補足 1**　式(2.58) の中央の式（または右辺）のように自然変換 τ を「点線の枠による表記」で表すと，τ の自然性を素直に理解できるようになる（演習問題 2.4.4）．関手 $C(c, G-)$ についても同様であり，式(2.52) の右辺のように「点線の枠による表記」で表すと，$C(c, G-)$ が関手であることを素直に理解できる（演習問題 2.4.2）．τ が自然変換であり $C(c, G-)$ が関手であるといった情報が，これらの表記の中に自明な形で埋め込まれている，といっても過言ではないであろう．

▶ **補足 2**　関手 $C(c, G-)$ から関手 $\mathcal{E}(e, F-)$ への任意の自然変換は，式(2.58) の右辺のブロック τ のような形状で表すとしばしば都合がよい（演習問題 2.4.5 を参照のこと）．一方，（例 2.56 の自然変換 τ とは異なり）そのような自然変換を式(2.58) の中央の式のような形につねに分解できるとは限らない．

▶ **高度な話題**　式(2.58) の右辺のブロック τ は，これまでに登場したほかのブロックとはやや異なる性質をもっている．実際，ほかのブロックはそのサイズを小さくしていくことで点にすることができる（より厳密には，ブロック間の位置関係を保ちながらそのブロックを連続的に変形してその大きさをゼロにしても式の形は変わらない）．それに対し，τ を表すブロックは点にすることはできない．

演習問題

2.4.1　(a) ホム関手 $\square^c = C(c, -)$ および (b) ホム関手 $C(-, =)$ が関手であることを確認せよ．

2.4.2　例 2.50 の関手 $C(c, G-)$ が合成を保存して各恒等射を恒等射に写すことを，点線の枠による表記を用いて明示的に表せ．

2.4.3　例 2.54 の関手 $C(F-, G=)$ が式(2.55) の右辺で表せることを示せ．

2.4.4　式(2.57) で示した τ が自然変換であることを示せ．[ヒント：τ の自然性は，各 $g \in \mathcal{D}(x, y)$ に対して $(\mathcal{E}(e, F-))g \circ \tau_x = \tau_y \circ (C(c, G-))g$ を満たすこととして表される[‡17]．]

2.4.5　$C(c, G-)$ から $\mathcal{E}(e, F-)$ への任意の自然変換 σ（ただし $F: \mathcal{D} \to \mathcal{E}$, $G: \mathcal{D} \to C$）を式(2.58) の右辺のブロック τ のような形状で表したとき，σ の自然性を表す図式を描け．

[‡17] $(\mathcal{E}(e, F-))g$ は $\mathcal{E}(e, F-) \bullet g$ のことである．$\mathcal{E}(e, F-)g$ や $\mathcal{E}(e, F-)(g)$ と書くこともできるが，本書では初学者が混乱することを避けるため，括弧を付けて $(\mathcal{E}(e, F-))g$ や $(\mathcal{E}(e, F-))(g)$ のように表すことにする．

2.4.6
(a) $C(a, -): C \to \mathbf{Set}$ と $\mathrm{ev}_x: C^{\mathcal{D}} \to C$ (ただし $a \in C$, $x \in \mathcal{D}$) の水平合成 $C(a, -x) :=$ $C(a, -) \bullet \mathrm{ev}_x: C^{\mathcal{D}} \to \mathbf{Set}$ を点線の枠による表記で表せ．
(b) $C(a, -x)$ から $C(b, -y)$ への自然変換 σ (ただし $a, b \in C$, $x, y \in \mathcal{D}$) を，式(2.58) の右辺のブロック τ のような形状で表したとき，σ の自然性を表す図式を描け．

2.4.7 ある等式において，その両辺がともにいくつかの自然変換を垂直合成・水平合成して得られる自然変換であり，自然変換 $\alpha \in \mathcal{D}^C(F, G)$ (圏 $C, \mathcal{D}$ と関手 F, G は任意) をそれぞれ1個ずつ含んでいるとする．その等式が任意の $\alpha \in \mathcal{D}^C(F, G)$ について成り立つならば，等式を図式で表したときにその両辺にあるブロック α を点線の枠に置き換えた等式が成り立つことを証明せよ．

2.4.8 関手 $F: C \to \mathcal{D}$ に対し，写像 $\tilde{F}_{a,b}: C(a,b) \ni f \mapsto Ff \in \mathcal{D}(Fa, Fb)$ $(a, b \in C)$ を考える．$\tilde{F} := \{\tilde{F}_{a,b}\}_{a,b \in C}$ は，関手 $C(-, =)$ から関手 $\mathcal{D}(F-, F=)$ への自然変換であることを示せ．また，この自然変換 $\tilde{F}$ が自然同型であることは，F が充満忠実であることと同値であることを示せ．

2.5 ★ 双関手に関する基本的な性質

本節では，双関手に関する3個の補題を述べる．これらの補題は，次章以降で何度か用いることになる．

2.5.1 ★ 双関手の一意性

任意の双関手 $T: C \times \mathcal{D} \to \mathcal{E}$ について考え，$F_c := T(c, -)$ および $G_d := T(-, d)$ とおく ($T(c, -)$ と $T(-, d)$ については例1.74を思い出してほしい)．ここでは，F_c と G_d が与えられれば双関手 T が求められることを述べる．このことをみるために，T はその射への作用 $\langle f, g \rangle \mapsto T(f, g)$ により一意に定まることと，各 $f \in C(c, c')$, $g \in \mathcal{D}(d, d')$ に対して

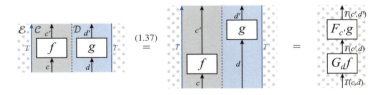

が成り立つことに着目しよう．この式により $T(f, g) = F_{c'} g \circ G_d f$ であるため，$F_{c'}$ と G_d から T が一意に定まることがわかる．整理して言い換えると，これらの2種類の関手 $F_c: \mathcal{D} \to \mathcal{E}$ $(c \in C)$ と $G_d: C \to \mathcal{E}$ $(d \in \mathcal{D})$ が与えられたとき，$T(c, -) = F_c$

および $T(-, d) = G_d$ を満たすような双関手 $T: C \times D \to E$ が一意に定まる.

▶ **補足** 直観的には,双関手は 2 変数の準同型写像のようなものであった.このように捉えて大ざっぱに述べると,このことは 2 変数の準同型写像 T が「最初の変数を固定した 1 変数の準同型写像 F_c」と「2 番目の変数を固定した 1 変数の準同型写像 G_d」から一意に定まることを主張しているとみなせる.

この性質を利用すると,2 種類の関手 F_c と G_d を組み合わせることで一意に定まる双関手 T を考えられるようになる.ただし,T が存在するためには F_c と G_d はある条件を満たす必要がある.この条件を厳密な形で述べたものが次の補題である.

補題 2.59　C, D, E を圏とし,各 $c \in C$ について関手 $F_c: D \to E$ が定まっており,各 $d \in D$ について関手 $G_d: C \to E$ が定まっているとする.また,次の二つの条件を満たすとする.

(1) 任意の $c \in C$, $d \in D$ について $F_c d = G_d c$ を満たす.
(2) 任意の $f \in C(c, c')$, $g \in D(d, d')$ について $F_{c'} g \circ G_d f = G_{d'} f \circ F_c g$ を満たす.

このとき,次式を満たす双関手 $T: C \times D \to E$ が一意に存在する.

$$(2.60) \qquad T(c, -) = F_c \quad (\forall c \in C), \qquad T(-, d) = G_d \quad (\forall d \in D)$$

証明　演習問題 2.5.1. □

▶ **補足** 条件 (2) において合成 $F_{c'} g \circ G_d f$ と合成 $G_{d'} f \circ F_c g$ が行えるためには条件 (1) が必要である.

例 2.61　補題 2.59 において,$C = D^{\mathrm{op}}$ および $E = \mathbf{Set}$ として $F_c = D(c, -)$ および $G_d = D(-, d)$ の場合を考えると,条件 (1), (2) を満たしていることがわかる.一意に定まる双関手 T は,2.4.1 項で述べたホム関手 $D(-, =)$ にほかならない. △

例 2.62　補題 2.59 において,$C = E^D$ として $F_K = K$ $(K \in E^D)$ および $G_d = \mathrm{ev}_d$ (例 2.31 を参照のこと) の場合を考えると,条件 (1), (2) を満たしていることがわかる.一意に定まる双関手 T は,次のように定まる (演習問題 2.5.2).

- $E^D \times D$ の各対象 $\langle K, d \rangle$ を E の対象 $K \bullet d = Kd$ に写す.
- $E^D \times D$ の各射 $\langle \alpha, f \rangle$ を E の射 $\alpha \bullet f$ に写す.

この双関手もしばしば評価関手とよばれ,$\mathrm{ev}: E^D \times D \to E$ と表される.

▶ 補足　この関手 ev を $-\bullet=$ のように書くと，その対象および射への作用がそれぞれ $\langle K, d \rangle \mapsto K \bullet d$ および $\langle \alpha, f \rangle \mapsto \alpha \bullet f$ であることを連想しやすいかもしれない．　△

2.5.2 ★ 双関手の間の自然変換

補題 2.59 は，双関手 $T: \mathcal{C} \times \mathcal{D} \to \mathcal{E}$ を関手 $T(c,-)$ と関手 $T(-,d)$ に分解して考えられることを示唆している．双関手から双関手への自然変換についても，これに似た分解を行える．具体的には，次の補題が成り立つ．

補題 2.63　$\mathcal{C}, \mathcal{D}, \mathcal{E}$ を圏とし，2 個の双関手 $F, G: \mathcal{C} \times \mathcal{D} \to \mathcal{E}$ を考える．$\mathcal{E}$ の射の集まり $\alpha := \{\alpha_{c,d}: F(c,d) \to G(c,d)\}_{c \in \mathcal{C}, d \in \mathcal{D}}$ について，以下は同値である．

(1) α は F から G への自然変換である．つまり，任意の $f \in \mathcal{C}(c, c'), g \in \mathcal{D}(d, d')$ について次式を満たす．

$$G(f, g) \circ \alpha_{c,d} = \alpha_{c', d'} \circ F(f, g)$$

(2.64)

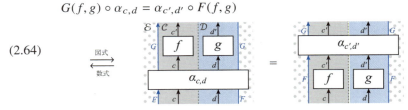

(2) 次の二つの条件を満たす．

(2a) 各 $c \in \mathcal{C}$ について $\{\alpha_{c,d}\}_{d \in \mathcal{D}}$ は $F(c,-)$ から $G(c,-)$ への自然変換である．つまり，任意の $g \in \mathcal{D}(d, d')$ について次式を満たす．

$$G(c, g) \circ \alpha_{c,d} = \alpha_{c, d'} \circ F(c, g)$$

(2.65)

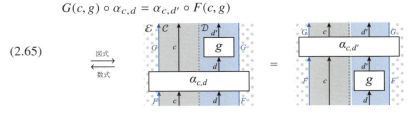

(2b) 各 $d \in \mathcal{D}$ について $\{\alpha_{c,d}\}_{c \in \mathcal{C}}$ は $F(-,d)$ から $G(-,d)$ への自然変換である．つまり，任意の $f \in \mathcal{C}(c, c')$ について次式を満たす．

$$G(f,d) \circ \alpha_{c,d} = \alpha_{c',d} \circ F(f,d)$$

(2.66)

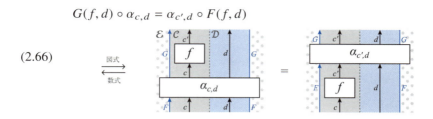

▶ **補足** 直観的には，条件 (1) は式(2.64)のように $\mathcal{C}$ の射と $\mathcal{D}$ の射が α を素通りすることとみなせる．一方，条件 (2) は式(2.66)のように $\mathcal{C}$ の射が α を素通りし，かつ式(2.65)のように $\mathcal{D}$ の射が α を素通りすることとみなせる．このことから，条件 (1) と条件 (2) が同値であることが直観的に理解できるであろう．

証明 演習問題 2.5.3. □

この補題の条件 (1) を満たすことを，しばしば $\alpha_{c,d}$ は **c と d について自然**であるとよぶ．一方，条件 (2) を満たすことは，各 c に対して $\alpha_{c,d}$ が d について自然であり，かつ各 d に対して $\alpha_{c,d}$ が c について自然であるといえる．条件 (1) と条件 (2) は同値であるため，これらは同じことを意味している．

2.5.3 ★ 関手圏の間の標準的な関手

関手圏 $\mathcal{E}^{\mathcal{C}\times\mathcal{D}}$ の各射（つまり自然変換）$\alpha = \{\alpha_{c,d}\}_{c\in\mathcal{C},d\in\mathcal{D}}$ に対して，その $\{\alpha_{c,d}\}_{d\in\mathcal{D}}$ の部分をグループ化して得られる集まり $\tilde{\alpha} := \{\{\alpha_{c,d}\}_{d\in\mathcal{D}}\}_{c\in\mathcal{C}}$ を考える．このとき，$\tilde{\alpha}$ は $(\mathcal{E}^{\mathcal{D}})^{\mathcal{C}}$ の射（つまり自然変換）であり，写像 $\alpha \mapsto \tilde{\alpha}$ を射への作用とするような $\mathcal{E}^{\mathcal{C}\times\mathcal{D}}$ から $(\mathcal{E}^{\mathcal{D}})^{\mathcal{C}}$ への関手 P が定まることを示せる．また，この関手は可逆であり（このことは写像 $\tilde{\alpha} \mapsto \alpha$ を考えれば容易に想像できるであろう），したがって，$\mathcal{E}^{\mathcal{C}\times\mathcal{D}} \cong (\mathcal{E}^{\mathcal{D}})^{\mathcal{C}}$ である．このことを次の補題としてまとめておく．

補題 2.67 任意の圏 $\mathcal{C}, \mathcal{D}, \mathcal{E}$ について，$\mathcal{E}^{\mathcal{C}\times\mathcal{D}}$ と $(\mathcal{E}^{\mathcal{D}})^{\mathcal{C}}$ と $(\mathcal{E}^{\mathcal{C}})^{\mathcal{D}}$ は同型である．

証明 演習問題 2.5.4. □

上で述べた関手 P を，$\mathcal{E}^{\mathcal{C}\times\mathcal{D}}$ から $(\mathcal{E}^{\mathcal{D}})^{\mathcal{C}}$ への**標準的な関手**（canonical functor）とよぶことにする．$\mathcal{E}^{\mathcal{C}\times\mathcal{D}}$ から $(\mathcal{E}^{\mathcal{C}})^{\mathcal{D}}$ への標準的な関手や，$(\mathcal{E}^{\mathcal{D}})^{\mathcal{C}}$ から $(\mathcal{E}^{\mathcal{C}})^{\mathcal{D}}$ への標準的な関手なども同様に定められる．

▶ **補足** $\mathcal{E}^{\mathcal{C}\times\mathcal{D}}$ の対象（つまり $\mathcal{C}\times\mathcal{D}$ から $\mathcal{E}$ への双関手）は「直積用の表記」を用いて素直な形の図式で表せた．同様に，$(\mathcal{E}^{\mathcal{D}})^{\mathcal{C}}$ や $(\mathcal{E}^{\mathcal{C}})^{\mathcal{D}}$ の対象も，図式を工夫すれば素直な形で表せるだろう．最も簡単な方法の一つは，これらの対象および射を $\mathcal{E}^{\mathcal{C}\times\mathcal{D}}$ の対象および射と同一視して表

76 | 第 2 章 自然変換の合成と関手圏

すことである.

例 **2.68** ホム関手 $C(-, =) \in \mathbf{Set}^{C^{op} \times C}$ を標準的な関手 $P: \mathbf{Set}^{C^{op} \times C} \to (\mathbf{Set}^{C^{op}})^C$ で写して得られる関手 $P \bullet C(-, =) \in (\mathbf{Set}^{C^{op}})^C$ を $C^\square$ とおく. この関手 $C^\square: C \to \mathbf{Set}^{C^{op}}$ は米田埋め込みとよばれ, 3.1.3 項で詳しく述べる.   △

━━━━━━━━━━━━━━━ 演習問題 ━━━━━━━━━━━━━━━

2.5.1
  (a) 補題 2.59 を証明せよ.
  (b) 補題 2.59 において, 双関手 T が存在するために関手 F_c と G_d が満たすべき十分条件 (1), (2) は必要条件でもあることを示せ.

2.5.2 例 2.62 で述べた例において,
  (a) 補題 2.59 の条件 (1), (2) を満たしていることを確認せよ.
  (b) 一意に定まる双関手 T が評価関手 ev であることを示せ.

2.5.3 補題 2.63 を証明せよ.

2.5.4 補題 2.67 を証明せよ. [ヒント:補題 2.67 の直前で述べた写像 $\alpha \mapsto \tilde{\alpha}$ を射への作用とするような関手 $P: \mathcal{E}^{C \times P} \to (\mathcal{E}^D)^C$ が定まり, P が可逆であることを示せばよい. P の対象への作用も適切に定める必要があるであろう.]

第 **3** 章　米田の補題と普遍性

　普遍性は圏論における基本的な概念の一つであり，数学のさまざまなところで現れる．普遍性を大ざっぱに説明すると，「ある性質を満たす『もの』があるならば，その『もの』を特徴付ける射が一意に定まる」といった性質である（この『もの』は，対象や射などのことだと考えてほしい）．たとえば，線形代数におけるテンソル積 $\otimes$ の概念では，任意の双線形写像 $f\colon \mathbf{V} \times \mathbf{V}' \to \mathbf{W}$ に対して f を特徴付ける線形写像 $\overline{f}\colon \mathbf{V} \otimes \mathbf{V}' \to \mathbf{W}$ が一意に定まることを主張しており，これは普遍性の特別な場合とみなせる（詳しくは例 3.40 で述べる）．また，次章以降で説明する随伴・極限・カン拡張などの概念をしっかりと理解するためには，普遍性は不可欠のものであるといえる．

　以降では，$c \in C$ から $x \in C$ への射をホムセット $C(c, x)$ という集合の要素と捉え，「c からの射を集合値関手 $C(c, -)\colon C \to \mathbf{Set}$ の観点から調べる」といった意味での「視点の変換」をよく行う．はじめに，このような考え方をする際に活躍する米田の補題と米田埋め込みについて説明する．その後で，普遍性について説明する．なお，普遍性の重要な性質を導くときに米田の補題を用いる．米田の補題は，ストリング図を用いることで直観的にわかりやすい形で証明できる．

3.1　米田の補題と米田埋め込み

　本節では，米田の補題と米田埋め込みについて説明する．これから「点線の枠による表記」が多く登場するため，2.4 節を思い出しておいてほしい．

3.1.1　準備：射を表す図式

(1) 関手 $\square^c = C(c, -)$ を用いた図式

　以降では，任意に選んだ射 $a \in C(x, c)$（$x, c \in C$ も任意）について，次の数式が成り立つことと，数式と図式が対応していることを説明する（図式の意味や直観的な捉え方についても述べる）．

$$a = \square^x(a) \circ 1_x = a = \square^a{}_c \circ 1_c$$

(3.1)

ただし，この図式では射 a を丸のブロックで表している（これまでと同様に四角形のブロックで表してもよいが，丸のブロックで表したほうがきっと視覚的にわかりやすい）．2 個の黒丸（左側および右側）は，それぞれ 1_x および 1_c を表している．このように，本節では黒丸はつねに恒等射を表すものとする．

▶ **補足 1** 式(3.1) のように，本書ではある特別な射をブロックではなく黒丸で表すことがある．

▶ **補足 2** 恒等射 1_x は次式のように表せることを指摘しておく．

(3.2) $\qquad\qquad 1_x$

図式の右辺の黒丸では，1_x を写像（つまり **Set** の射）$\{*\} \ni * \mapsto 1_x \in \square^x(x)$ として表している（$\square^x(x) = C(x, x)$ である）．ここで，例 1.28 で宣言したように，1_x と写像 $* \mapsto 1_x$ を同一視している．なお，この右辺では関手 $\square^x$ を青い曲線として表しているが，これは単に描画の都合であり真っすぐに伸びた線との違いはない．このように，関手や対象を曲線として表すことがしばしばある．

まず，式(3.1) の最初の等号について，次式を用いて説明する．

$$a = a \circ 1_x = \square^x(a) \circ 1_x$$

(3.3)

式(3.3) の数式において，左側の等号が成り立つことは定義 1.8 の単位律から明らかである．また，2.4.1 項で述べた写像 $\square^x(a) = a \circ -$ は 1_x を $\square^x(a) \circ 1_x = a \circ 1_x$ に写すため[‡1]，式(3.3) の数式の右側の等号が成り立つ．式(3.3) の図式は，数式と直接的に対応している．この図式の右辺 $\square^x(a) \circ 1_x$ は，1_x を写像 $* \mapsto 1_x$ と捉えると **Set** の射（つまり写像）としての合成のことだとみなせる．式(3.3) の図式の直観的な解釈として，「中央の式の線 x を黒丸の位置で折り曲げて線 $\square^x$ に変えたものが右辺である」と捉えるとよいかもしれない．式(3.2) でも同様の解釈ができる．

[‡1] まぎらわしいが，単位律より $\square^x(a) \circ 1_x = \square^x(a)$ が成り立つと考えてはいけない．$\square^x(a) \circ 1_x$ は 1_x を写像 $\square^x(a): \square^x(x) \to \square^x(c)$ で写したものを表しており，C の射としての合成を表しているわけではない．

次に，式(3.1) の 2 番目の等号について説明する．数式 $\square^x(a) \circ 1_x = a$ が成り立つことはすでに述べたとおりである．右から 2 番目の図式では，式(3.2) の黒丸 1_x と同様に，a を写像 $\{*\} \ni * \mapsto a \in \square^x(c)$（つまり **Set** の射を表すブロック）として表している（$\square^x(c) = C(x, c)$ である）．

最後に，式(3.1) の最後の等号について説明する．この表記では，2.4.2 項で述べた自然変換 $\square^a : \square^c \Rightarrow \square^x$ を利用している．式(2.46) より写像 $\square^a{}_c$ は $- \circ a$ に等しいため，この写像に 1_c を入力すると $\square^a{}_c \circ 1_c = 1_c \circ a = a$ を得る．図式の右辺は，2 個の写像（つまり **Set** の射）$\square^a{}_c$ と 1_c の合成 $\square^a{}_c \circ 1_c$ を表しているとみなせる．

式(3.1) の図式の直観的なイメージを述べる．線 $\square^c$ と線 c（線 $\square^x$ と線 x も同様），およびブロック $\square^a$ とブロック a を，それぞれ同じようなものだと捉えてみよう（このように解釈できることが，これから次第にわかってくる）．すると，左辺以外の 3 個の図式では，ブロック a の位置が異なっているだけだと解釈できるであろう．関手 $\square^c$ および自然変換 $\square^a$ は，それぞれ C の対象 c および射 a を異なる方法で表したものだとみなせる．また，すでに述べたように，最初の等号は線 x の一部を黒丸の位置で折り曲げて線 $\square^x$ に変えたものだとみなせる．このようなイメージをもつと，関手 $\square^c$ や自然変換 $\square^a$ についての理解が深まることと思う．

各 $c, d \in C$ について，次式が成り立つことも指摘しておく．

$$(3.4) \qquad \square^c(1_d) = \square^c(-) \circ 1_c$$

ただし，$\square^c(-)$ は各 $a \in C(c, d)$ を $\square^c(a) = a \circ -$ に写す写像である．関手 $\square^c$ は各恒等射を **Set** の恒等射（つまり恒等写像）に写すため，式(3.4) の左辺 $\square^c(1_d)$ は恒等写像 $1_{C(c,d)}$ に等しい．また，$\square^c(-)$ の定義より，この右辺 $\square^c(-) \circ 1_c$ は各 $a \in C(c, d)$ を $\square^c(a) \circ 1_c = a \circ 1_c = a$ に写すため，恒等写像 $1_{C(c,d)}$ に等しい（このことは，式(3.3) の x, c をそれぞれ c, d に置き換えた式を考えてもわかる）．したがって，式(3.4) の数式が成り立つ．式(3.4) の図式は，数式と直接的に対応している．

(2) $\square^c$ をドメインとする自然変換の表記

対象 $c \in C$ と集合値関手 $X : C \to$ **Set** を任意に選び，$\square^c$ から X への任意の自然変換 $\tau : \square^c \Rightarrow X$ について考えよう．τ の各成分 τ_d は **Set** の射（具体的には集合 $\square^c(d) = C(c, d)$ から集合 Xd への写像）であり，

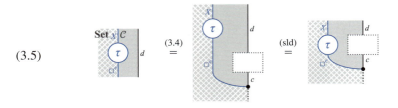

と表せる．したがって，τ は次のように表せる．

(3.6)

2.4.3 項で述べた点線の枠による表記の規則を思い出せば，この右辺のように表せることがわかるであろう．

▶ **補足** 自然変換 τ は，式(3.1) の右辺で現れた自然変換 $\Box^a : \Box^c \Rightarrow \Box^x$ を一般化したものとみなせる．後で，式(3.1) の最後の等号を一般化した式（具体的には式(3.12)）を導くことになる．

3.1.2 米田の補題

(1) 米田写像

米田の補題では，任意の対象 $c \in \mathcal{C}$ と任意の集合値関手 $X : \mathcal{C} \to \mathbf{Set}$ について，$\Box^c$ から X への自然変換の集まり $\mathbf{Set}^{\mathcal{C}}(\Box^c, X)$ と集合 Xc が集合として同型であることを主張する．なお，集合としての同型については，例 1.22 を思い出してほしい．これらが同型であることは，おそらく多くの初学者にとって決して自明ではなく，不思議に思えるのではないだろうか．

米田写像（Yoneda map）とよばれる写像 $\alpha_{X,c}$ を

$$\alpha_{X,c} : \mathbf{Set}^{\mathcal{C}}(\Box^c, X) \ni \tau \mapsto \tau_c(1_c) \in Xc$$

(3.7)

と定める（点線の枠はホムセット $\mathbf{Set}^{\mathcal{C}}(\Box^c, X)$ を表している）．この定義と式(3.6) より，次式が成り立つ．

(3.8)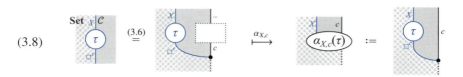

3番目の式と最後の式は，ともに Xc の要素 $\alpha_{X,c}(\tau)$ を表している．なお，τ の「点線の枠による表記」（つまり式(3.8) の 2 番目の式）において線「$-$」を線 c で置き換えたものが τ_c を表し，さらに点線の枠の中に 1_c を入れたもの（つまり式(3.8) の最後の式）が $\tau_c(1_c)$ を表す．また，写像 $\beta_{X,c} \colon Xc \to \mathbf{Set}^{\mathcal{C}}(\square^c, X)$ を

(3.9)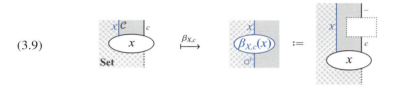

と定める．念のため数式で表しておくと，

$$\beta_{X,c}(x) := \{\mathcal{C}(c,d) \ni f \mapsto (Xf)(x) \in Xd\}_{d \in \mathcal{C}}$$

である．各 $x \in Xc$ について $\beta_{X,c}(x)$ は $\square^c$ から X への自然変換，つまり $\mathbf{Set}^{\mathcal{C}}(\square^c, X)$ の要素であることが容易にわかる（演習問題 3.1.1）．

式(3.8) と式(3.9) を比較すると，写像 $\alpha_{X,c}$ と写像 $\beta_{X,c}$ は互いに逆のはたらきをしているようにみえる．実際，式(3.8) の最初の式のブロック τ と 3 番目の式のブロック $\alpha_{X,c}(\tau)$ を比べると，直観的には米田写像 $\alpha_{X,c}$ は単に τ の下側に付いた線 $\square^c$ を線 c に変換しているだけであるといえる．一方，$\beta_{X,c}$ は式(3.9) の最初の式における x の上側に付いた線 c を中央の式のように線 $\square^c$ に変換している．別の視点では，（式(3.8) の 2 番目と最後の式を比べると）$\alpha_{X,c}$ は $\mathcal{C}(c,-)$ を表す点線の枠を削除しており，逆に（式(3.9) の最初と最後の式を比べると）$\beta_{X,c}$ はこの点線の枠を追加している．このことから推測できるように，$\beta_{X,c}$ は $\alpha_{X,c}$ の逆写像である（定理 3.10 にて証明する）．これらの写像により，直観的には下側の線 $\square^c$ と上側の線 c は $\alpha_{X,c}$ と $\beta_{X,c}$ により自由に交換できるといえる．

▶ **補足 1** 線 c と線 $\square^c$ を同じようなものと捉えると，直観的には「$\alpha_{X,c}(\tau)$ は τ と同じようなもの」であり「$\beta_{X,c}(x)$ は x と同じようなもの」であるといえる．

▶ **補足 2** 写像 $\alpha_{X,c}$ は自然変換 τ を $\tau_c(1_c)$ に写す．一方，$\tau_c(1_c)$ は τ がもつ情報の一部といえる．米田の補題が主張するように写像 $\beta_{X,c}$ が $\alpha_{X,c}$ の逆写像であるならば，$\beta_{X,c}$ は $\tau_c(1_c)$ のみから τ を完全に復元できることになる．直観的には，もし τ に含まれている情報のうち $\tau_c(1_c)$

に含まれていないものがあるとしたら，このような復元は不可能であるため，米田の補題はそのような情報はないことを示唆している．図式を眺めると，式(3.8)の2番目の式における τ は，$\tau_c(1_c)$ に $C(c,-)$ を表す点線の枠を追加したものにすぎないことがわかる．このことからも，直観的には τ に関する情報のすべてを $\tau_c(1_c)$ がもっているといえよう．

(2) 米田の補題

米田の補題は，上記の主張を厳密に示したうえで，さらにある素直な性質を満たすことを主張する．

> **定理 3.10（米田の補題）** 圏 C の任意の対象 c と任意の集合値関手 $X: C \to \mathbf{Set}$ について，米田写像 $\alpha_{X,c}: \mathbf{Set}^C(\square^c, X) \to Xc$ を $\alpha_{X,c}(\tau) := \tau_c(1_c)$ （つまり式(3.7), (3.8)）のように定める．このとき，次の性質が成り立つ．
>
> (1) 各 $X: C \to \mathbf{Set}$ と各 $c \in C$ に対して $\alpha_{X,c}$ は可逆である．
> (2) 各 $\sigma \in \mathbf{Set}^C(X,Y)$ と各 $p \in C(c,d)$ （$X,Y: C \to \mathbf{Set}$ と $c,d \in C$ は任意）について次式が成り立つ．
>
> $$(\sigma \bullet p) \circ \alpha_{X,c} = \alpha_{Y,d} \circ (\sigma \circ - \circ \square^p)$$
>
> (3.11)

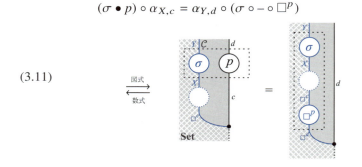

▶ 補足　式(3.11) の補助線で囲まれた箇所（左側および右側）は，それぞれ $\sigma \bullet p$ および $\sigma \circ - \circ \square^p$ である．この図式では，米田写像を式(3.7) の右辺のように表している．なお，式(3.11) の右辺では，$\alpha_{Y,d}$ を表す図式（式(3.7) の右辺）の点線の枠の中に $\sigma \circ - \circ \square^p$ を表す図式（つまり式(3.11) の右辺の補助線で囲まれた箇所）を入れることで，写像の合成 $\alpha_{Y,d} \circ (\sigma \circ - \circ \square^p)$ を表している．

証明　まず，性質 (1) を示す．このためには，式(3.9) で定めた写像 $\beta_{X,c}$ が $\alpha_{X,c}$ の逆写像であることを示せば十分である．各 $\tau \in \mathbf{Set}^C(\square^c, X)$ に対して

3.1 米田の補題と米田埋め込み | 83

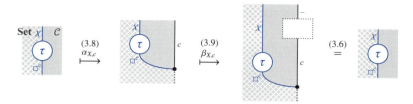

が成り立つ．また，各 $x \in Xc$ に対して

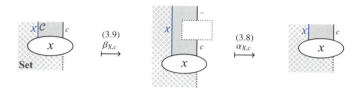

が成り立つ．ただし，写像 $\xmapsto{\alpha_{X,c}}$ が線「−」を線 c で置き換えて点線の枠の中に 1_c を代入するという操作に等しいことを用いた．したがって，$\beta_{X,c}$ は $\alpha_{X,c}$ の逆写像である．

次に，性質 (2) を示す．これは，次式からわかる．

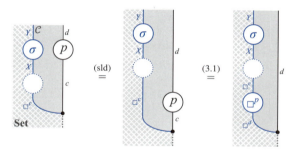

□

▶補足　本書でこれまでに登場したストリング図の直観的なイメージがつかめていれば，この証明にはそれほど難しい箇所はないのではないかと思う．ストリング図を用いると，この定理のように視覚的にわかりやすい形で厳密に証明できることがしばしばある．

以降では，米田写像 $\alpha_{X,c}$ の逆写像 $\beta_{X,c}$ を $\alpha_{X,c}^{-1}$ と表すことにする．任意の $x \in Xc$（c も任意）について，明らかに次式が成り立つ．

(3.12) $\qquad x = \alpha_{X,c}(\alpha_{X,c}^{-1}(x)) \quad \xrightleftharpoons[\text{数式}]{\text{図式}}$

▶補足 1　式 (3.1) の最後の等号より，$a = \alpha_{\square^x, c}(\square^a)$ であることがわかる．このため，$\square^a = \alpha_{\square^x, c}^{-1}(a)$ である．式 (3.12) は，式 (3.1) の最後の等号を一般化したもの（具体的には，ホム関手 $\square^x$ をより一般的な集合値関手 X に置き換えたもの）とみなせる．

▶ **補足 2** 米田写像 $\alpha_{X,c}$ とその逆写像 $\alpha_{X,c}^{-1}$ は，次式のように表せる（$\alpha_{X,c}$ では式(3.8) の一部を再掲している）.

(3.13)

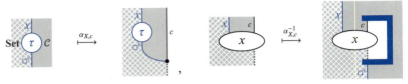

ここで，写像 $\alpha_{X,c}^{-1}$（正確には $\{\alpha_{X,c}^{-1}\}_{X \in \mathbf{Set}}$）を「コ」のような形状をした青のブロックで表している．この青のブロックは，式(2.58) の自然変換 τ に似た形状をしている[‡2]．1 番右の図式は，$\square^c$ から X への自然変換 $\alpha_{X,c}^{-1}(x)$ を表している．直観的には，写像 $\alpha_{X,c}$ は線 $\square^c$ を折り曲げて線 c に変換するようなはたらきをし，写像 $\alpha_{X,c}^{-1}$ は逆に線 c を線 $\square^c$ に変換するようなはたらきをする．

(3) ⋆ X と c についての自然性

もし 2 個の適切な双関手 $F, G\colon \mathbf{Set}^C \times C \to \mathbf{Set}$ を用いることで式(3.11) を

(3.14) $$G(\sigma, p) \circ \alpha_{X,c} = \alpha_{Y,d} \circ F(\sigma, p)$$

と表すことができれば，この式は $\alpha := \{\alpha_{X,c}\}_{X \in \mathbf{Set}^C, c \in C}$ の自然性を表しているとみなせる[‡3]．つまり，α は F から G への自然変換であるといえる．このように表せるためには

$$G(\sigma, p) = \sigma \bullet p, \quad F(\sigma, p) = \sigma \circ - \circ \square^p \quad (\forall \langle \sigma, p \rangle \in \mathrm{mor}(\mathbf{Set}^C \times C))$$

を満たせばよく，この条件により G と F の射への作用が定まる．G について考えると，射への作用が $\langle \sigma, p \rangle \mapsto \sigma \bullet p$ であるような関手は，例 2.62 で述べた評価関手 $\mathrm{ev}\colon \mathbf{Set}^C \times C \to \mathbf{Set}$ にほかならない．F については，次の双関手

(3.15) $$\mathbf{Set}^C(\square^=, -) := \mathbf{Set}^C(=, -) \bullet \langle 1_{\mathbf{Set}^C}, \square^- \rangle$$

[‡2] この青のブロックは，式(2.58) の右辺において，$c = \{*\}$，$G = \mathrm{ev}_c$，$e = \square^c$，$F = 1_{\mathbf{Set}^C}$ を代入した場合に相当する．なお，系 3.17 からわかることであるが，これは関手 $\mathbf{Set}(\{*\}, -c)$ から関手 $\mathbf{Set}^C(\square^c, -)$ への自然同型である（なお，$\mathbf{Set}(\{*\}, -c) = \mathrm{ev}_c$ である）．このブロックが「コ」を左右反転させたような形状ではなく，「コ」のような形状をしていることについては，演習問題 2.4.6(b) を参照のこと．

[‡3] 式(2.64) を参照のこと．$\sigma \in \mathbf{Set}^C(X, Y)$ および $p \in C(c, d)$ である．

を考える．ただし，$\mathbf{Set}^C(=,-)$ はホム関手 $(\mathbf{Set}^C)^{\mathrm{op}}(-,=)$ のことである[‡4]．また，$\langle 1_{\mathbf{Set}^C}, \square^- \rangle$ は恒等関手 $1_{\mathbf{Set}^C}$ と関手 $\square^-\colon C \to (\mathbf{Set}^C)^{\mathrm{op}}$ の組であり（例 1.51 を参照のこと），関手 $\square^-$ は C の各対象 c および各射 p をそれぞれ $\square^c$ および $\square^p$ に写す（演習問題 3.1.2）．このとき，$\mathbf{Set}^C(\square^=,-)$ の射への作用は

(3.16)

$$\mathrm{mor}(\mathbf{Set}^C \times C) \ni \langle \sigma, p \rangle \xrightarrow{\langle 1_{\mathbf{Set}^C}, \square^- \rangle} \langle \sigma, \square^p \rangle \xrightarrow{\mathbf{Set}^C(=,-)} \sigma \circ - \circ \square^p \in \mathrm{mor}\,\mathbf{Set}$$

であるため，F は $\mathbf{Set}^C(\square^=,-)$ に等しい．

▶ **補足**　直観的には，写像 $\alpha_{X,c}$ は「線 $\square^c$ から線 c への変換」と解釈できる．このため，式(3.11) より「線 $\square^c$ を線 c に変換してから σ と p を施すこと」と「σ と $\square^p$ を施してから線 $\square^c$ を線 c に変換すること」は等しいと解釈できる．また，式(3.14) は，「σ と p を施す」という写像を $G(\sigma, p)$ で表し，「σ と $\square^p$ を施す」という写像を $F(\sigma, p)$ で表しているとみなせる．式(3.11) を「σ と p が $\alpha_{X,c}$ や $\alpha_{Y,d}$ を素通りしている」と捉えれば，α の自然性を直観的に理解できるであろう．

以上の議論により，定理 3.10 の性質 (2) は次のように言い換えられる．

系 3.17　定理 3.10 の性質 (2) は，$\alpha := \{\alpha_{X,c}\}_{X \in \mathbf{Set}^C, c \in C}$ が双関手 $\mathbf{Set}^C(\square^=,-)\colon \mathbf{Set}^C \times C \to \mathbf{Set}$ から評価関手 $\mathrm{ev}\colon \mathbf{Set}^C \times C \to \mathbf{Set}$ への自然変換であることと同値である．または同じことであるが，各 $\sigma \in \mathbf{Set}^C(X, Y)$ と各 $p \in C(c, d)$ （$X, Y \in \mathbf{Set}^C$ と $c, d \in C$ は任意）について

(3.18)　　　　　$\mathrm{ev}(\sigma, p) \circ \alpha_{X,c} = \alpha_{Y,d} \circ (\mathbf{Set}^C(\square^=,-))(\sigma, p)$

が成り立つことと同値である．

▶ **補足 1**　自然変換 $\alpha\colon \mathbf{Set}^C(\square^=,-) \Rightarrow \mathrm{ev}$ の各成分 $\alpha_{X,c}$ は $\mathbf{Set}^C(\square^c, X)$ から Xc への射である．このことは，$(\mathbf{Set}^C(\square^=,-))(X, c) = \mathbf{Set}^C(\square^c, X)$ および $\mathrm{ev}(X, c) = Xc$ からわかる．

▶ **補足 2**　定理 3.10 の性質 (1) と合わせると，定理 3.10 は α が $\mathbf{Set}^C(\square^=,-)$ から ev への自然同型である（つまり，同型 $\alpha_{X,c}\colon \mathbf{Set}^C(\square^c, X) \cong Xc$ が X と c について自然である）ことと同値であることがわかる．この自然同型は，次の図式で表すこともできる．

[‡4] 直観的には，ホム関手 $\mathbf{Set}^C(-,=)$ の 2 個の引数の順序を交換したような関手が $\mathbf{Set}^C(=,-)$ であるといえる．実際，$\mathbf{Set}^C(-,=)$ の射への作用は $\mathrm{mor}((\mathbf{Set}^C)^{\mathrm{op}} \times \mathbf{Set}^C) \ni \langle \rho, \sigma \rangle \mapsto \sigma \circ - \circ \rho \in \mathrm{mor}\,\mathbf{Set}$ であり，$\mathbf{Set}^C(=,-)$ の射への作用は $\mathrm{mor}(\mathbf{Set}^C \times (\mathbf{Set}^C)^{\mathrm{op}}) \ni \langle \sigma, \rho \rangle \mapsto \sigma \circ - \circ \rho \in \mathrm{mor}\,\mathbf{Set}$ である．

(4) 米田の補題の双対

圏 C について，C^{op} からの集合値関手は C 上の**前層**（presheaf）とよばれる．前層の代表例は，2.4.1 項で述べた $x^\square = C(-, x)$（ただし $x \in C$）である．また，関手圏 $\mathbf{Set}^{C^{\mathrm{op}}}$ を**前層の圏**（category of presheaves）とよび，$\hat{C}$ と書くことにする．

$x^\square$ の図式について簡単に触れておく．式(3.1)の「上下反転」版を考えれば，$x^\square(c) = C^{\mathrm{op}}(x, c) = C(c, x)$ の要素 a は次の図式で表されることがわかる（C の対象や射を「上下反転」すれば容易にわかるため，導出は割愛する）．

(3.19)
$$a = x^\square(a) \circ 1_x = a = a^\square{}_c \circ 1_c$$

ただし，図式の黒丸（左側および右側）は 1_x および 1_c を表している．図式では，C^{op} の対象や射を C の対象や射の「上下反転」として表したことを思い出してほしい．自然変換 $a^\square : c^\square \Rightarrow x^\square$ については式(2.49)を参照のこと．この式と同様に，$c^\square$ から集合値関手 $X : C^{\mathrm{op}} \to \mathbf{Set}$ への自然変換も式(3.6)と同じように表せる．

米田の補題の双対として，定理 3.10 と系 3.17 において C を C^{op} に置き換えたものを考えると，次の系が得られる．

系 3.20（米田の補題） 圏 C^{op} の任意の対象 c と任意の前層 $X \in \hat{C}$ について，写像 $\alpha_{X,c} : \hat{C}(c^\square, X) \to Xc$（この写像も**米田写像**とよぶ）を

(3.21) $$\alpha_{X,c}(\tau) := \tau_c(1_c)$$

のように定める．このとき，次の性質が成り立つ．

(1) 各 $X \in \hat{C}$ と各 $c \in C^{\mathrm{op}}$ に対して $\alpha_{X,c}$ は可逆である．

(2) 各 $\sigma \in \hat{C}(X, Y)$ と各 $p \in C^{\mathrm{op}}(c, d)$（$X, Y \in \hat{C}$ と $c, d \in C^{\mathrm{op}}$ は任意）について $(\sigma \bullet p) \circ \alpha_{X,c} = \alpha_{Y,d} \circ (\sigma \circ - \circ p^\square)$ が成り立つ．または同じことであるが，$\{\alpha_{X,c}\}_{X \in \hat{C}, c \in C^{\mathrm{op}}}$ は双関手 $\hat{C}(=^\square, -) : \hat{C} \times C^{\mathrm{op}} \to \mathbf{Set}$ から評価関手 $\mathrm{ev} : \hat{C} \times C^{\mathrm{op}} \to \mathbf{Set}$ への自然変換である．

3.1.3 米田埋め込み

(1) 定義

圏 C から前層の圏 $\hat{C} = \mathbf{Set}^{C^{\mathrm{op}}}$ への関手 $C^{\square}$ を次のように定める.

- C の各対象 $c \in C$ を関手 $c^{\square} = C(-, c)$ に写す.
- C の各射 $f \in C(c, d)$ を自然変換 $f^{\square} : c^{\square} \Rightarrow d^{\square}$ に写す.

この関手 $C^{\square}$ を **米田埋め込み** (Yoneda embedding) とよぶ (例 2.68 も参照のこと)[‡5].
各射 $a \in C(c, x)$ に対して $a = \alpha_{x^{\square}, c}(a^{\square})$ が成り立ち (式(3.21) に $X = x^{\square}$ および $\tau = a^{\square}$ を代入して式(3.19) の最後の等号を用いる), この両辺に $\alpha_{x^{\square}, c}^{-1}$ を施せば $a^{\square} = \alpha_{x^{\square}, c}^{-1}(a)$ が得られる. なお, $\alpha_{x^{\square}, c}^{-1}$ が存在することは米田の補題 (系 3.20) と してすでに述べた. このため, 各射 $f \in C(c, d)$ に対して

$$(3.22) \qquad f^{\square} = \alpha_{d^{\square}, c}^{-1}(f)$$

が成り立つ. つまり, 米田埋め込みはその射への作用が $\alpha_{d^{\square}, c}^{-1}$ (ただし c, d は入力 f の ドメインおよびコドメイン) であるようなものに等しい. なお, 評価関手 $\mathrm{ev}_c : \hat{C} \to \mathbf{Set}$ (ただし $c \in C^{\mathrm{op}}$, 例 2.31 を参照のこと) に対して次式が成り立つことがわかる[‡6].

$$(3.23) \qquad \mathrm{ev}_c \bullet C^{\square} = \square^c \qquad \substack{\text{図式} \\ \Longleftrightarrow \\ \text{数式}} \qquad \boxed{\begin{array}{c|c|c} \mathbf{Set} & \hat{C} & c \\ \hline \mathrm{ev}_c & C^{\square} \end{array}} = \boxed{\square^c}$$

> ▶ 補足　米田埋め込みと同様に, 圏 C^{op} から圏 $\mathbf{Set}^C$ への関手として, C^{op} の各対象 $c \in C^{\mathrm{op}}$ を関 手 $\square^c$ に写して C^{op} の各射 $f \in C^{\mathrm{op}}(c, d) = C(d, c)$ を自然変換 $\square^f : \square^c \Rightarrow \square^d$ に写すような 関手を定められる. この関手は, 式(3.15) で導入した関手 (の双対) $\square^- : C^{\mathrm{op}} \to \mathbf{Set}^C$ にほかな らない. なお, 関手 $\square^-$ は C からの反変関手であるため, 通常は C からの共変関手である米田 埋め込みを考えたほうがきっと素直であろう.

(2) 米田埋め込みの主要な性質

> **系 3.24**　圏 C について, 米田埋め込み $C^{\square}$ は充満忠実である.

証明　式(3.22) より, 米田埋め込みは各 $c, d \in C$ について写像

$$C^{\square} : C(c, d) \ni f \mapsto f^{\square} = \alpha_{d^{\square}, c}^{-1}(f) \in \hat{C}(c^{\square}, d^{\square})$$

[‡5] 本書では, ドメインが C であるという情報を明記するために $C^{\square}$ という表記を採用したが, たとえば $-^{\square}$ のように表すとその対象および射への作用を連想しやすいかもしれない.

[‡6] 証明:関手 $\mathrm{ev}_c \bullet C^{\square}$ の射への作用は $\mathrm{mor}\, C \ni f \xmapsto{C^{\square}} f^{\square} \xmapsto{\mathrm{ev}_c} f^{\square}{}_c = f \circ - \in \mathrm{mor}\, \mathbf{Set}$ である (ただし, 等号では式(2.49) を用いた). これは, 関手 $\square^c$ の射への作用に等しいため, $\mathrm{ev}_c \bullet C^{\square} = \square^c$ である.

88 | 第 3 章 米田の補題と普遍性

を与え，$\alpha_{d^\square,c}^{-1}$ が可逆であることからこの写像は可逆である．したがって，米田埋め込みは充満忠実である．　□

米田埋め込みは次の図式で表せる．

(3.25)

$$
\begin{array}{c}
\mathcal{C} \\[-4pt]
\begin{array}{c} d \\ \boxed{\;f\;} \\ c \end{array}
\end{array}
\;\overset{\mathcal{C}^\square}{\longmapsto}\;
\begin{array}{c}
\mathbf{Set}^{\mathcal{C}^{\mathrm{op}}} \\[-4pt]
\begin{array}{c} d^\square \\ \boxed{\;f^\square\;} \\ c^\square \end{array}
\end{array}
\;=\;
\begin{array}{c}
d^\square \\ \boxed{\;\alpha_{d^\square,c}^{-1}(f)\;} \\ c^\square
\end{array}
$$

矢印 $\longmapsto$ は米田埋め込み $\mathcal{C}^\square$ の射への作用が単射であることを表している．$\mathcal{C}^\square$ は充満忠実であるため，$c^\square$ から $d^\square$ への自然変換はすべて $f^\square$ ($f \in \mathcal{C}(c,d)$) の形で表される．

$\hat{\mathcal{C}}$ の充満部分圏 $\hat{\mathcal{C}}'$ を $\mathrm{ob}\,\hat{\mathcal{C}}' = \{c^\square \mid c \in \mathcal{C}\}$ を満たすように定めれば，$\mathcal{C} \cong \hat{\mathcal{C}}'$ が成り立つ[‡7]．このため，$\mathcal{C}$ の対象 c および射 f をそれぞれ $\hat{\mathcal{C}}$ の対象 $c^\square$ および射 $f^\square$ と同一視することにより，$\mathcal{C}$ を $\hat{\mathcal{C}}$ の充満部分圏 $\hat{\mathcal{C}}'$ とみなせる．なお，$\hat{\mathcal{C}}$ の対象には $c^\square$ ($c \in \mathcal{C}$) の形では表せないものがある（つまり $\mathrm{ob}\,\hat{\mathcal{C}}' \neq \mathrm{ob}\,\hat{\mathcal{C}}$ である）．

前層の圏 $\hat{\mathcal{C}}$ は圏 $\mathcal{C}$ と比べて複雑であるように思えるかもしれないが，$\mathcal{C}$ にはない便利な性質をもっている場合がある．このため，米田埋め込みにより圏 $\mathcal{C}$ の対象や射を圏 $\hat{\mathcal{C}}$ の対象や射に写すことはしばしば有用である．

▶ **補足**　$\hat{\mathcal{C}}$ がもつ便利な性質の具体例として，第 5 章で説明する極限に関する性質を紹介しておく．極限は，圏論の基礎を学ぶうえで非常に重要な概念の一つである．一般に $\hat{\mathcal{C}}$ は $\mathcal{C}$ よりも多くの対象をもっており，$\mathcal{C}$ がある極限をもっていなかったとしても $\hat{\mathcal{C}}$ が対応する極限をもっていることがわかる（命題 5.71 を参照のこと）．

参考までに，小圏 $\mathcal{C}$ 上の前層の圏 $\hat{\mathcal{C}}$ の主な性質を表 3.1 に示す．

表 3.1　小圏 $\mathcal{C}$ 上の前層の圏 $\hat{\mathcal{C}}$

対象	前層
射	前層から前層への自然変換
射の合成	自然変換の垂直合成
始対象	$\mathcal{C}^{\mathrm{op}}$ のすべての対象を空集合に写すような前層
終対象	$\mathcal{C}^{\mathrm{op}}$ のすべての対象を 1 点集合に写すような前層
備考	局所小圏，具体圏，完備かつ余完備（命題 5.71），カルテシアン閉（Web 補遺）

[‡7] 証明：$\mathcal{C}^\square$ のコドメインを $\hat{\mathcal{C}}'$ に変更した関手 $\mathcal{C}^\square : \mathcal{C} \to \hat{\mathcal{C}}'$ の対象への作用 $\mathrm{ob}\,\mathcal{C} \ni c \mapsto c^\square \in \mathrm{ob}\,\hat{\mathcal{C}}'$ は可逆であるため，演習問題 2.2.9 の「(3) ならば (1)」より $\mathcal{C} \cong \hat{\mathcal{C}}'$ である．

(3) 米田埋め込みとホム関手の関係

例 2.68 で述べたように，米田埋め込み $C^\square : C \to \hat{C}$ はホム関手 $C(-, =): C^{\mathrm{op}} \times C \to$ **Set** と密接に関係している．補題 2.67 の C, D, E にそれぞれ $C^{\mathrm{op}}, C, \mathbf{Set}$ を代入すると，関手圏 $\mathbf{Set}^{C^{\mathrm{op}} \times C}$ と関手圏 $(\mathbf{Set}^{C^{\mathrm{op}}})^C$ が同型であることがわかる．$\mathbf{Set}^{C^{\mathrm{op}} \times C}$ から $(\mathbf{Set}^{C^{\mathrm{op}}})^C$ への標準的な関手（補題 2.67 の直後）を R とおくと，R は $\mathbf{Set}^{C^{\mathrm{op}} \times C}$ の対象であるホム関手 $C(-, =)$ を $(\mathbf{Set}^{C^{\mathrm{op}}})^C$ の対象である米田埋め込み $C^\square$ に写す，つまり

$$C^\square = R \bullet C(-, =)$$

が成り立つことがわかる．

▶ **補足** ホム関手 $C(-, =)$ は，任意の対象の組 $\langle a, b \rangle \in C^{\mathrm{op}} \times C$ を $C(a, b)$ に写す．一方，米田埋め込み $C^\square$ は，各対象 $b \in C$ を「各対象 $a \in C^{\mathrm{op}}$ を $C(a, b)$ に写す関手（$b^\square$ のこと）」に写す．直観的には，ホム関手は写像 $\langle a, b \rangle \mapsto C(a, b)$ とみなせるのに対し，米田埋め込みは写像 $b \mapsto (a \mapsto C(a, b))$ とみなせる（関手の射への作用を考えても同様）．このため，これらが標準的な関手により写り合うことが直観的に理解できるであろう．この意味で，$C(-, =)$ と $C^\square$ は同じようなものを表していると解釈できる．

(4) 米田埋め込みにより得られる性質

補題 3.26 圏 C の 2 個の対象 c と d について，次式が成り立つ．

$$c \cong d \qquad \Leftrightarrow \qquad c^\square \cong d^\square \qquad \Leftrightarrow \qquad \square^c \cong \square^d$$

証明 系 3.24 より $C^\square$ は充満忠実であるため，式(2.21) の F に $C^\square$ を代入すれば左側の $\Leftrightarrow$ を得る．右側の $\Leftrightarrow$ は，双対を考えれば明らか．　□

▶ **補足** 補題 3.26 は，実質的には $f \in C(c, d)$ が同型射であることと自然変換 $f^\square : c^\square \Rightarrow d^\square$ が自然同型である（つまり，各 $x \in C$ について写像 $f^\square_x : C(x, c) \to C(x, d)$ が同型である）ことが同値であることを主張している．$f^\square_x = f \circ -$ であるため，この主張は演習問題 1.1.3 の主張と同じであるといえる．

補題 3.27 圏 C, D と関手 $F, G : C \to D$ について，次式が成り立つ．

$$
\begin{aligned}
(3.28) \quad F \cong G \quad &\Leftrightarrow \quad D(d, Fc) \cong D(d, Gc) \text{ が } c \text{ と } d \text{ について自然に成り立つ} \\
&\Leftrightarrow \quad D(Fc, d) \cong D(Gc, d) \text{ が } c \text{ と } d \text{ について自然に成り立つ}
\end{aligned}
$$

証明 演習問題 3.1.4.　□

90 | 第 3 章 米田の補題と普遍性

演習問題

3.1.1 式(3.9) で定めた $\beta_{X,c}(x)$ が $\square^c$ から X への自然変換であることを示せ.

3.1.2 式(3.15) の直後で定めた $\square^-$ が関手であることを示せ.

3.1.3 式(3.18) が式(3.11) と同値であることを,図式により確認せよ.

3.1.4 補題 3.27 を証明せよ.[ヒント:系 3.24 を利用できる.]

3.1.5 例 2.15 で述べた行列の圏 $\mathbf{Mat}_{\mathbb{K}}$ を考える.任意の自然数 m, n について,ホム関手 $\square^n = \mathbf{Mat}_{\mathbb{K}}(n, -)$ からホム関手 $\square^m = \mathbf{Mat}_{\mathbb{K}}(m, -)$ への自然変換をすべて示せ.

3.2 普遍性

本節では,コンマ圏とよばれる圏の始対象(または終対象)として定義される普遍射という概念を通して,普遍性について論じる.コンマ圏と普遍射について説明した後,普遍射と密接な関係にある表現可能関手について述べる.

3.2.1 コンマ圏 $c \downarrow G$

(1) 定義

ある関手 $G: \mathcal{D} \to \mathcal{C}$ について調べたいとする.その方法の一つとして,圏 $\mathcal{D}$ の対象 x や射 f を G により写した,対象 Gx や射 Gf について調べることが考えられる.対象 Gx については,各 $c \in \mathcal{C}$ について c から Gx への射を調べれば,ある程度有用な情報が得られそうである.または,$c \in \mathcal{C}$ を固定して $x \in \mathcal{D}$ と射 $a \in \mathcal{C}(c, Gx)$ との組 $\langle x, a \rangle$ について調べるという方法も考えられる.これから述べるコンマ圏は,組 $\langle x, a \rangle$ を対象とするような圏として定められる.

> ▶ **補足** 圏 $\mathcal{C}$ の対象 Gx は,ほかの対象との間のすべての射,具体的には各 $c \in \mathcal{C}$ に対して「c から Gx へのすべての射」と「Gx から c へのすべての射」により特徴付けられる.直観的には,これから述べるコンマ圏について調べることは,c から Gx へのすべての射を調べることに相当する.なお,Gx から c へのすべての射を調べることに相当するようなコンマ圏もあり,これについては 3.2.4 項で述べる.

圏 $\mathcal{C}, \mathcal{D}$ に対して,対象 $c \in \mathcal{C}$ と関手 $G: \mathcal{D} \to \mathcal{C}$ を固定する.このとき,次のように定められる圏を**コンマ圏**(comma category)とよび,$c \downarrow G$ と書く.

- 対象は,$x \in \mathcal{D}$ と射 $a \in \mathcal{C}(c, Gx)$ の組 $\langle x, a \rangle$ である.
- 対象 $\langle x, a \rangle$ から対象 $\langle y, a' \rangle$ への射は,

3.2 普遍性 | 91

$$(3.29) \qquad a' = Gf \circ a \quad \underset{\text{数式}}{\overset{\text{図式}}{\rightleftarrows}}$$

を満たすような $\mathcal{D}$ の射 $f \in \mathcal{D}(x, y)$ である.

- 射の合成は $\mathcal{D}$ の射としての合成であり,恒等射は $\mathcal{D}$ の恒等射である.

$c \downarrow G$ が圏であることは容易に確かめられる.直観的には,関手 G のふるまいを対象 c からの射という観点から眺めたものがコンマ圏 $c \downarrow G$ であるといえる.式(3.29) の図式の左辺のブロック a' は,その右上から伸びている線 y と合わせて $c \downarrow G$ の対象 $\langle y, a' \rangle$ を表しているとみなせる(ブロック a も同様).以降でも,このようにみなすことがしばしばある.

▶ **補足 1** $c \downarrow G$ の各射は $\mathcal{D}$ の射ではあるが,そのドメインやコドメインは $\mathcal{D}$ の対象ではなく $c \downarrow G$ の対象である.また,一般の圏と同様に,対象 $\langle x, a \rangle$ から対象 $\langle y, a' \rangle$ への射は存在しない場合もあるし複数存在する場合もある.後で述べる要素の圏やコンマ圏 $G \downarrow c$ などでも同様である.

▶ **補足 2** コンマ圏の射の定義より,$c \downarrow G$ の 2 本の射が同じならば $\mathcal{D}$ の射としても同じである.一方,$c \downarrow G$ の異なる射が $\mathcal{D}$ の射として同じになることはある.実際,各射 $f \in \mathcal{D}(x, y)$ に対して 2 本の異なる射 $a, b \in C(c, Gx)$ を選んだとき,2 本の射 $f: \langle x, a \rangle \to \langle y, Gf \circ a \rangle$ と $f: \langle x, b \rangle \to \langle y, Gf \circ b \rangle$ は $c \downarrow G$ の射としては異なるが,$\mathcal{D}$ の射としては同じ f である.

例 3.30 $c \downarrow 1_C$ は,$x \in C$ と $a \in C(c, x)$ の組を対象とする圏である.この圏の対象は,c をドメインとする C の射と同一視できる[‡8].この圏はしばしば**スライス圏**(slice category)とよばれる. ◁

(2) 忘却関手と要素の圏

次のように定められる $c \downarrow G$ から $\mathcal{D}$ への関手を考える.

- $c \downarrow G$ の各対象 $\langle x, a \rangle$ を $\mathcal{D}$ の対象 x に写す.
- $c \downarrow G$ の対象 $\langle x, a \rangle$ から対象 $\langle y, a' \rangle$ への各射 f を $\mathcal{D}$ の射 $f \in \mathcal{D}(x, y)$ に写す.

この関手を $c \downarrow G$ から $\mathcal{D}$ への**忘却関手**(forgetful functor)とよぶことにする.直観的には,忘却関手は $c \downarrow G$ の各対象 $\langle x, a \rangle$ における a のことを忘れるような関手であるといえる.

[‡8] c をドメインとする C の射の集まり(つまり,$\{a \in \operatorname{mor} C \mid \operatorname{dom} a = c\}$)を X_c とおくと,写像 $\operatorname{ob}(c \downarrow 1_C) \ni \langle x, a \rangle \mapsto a \in X_c$ は可逆であり,その逆写像は $a \mapsto \langle \operatorname{cod} a, a \rangle$ であるため.

集合値関手 $X\colon \mathcal{D} \to \mathbf{Set}$ に対して，コンマ圏 $\{*\} \downarrow X$（ただし $\{*\}$ は 1 点集合）を $\mathrm{el}(X)$ と書き，X の**要素の圏**（category of elements）とよぶ．$\mathrm{el}(X)$ の対象は，$x \in \mathcal{D}$ と $f \in \mathbf{Set}(\{*\}, Xx)$ の組 $\langle x, f \rangle$ である．例 1.28 で述べたように，本書ではこの写像 f を $a := f(*) \in Xx$ と同一視している．このため，$\mathrm{el}(X)$ の対象は $x \in \mathcal{D}$ と要素 $a \in Xx$ の組 $\langle x, a \rangle$ であるともいえる．直観的には，各集合 Xx $(x \in \mathcal{D})$ の要素を対象とする圏が要素の圏 $\mathrm{el}(X)$ であると捉えると，わかりやすいかもしれない．

▶ **補足** 各 $X\colon \mathcal{D} \to \mathbf{Set}$ をその要素の圏 $\mathrm{el}(X)$ に写すような写像 $\mathbf{Set}^{\mathcal{D}} \ni X \mapsto \mathrm{el}(X) \in \mathbf{CAT}$ が考えられる．また，この写像を対象への作用とするような関手 $\mathrm{el}\colon \mathbf{Set}^{\mathcal{D}} \to \mathbf{CAT}$ が考えられる（演習問題 7.2.3）．

補題 3.31 圏 $C, \mathcal{D}$ と対象 $c \in C$ と関手 $G\colon \mathcal{D} \to C$ について，次式が成り立つ．

$$c \downarrow G = \{*\} \downarrow C(c, G-) = \mathrm{el}(C(c, G-))$$

▶ **補足** 関手 $C(c, G-)\colon \mathcal{D} \to \mathbf{Set}$ については，例 2.50 を思い出してほしい．

証明 演習問題 3.2.1. □

▶ **補足** 直観的には，コンマ圏 $c \downarrow G$ では各 $x \in C$ について集合 $C(c, Gx)$ の各要素を対象としているといえる．この代わりに，本書では扱わないが，各 $x \in C$ について集合 $C(c, Gx)$ 自身を対象とするような（つまり関手 $C(c, G-)$ の写り先となるような）$\mathbf{Set}$ の部分圏を考えることもできる．ただし，この圏の対象 $C(c, Gx)$ から対象 $C(c, Gy)$ への射は，$Gf \circ -$（ただし $f \in \mathcal{D}(x, y)$）の形で表される写像とする．

3.2.2 c から G への普遍射

(1) 定義

定義 3.32（普遍射） 対象 $c \in C$ と関手 $G\colon \mathcal{D} \to C$ について，コンマ圏 $c \downarrow G$ の始対象 $\langle u, \eta \rangle$（ただし $\eta \in C(c, Gu)$）を c から G への**普遍射**（universal morphism）とよぶ．または同じことであるが，$c \downarrow G$ の任意の対象 $\langle x, a \rangle$（つまり $x \in \mathcal{D}$ と射 $a \in C(c, Gx)$ の組）に対して

(univ) $\qquad a = G\bar{a} \circ \eta \qquad \overset{\text{図式}}{\underset{\text{数式}}{\rightleftarrows}}$

（ただし黒丸は射 η）を満たす射 $\bar{a} \in \mathcal{D}(u, x)$ が一意に存在するとき，$\langle u, \eta \rangle$ を c から G への普遍射とよぶ．

> ▶補足　式(univ) は，式(3.29) の a' と a をそれぞれ a と η に置き換えた式に対応している．$\langle u, \eta \rangle$ は $c \downarrow G$ の始対象であるため，式(3.29) の f に相当する射は一意に定まり，その射を $\bar{a}$ で表している．

単に η を普遍射とよぶこともある．ある式を満たすような射などが一意に存在するという性質のことを，**普遍性**（universality）のようによぶ．本書において普遍性とよんだ場合には，たいていは式(univ) のことを意味する．式(univ) より，各 $x \in \mathcal{D}$ に対して射 $a \in C(c, Gx)$ と射 $\bar{a} \in \mathcal{D}(u, x)$ が一対一に対応することがわかる．とくに $\bar{a}$ が恒等射 1_u のときの a が普遍射 η である．任意の $b, b' \in \mathcal{D}(u, x)$ について次式が成り立つことがすぐにわかる（「$A \Rightarrow B$」は「A ならば B」の意味）．

$$(3.33)$$

実際，式(univ) の a にこの左側の式の左辺および右辺を代入すれば，$\bar{a}$ の一意性から $b = b'$ でなければならない．なお，この式の逆（つまり $\Leftarrow$）が成り立つことは明らかである．

始対象が存在するとは限らないのと同様に，普遍射は存在するとは限らない．しかし，普遍射 η が存在するならば，任意の $a \in C(c, Gx)$ を式(univ) のように射 $\bar{a}$ と普遍射 η に一意的に分解でき，また式(univ) により $\bar{a}$ から a を復元できる．射 $\bar{a}$ は，射 a と比べてしばしば相対的に単純な構造をしている．このような場合，射 a を構造がより単純な射 $\bar{a}$ で表すことができて a と $\bar{a}$ が一対一に対応するため，普遍射を考えることの利点は大きいといえるであろう．

> ▶補足　射 a は，少なくとも初学者にとっては複雑に思えるような構造をしている場合がある．具体例として，ここでは第 5 章で説明する余極限という概念を紹介しておく．余極限は，$D \in C^{\mathcal{J}}$（ただし $\mathcal{J}$ と C はある圏）から対角関手 $\Delta_{\mathcal{J}} : C \to C^{\mathcal{J}}$（例 2.33）への普遍射，つまりコンマ圏 $D \downarrow \Delta_{\mathcal{J}}$ の始対象として定義される．コンマ圏 $D \downarrow \Delta_{\mathcal{J}}$ の対象 $\langle c, a \rangle$ は，C の対象 c と D から $\Delta_{\mathcal{J}} c$ への射（つまり自然変換）a の組である．慣れないうちは，a が複雑な構造だと感じるのではないだろうか．もし普遍射（つまり余極限）が存在すれば，自然変換 a を単なる C の射 $\bar{a}$ として表せる．

> ▶余談　$c \downarrow G$ の始対象の代わりに終対象を考えるとどうなるだろうか？　少し考えると，この場合には $c \downarrow G$ の任意の対象 $\langle x, a \rangle$ をその終対象と $\mathcal{D}$ の射を用いて表すことは一般にできないことがわかる．つまり，式(univ) に相当する式は得られない．

(2) 普遍射の例

例 3.34　式(3.1) の 2 番目の等号より，次式が成り立つ．

この式と式(univ) を比べると，$\langle x, a \rangle$ はコンマ圏 $\{*\} \downarrow \square^c = \mathrm{el}(\square^c)$ の対象であることがわかる．この例では式(univ) における $\bar{a}$ は a 自身である．黒丸は圏 $\mathrm{el}(\square^c)$ の対象 $\langle c, 1_c \rangle$ を表しており，これは始対象，つまり $\{*\}$ から $\square^c$ への普遍射であることがわかる． ◁

例 3.35 **米田の補題** $c \in C$ と集合値関手 $X : C \to \mathbf{Set}$ を任意に選んだとき，$x \in Xc$ と $\bar{x} := \alpha_{X,c}^{-1}(x) \in \mathbf{Set}^C(\square^c, X)$ が一対一に対応するのであった（式(3.8), (3.9), (3.13) を参照のこと）．この対応は次式により表される．

$$(3.36)$$

ただし，黒丸はともに恒等射 1_c である（演習問題 3.2.2）．この左側の等式は式(3.12) の図式に相当する．式(3.36) より，黒丸はコンマ圏 $\{*\} \downarrow \mathrm{ev}_c = \mathrm{el}(\mathrm{ev}_c)$ の対象 $\langle \square^c, 1_c \rangle$ を表しており，これは始対象，つまり $\{*\}$ から ev_c への普遍射である． ◁

例 3.37 **普遍射は始対象の一般化** $C = \mathbf{1}$ の場合を考えると，$c \in \mathbf{1}$ は $\mathbf{1}$ の唯一の対象 $*$ であり，関手 $G : \mathcal{D} \to \mathbf{1}$ は例 1.46 で述べた唯一の関手 $!$ である．コンマ圏 $c \downarrow G = * \downarrow !$ の対象は $\langle a, 1_* \rangle$ $(a \in \mathcal{D})$ の形で表され，これは a と同一視できる．また，$\langle a, 1_* \rangle$ から $\langle b, 1_* \rangle$ への射 f は $f \in \mathcal{D}(a, b)$ と同一視できる．$*$ から $!$ への普遍射は，単に $\mathcal{D}$ の始対象にすぎない．この意味で，普遍射は始対象の一般化と解釈できる． ◁

例 3.38 式(2.17) は，各 $a \in C$ について $\langle a, 1_{Fa} \rangle$ が Fa から F への普遍射であることを意味している（式(univ) の $\langle u, \eta \rangle$ に $\langle a, 1_{Fa} \rangle$ を代入してほしい）．ここから，関手 $F : C \to \mathcal{D}$ が充満忠実であることは各 $a \in C$ について $\langle a, 1_{Fa} \rangle$ が Fa から F への普遍射であることと同値であることがわかる． ◁

例 3.39 $\mathbf{Vec}_{\mathbb{K}}$ から $\mathbf{Set}$ への忘却関手（例 1.53）を U とおき，コンマ圏 $\{*\} \downarrow U = \mathrm{el}(U)$ を考える．$\mathrm{el}(U)$ の対象は $\langle \mathbf{V}, v \rangle$（ただし $\mathbf{V} \in \mathbf{Vec}_{\mathbb{K}}$ および $v \in \mathbf{V}$）であり，対象 $\langle \mathbf{V}, v \rangle$ から対象 $\langle \mathbf{W}, w \rangle$ への射 f は $w = f(v)$ を満たす線形写像 $f : \mathbf{V} \to \mathbf{W}$ である．0 以外の任意の $k \in \mathbb{K}$ について，$\langle \mathbb{K}, k \rangle$ は $\mathrm{el}(U)$ の始対象，つまり $\{*\}$ から U への普遍射である（演習問題 3.2.3）． ◁

3.2 普遍性 | 95

例 3.40 **ベクトル空間のテンソル積** 本章の冒頭で述べたテンソル積は，普遍射として説明できる．$V, V', W \in \mathbf{Vec}_\mathbb{K}$ として，$V \times V'$ から W への双線形写像の集まりを $\mathrm{Bilin}(V, V'; W)$ とおく．テンソル積 $\otimes$ は $\mathrm{Bilin}(V, V'; V \otimes V')$ の要素であり，任意の双線形写像 $f \in \mathrm{Bilin}(V, V'; W)$ に対して

$$(3.41) \qquad f(v, v') = \overline{f}(v \otimes v') \qquad (\forall v \in V,\ v' \in V')$$

を満たす線形写像 $\overline{f} \colon V \otimes V' \to W$ が一意に存在する．このとき，関手 $\mathrm{Bilin}(V, V'; -) \colon \mathbf{Vec}_\mathbb{K} \to \mathbf{Set}$[‡9] に対して，式(3.41) は次式で表せる．

$$f = (\mathrm{Bilin}(V, V'; -))(\overline{f}) \circ \otimes \quad \underset{\text{数式}}{\overset{\text{図式}}{\rightleftarrows}}$$

ただし，図式中のブロック $\otimes$ はテンソル積 $\otimes$ である．したがって，$\langle V \otimes V', \otimes \rangle$ は 1 点集合 $\{*\}$ から $\mathrm{Bilin}(V, V'; -)$ への普遍射である．なお，例 4.10 やコラム「モノイダル閉圏 $\mathbf{Vec}_\mathbb{K}$ におけるテンソル積の役割」(p.182) では，テンソル積 $\otimes$ の別の捉え方を紹介する． ◁

(3) 普遍射は本質的に一意

普遍射はコンマ圏の始対象であるため，存在するならば本質的に一意である（補題 1.32）．より具体的には，$\langle u, \eta \rangle$ が c から G への普遍射であるとき，c から G への任意の普遍射 $\langle u', \eta' \rangle$ に対して同型射 $\psi \in \mathcal{D}(u, u')$ が一意に存在して

$$(3.42) \qquad \eta' = G\psi \circ \eta \quad \underset{\text{数式}}{\overset{\text{図式}}{\rightleftarrows}}$$

を満たす．ただし，黒丸は η で，ひし形のブロックは同型射 ψ である（式(2.13) を参照のこと）．このため u と u' は同型である．とくに，η が同型射ならば η' も同型射である[‡10]．逆に，c から G への任意の普遍射 $\langle u, \eta \rangle$ と任意の同型射 $\psi \in \mathcal{D}(u, u')$ に対して，式(3.42) の形で表される $\langle u', \eta' \rangle$ は c から G への普遍射である（補題 1.32）．演習問題 3.2.4 も参照のこと．

[‡9] 対象および射への作用がそれぞれ ob $\mathbf{Vec}_\mathbb{K} \ni W \mapsto \mathrm{Bilin}(V, V'; W) \in \mathrm{ob}\ \mathbf{Set}$ および mor $\mathbf{Vec}_\mathbb{K} \ni f \mapsto f \circ - \in$ mor $\mathbf{Set}$ で与えられる関手．ただし，$f \circ -$ は写像 $\mathrm{Bilin}(V, V'; \mathrm{dom}\, f) \ni h \mapsto fh \in \mathrm{Bilin}(V, V'; \mathrm{cod}\, f)$ のこと．

[‡10] 証明：G は同型射を同型射に写すため（演習問題 1.2.2），$G\psi$ は同型射である．このため $G\psi \circ \eta$ は同型射の合成であり，演習問題 2.2.2 より同型射である．

96 | 第 3 章 米田の補題と普遍性

▶ **補足**　以降では，「c から G への普遍射の一つを任意に選んで $\langle u, \eta \rangle$ とおく」という意味で，「c から G への普遍射を $\langle u, \eta \rangle$ とおく」のようにいうときがある．存在するならば本質的に一意であるようなほかの概念（たとえば次章で述べる左随伴や右随伴）でも同様である．

3.2.3 　表現可能関手

(1) 定義

集合値関手 $X \colon \mathcal{D} \to \mathbf{Set}$ を考える．ある $u \in \mathcal{D}$ と自然同型

$$\sigma \colon \square^u \cong X$$

が存在するとき，X を**表現可能**（representable）とよぶ．また，この式を満たす組 $\langle u, \sigma \rangle$ を X の**表現**（representation）とよぶ．なお，$\square^u = \mathcal{D}(u, -)$ であり，$\square^u$ 自身は明らかに表現可能である．σ の各成分 σ_x $(x \in \mathcal{D})$ は集合 $\square^u(x) = \mathcal{D}(u, x)$ から集合 Xx への写像であり，σ が自然同型であるため σ_x は可逆である．

$\mathcal{D}^{\mathrm{op}}$ からの集合値関手 $X' \colon \mathcal{D}^{\mathrm{op}} \to \mathbf{Set}$ の表現については，上記の定義において $\mathcal{D}$ を $\mathcal{D}^{\mathrm{op}}$ に置き換えればよい．つまり，ある $u \in \mathcal{D}$ と自然同型 $\sigma \colon u^{\square} \cong X'$ が存在するとき，X' を表現可能とよび，組 $\langle u, \sigma \rangle$ を X' の表現とよぶ．

(2) 普遍射との関係

次の定理により，$c \in C$ から $G \colon \mathcal{D} \to C$ への普遍射をもつことと，集合値関手 $C(c, G-) \colon \mathcal{D} \to \mathbf{Set}$ が表現可能であることは同値であることがわかる．このため，普遍射と表現可能という概念は実質的に同じであると考えてよい．

> **定理 3.43**　圏 $C, \mathcal{D}$ と対象 $c \in C$ と関手 $G \colon \mathcal{D} \to C$ について，次式が成り立つ（ただし，$X \coloneqq C(c, G-)$ であり，$\alpha_{X, u}$ は式(3.7) により定まる米田写像）．
>
> (3.44)　　　　　c から G への普遍射をもつ　　$\Leftrightarrow$　　関手 $C(c, G-)$ が表現可能
>
> (3.45)　$\langle u, \alpha_{X, u}(\sigma) \rangle$ が c から G への普遍射　$\Leftrightarrow$　$\langle u, \sigma \rangle$ が $C(c, G-)$ の表現

証明　演習問題 3.2.5.　　　　　　　　　　　　　　　　　　　　　　　　　　□

式(3.45) は，自然変換 $\sigma \colon \square^u \Rightarrow C(c, G-)$ が自然同型であることと，射 $\alpha_{X, u}(\sigma) \in C(c, Gu)$ が（c から G への）普遍射であることが同値であることを主張している．なお，この定理により，3.2.2 項で述べた普遍射の例はすべて，表現可能関手の例でもある．

表現の定義より，関手 $C(c, G-)$ が表現可能であることは，ある $u \in \mathcal{D}$ が存在して

次式を満たすことと同値である．

(3.46) $\quad \mathcal{D}(u,-) \cong C(c, G-) \quad \xrightleftharpoons[\text{数式}]{\text{図式}}$

また，式(3.45)において $\eta := \alpha_{X,u}(\sigma)$ とおくと，次式が得られる．

(3.47) $\quad \langle u, \eta \rangle$ が c から G への普遍射 $\quad \Leftrightarrow \quad \langle u, \alpha_{X,u}^{-1}(\eta) \rangle$ が $C(c, G-)$ の表現

▶ 補足　式(3.46) は，各 $x \in \mathcal{D}$ について $\overline{a} \in \mathcal{D}(u, x)$ と $a \in C(c, Gx)$ が式(univ) のように一対一に対応することに相当している（x について自然であることも主張している）．

式(3.45), (3.47) は，c から G への普遍射 $\langle u, \eta \rangle$ と $C(c, G-)$ の表現 $\langle u, \sigma \rangle$ という一見異なっているように思える二つの概念が，米田写像 $\alpha_{X,u}$ とその逆写像により相互に変換できることを意味している．η と σ の関係は次式で表される（演習問題 3.2.6）．

(3.48)
$\eta = \alpha_{X,u}(\sigma) \quad \xrightleftharpoons[\text{数式}]{\text{図式}}$

$\sigma = \alpha_{X,u}^{-1}(\eta) \quad \xrightleftharpoons[\text{数式}]{\text{図式}}$

ただし，黒丸は η である．この図式に現れる η と σ を比較してほしい．η を表す黒丸には G, c, u の 3 本の線がつながっているのに対し，σ を表すブロックには $G, \square^c, \square^u$ の 3 本の線がつながっている．直観的には，η における線 c と線 u を線 $\square^c$ と線 $\square^u$ に置き換えたものが σ に相当するといえる．

▶ 補足 1　η と σ の関係は，次のような模式図をイメージするとわかりやすいかもしれない（中央の式は図式ではない）．

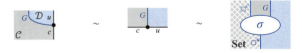

記号「$\sim$」は同じようなものといった意味だと解釈してほしい．この模式図では，3 本の線 G, c, u を時計回りに回すことで，η の図式を σ の図式に変形させている．η を黒丸で表すのと同様に，ブロック σ も丸で表すとわかりやすいかもしれない．

▶ 補足 2　前項ではコンマ圏の始対象として普遍射を定義したが，式(3.47) を利用して定義することもできる．具体的には，$\langle u, \alpha_{X,u}^{-1}(\eta) \rangle$ が $C(c, G-)$ の表現であるとき，$\langle u, \eta \rangle$ を c から G へ

98 第 3 章 米田の補題と普遍性

の普遍射と定義すればよい.

定理 3.43 の特別な場合として, c が $\{*\} \in \mathbf{Set}$ で G が $X \colon \mathcal{D} \to \mathbf{Set}$ の場合を考えれば, 次の性質が成り立つ.

$$(3.49) \qquad \{*\} \text{ から } X \text{ への普遍射をもつ} \qquad \Leftrightarrow \qquad X \text{ が表現可能}$$

ただし, $\mathbf{Set}(\{*\}, X{-}) = X${[‡11]} を用いた. 普遍射は存在するならば本質的に一意であるため, 関手 X の表現も存在するならば本質的に一意である. なお, $\{*\}$ から X への普遍射はしばしば X の 普遍元（universal element）とよばれる. 前層 $X \colon \mathcal{D}^{\mathrm{op}} \to \mathbf{Set}$ の場合には $\mathcal{D}$ を $\mathcal{D}^{\mathrm{op}}$ に置き換えればよく, 式(3.49)がそのまま成り立つ.

(3) 写像 σ_x とその逆写像

$c \in C$ と $G \colon \mathcal{D} \to C$ について, $\langle u, \sigma \rangle$ が $C(c, G{-})$ の表現である, つまり式(3.45) より $\langle u, \eta \rangle$（ただし $\eta := \alpha_{X,u}(\sigma)$ および $X := C(c, G{-})$）が c から G への普遍射であるとする. このとき, 任意の $x \in \mathcal{D}$ について写像 σ_x とその逆写像 σ_x^{-1} を具体的に述べておく. 写像 $\sigma_x \colon \mathcal{D}(u, x) \to C(c, Gx)$ は, 次式で表される.

$$(3.50)$$

ただし, 黒丸は普遍射 η である. つまり, 写像 σ_x は各射 $\bar{a} \in \mathcal{D}(u, x)$ を射 $a := G\bar{a} \circ \eta \in C(c, Gx)$ に写す. σ_x がこのように表されることは, σ が式(3.48) の 2 行目の図式における右辺で表されることからわかる. この式の右側は式(univ) に対応している. 直観的には, 写像 σ_x は線 u を 2 本の線 c と G に変換するようなはたらきをしている. これに対し, σ_x の逆写像 σ_x^{-1} は次式で表される.

$$(3.51)$$

最後の式では, 自然変換 σ^{-1} を「コ」を左右反転させたような形状をした青のブロックで表している. このブロックの内側にある射 a が σ_x^{-1} への入力である. σ^{-1} を表す

[‡11] 証明：$\mathbf{Set}(\{*\}, X{-})$ が各射 $f \in \mathrm{mor}\,\mathcal{D}$ を写像 $* \mapsto Xf$（これは Xf と同一視される）に写すことから明らか.

このブロックは，直観的には（σ とは逆のはたらきとして）ブロックの内側にある 2 本の線 c と G を線 u に変換し，線 x を素通りするようなはたらきをしている．

▶ **補足**　このブロックは，式(2.58) の右辺で表されている自然変換 τ の特別な場合とみなせる．

例 3.52　**米田の補題**　米田の補題を表す式(3.13) では青のブロックを導入したが，これは式(3.51) で導入した青のブロックの特別な場合とみなせる．実際，例 3.35 より $\langle \square^c, 1_c \rangle$ は $\{*\}$ から ev_c への普遍射であり，この普遍射に対して式(3.51) を考えると（c に 1 点集合 $\{*\}$ を代入して G に ev_c を代入すればよい），式(3.13) の右側の式が得られる．　　　　　　　　　　　　　　　　　　　　　　　　　　　　　　　△

3.2.4　コンマ圏 $G \downarrow c$

(1) 定義

コンマ圏 $c \downarrow G$（ただし $c \in C$ および $G \colon \mathcal{D} \to C$）の「上下反転」に相当する圏として，次のような圏を考える．

- 対象は，$x \in \mathcal{D}$ と射 $a \in C(Gx, c)$ の組 $\langle x, a \rangle$ である．
- 対象 $\langle x, a \rangle$ から対象 $\langle y, a' \rangle$ への射は，

$$(3.53) \qquad a' \circ Gf = a \quad \underset{\text{数式}}{\overset{\text{図式}}{\rightleftarrows}} \qquad \text{}$$

を満たすような $\mathcal{D}$ の射 $f \in \mathcal{D}(x, y)$ である．
- 射の合成は $\mathcal{D}$ の射としての合成であり，恒等射は $\mathcal{D}$ の恒等射である．

この圏を $G \downarrow c$ と書き，これもコンマ圏とよぶ．直観的には，コンマ圏 $c \downarrow G$ が G のふるまいを対象 c からの射という観点から眺めたものといえたのに対し，この圏 $G \downarrow c$ は G のふるまいを対象 c への射という観点から眺めたものであるといえる．

▶ **補足**　$G \downarrow c$ が $c \downarrow G$ の「上下反転」に相当すると述べたが，正確には $G \downarrow c$ は $(c^{\mathrm{op}} \downarrow G^{\mathrm{op}})^{\mathrm{op}}$（ただし $G^{\mathrm{op}} \colon \mathcal{D}^{\mathrm{op}} \to C^{\mathrm{op}}$ および $c^{\mathrm{op}} \in C^{\mathrm{op}}$）に等しい．この意味で，$G \downarrow c$ は $c^{\mathrm{op}} \downarrow G^{\mathrm{op}}$ の「上下反転」であるといえる．

例 3.54　コンマ圏 $1_C \downarrow c$ は例 3.30 で述べたスライス圏 $c \downarrow 1_C$ の「上下反転」に相当するものであり，$c \in C$ をコドメインとする C の射（より正確には $x \in C$ と $a \in C(x, c)$ の組）を対象とする．この圏もしばしばスライス圏とよばれる．　　　　　　　　　　△

100 　第 3 章　米田の補題と普遍性

(2) 忘却関手と要素の圏

$c \downarrow G$ の場合と同様に，$G \downarrow c$ から $\mathcal{D}$ への**忘却関手**を次のように定める.

- $G \downarrow c$ の各対象 $\langle x, a \rangle$ を $\mathcal{D}$ の対象 x に写す.
- $G \downarrow c$ の対象 $\langle x, a \rangle$ から対象 $\langle y, a' \rangle$ への各射 f を $\mathcal{D}$ の射 $f \in \mathcal{D}(x, y)$ に写す.

前層 $X : \mathcal{D}^{\mathrm{op}} \to \mathbf{Set}$ に対して，コンマ圏 $X^{\mathrm{op}} \downarrow \{*\}$（ただし，1 点集合 $\{*\}$ を $\mathbf{Set}^{\mathrm{op}}$ の対象とみなしている）を $\mathrm{el}(X)$ と書き，X の**要素の圏**（category of elements）とよぶ．この圏の対象は $x \in \mathcal{D}$ と $a \in X^{\mathrm{op}} x$ の組 $\langle x, a \rangle$ である（なお，$\mathbf{Set}^{\mathrm{op}}$ の対象 $X^{\mathrm{op}} x$ は集合である）．補題 3.31 の双対を考えると，

$$(3.55) \qquad G \downarrow c = (C(G\text{--}, c))^{\mathrm{op}} \downarrow \{*\} = \mathrm{el}(C(G\text{--}, c))$$

（ただし $(C(G\text{--}, c))^{\mathrm{op}} : \mathcal{D} \to \mathbf{Set}^{\mathrm{op}}$ および $\{*\} \in \mathbf{Set}^{\mathrm{op}}$）が成り立つことがわかる．

3.2.5 　G から c への普遍射

$c \in C$ から $G : \mathcal{D} \to C$ への普遍射の「上下反転」版が定められる.

定義 3.56（普遍射）　対象 $c \in C$ と関手 $G : \mathcal{D} \to C$ について，コンマ圏 $G \downarrow c$ の終対象 $\langle u, \varepsilon \rangle$（または単に ε）を **G から c への普遍射**とよぶ．または同じことであるが，$G \downarrow c$ の任意の対象 $\langle x, a \rangle$（つまり $x \in \mathcal{D}$ と射 $a \in C(Gx, c)$ の組）に対して

$$(3.57) \qquad a = \varepsilon \circ G\overline{a} \quad \underset{\text{数式}}{\overset{\text{図式}}{\rightleftharpoons}}$$

（ただし黒丸は射 ε）を満たす射 $\overline{a} \in \mathcal{D}(x, u)$ が一意に存在するとき，$\langle u, \varepsilon \rangle$ を G から c への普遍射とよぶ．

例 3.58　普遍射は終対象の一般化　例 3.37 と同様に，$! : \mathcal{D} \to \mathbf{1}$ から $* \in \mathbf{1}$ への普遍射は $\langle 1, 1_* \rangle$（ただし 1 は $\mathcal{D}$ の終対象）である． ◁

例 3.59　反変ホム関手 $\mathbf{Vec}_{\mathbb{K}}(\text{--}, \mathbb{K})$ を U^* とおき，コンマ圏 $U^{*\mathrm{op}} \downarrow \{*\} = \mathrm{el}(U^*)$ を考える．この圏の対象は $\langle \mathbf{V}, v \rangle$（ただし $v \in \mathbf{V}^*$）であり，対象 $\langle \mathbf{V}, v \rangle$ から対象 $\langle \mathbf{W}, w \rangle$ への射 f は $w \circ f = v$ を満たす線形写像 $f : \mathbf{V} \to \mathbf{W}$ である．この圏は，例 3.39 で述べたコンマ圏 $\{*\} \downarrow U$ の「双対」であるといえる．0 以外の任意の $k \in \mathbb{K}$ について，$\langle \mathbb{K}, \mathbb{K} \ni a \mapsto ka \in \mathbb{K} \rangle$ はこの圏の終対象（つまり $U^{*\mathrm{op}}$ から $\{*\}$ への普遍射）である． ◁

終対象は存在するならば本質的に一意であるため（補題 1.32），G から c への普遍射は存在するならば本質的に一意である．また，定理 3.43 の双対として次式が成り立つ．

$$
\text{(3.60)} \quad
\begin{array}{ccc}
G \text{ から } c \text{ への普遍射をもつ} & \Leftrightarrow & \text{関手 } C(G-, c) \text{ が表現可能} \\
\langle u, \alpha_{X,u}(\sigma) \rangle \text{ が } G \text{ から } c \text{ への普遍射} & \Leftrightarrow & \langle u, \sigma \rangle \text{ が } C(G-, c) \text{ の表現}
\end{array}
$$

c から G への普遍射に関する図式を「上下反転」させれば，G から c への普遍射に関する図式が得られる．たとえば，$\langle u, \sigma \rangle$ を関手 $C(G-, c)$ の表現とすると，コンマ圏 $G \downarrow c$ の任意の対象 $\langle x, a \rangle$ は σ_x^{-1} により次の射 $\overline{a} \in \mathcal{D}(x, u)$ に写される（これは式 (3.51) の「上下反転」に対応している）．

(3.61)

コンマ圏 $c \downarrow G$ と $G \downarrow c$ の基本的な性質は，7.2.1 項でも述べる．

▶ **補足** 第 4, 5, 7 章で述べる随伴・極限・カン拡張は，普遍射の特別な場合とみなせる（このため，これらの章で紹介する随伴・極限・カン拡張の例は，普遍射の例にもなっている）．この意味で，これらの概念を理解するためには普遍射を理解することが重要であるといえよう．これらの概念と普遍射との関係を付録 C にまとめているので，先にざっと眺めておくと全体像をつかめるかもしれない．

3.2.6 ★コンマ圏 $F \downarrow G$

3.2.1 項で述べたコンマ圏 $c \downarrow G$ と 3.2.4 項で述べたコンマ圏 $G \downarrow c$ を特別な場合として含むように，コンマ圏の定義を一般化することもできる．本書で登場するコンマ圏は，本項で述べるものを除けばすべて $c \downarrow G$ または $G \downarrow c$ の形をしているが，ここでは一般化したコンマ圏についても紹介しておく．

圏 $C, \mathcal{D}, \mathcal{E}$ と，2 個の関手 $F \colon \mathcal{D} \to C$ と $G \colon \mathcal{E} \to C$ を任意に選んだとき，次の圏を $F \downarrow G$ と書き，コンマ圏とよぶ．

- 対象は，$d \in \mathcal{D}$ と $e \in \mathcal{E}$ と射 $a \in C(Fd, Ge)$ の組 $\langle d, e, a \rangle$ である．
- 対象 $\langle d, e, a \rangle$ から対象 $\langle d', e', a' \rangle$ への射は，

102 | 第 3 章　米田の補題と普遍性

$$a' \circ Ff = Gg \circ a \quad \underset{\text{数式}}{\overset{\text{図式}}{\rightleftarrows}}$$

を満たすような 2 本の射 $f \in \mathcal{D}(d, d')$ と $g \in \mathcal{E}(e, e')$ の組 $\langle f, g \rangle$ である.

- 射の合成は $\mathcal{D} \times \mathcal{E}$ の射としての合成であり, 恒等射は $\mathcal{D} \times \mathcal{E}$ の恒等射である.

とくに $\mathcal{D} = \mathbf{1}$ の場合には, F は $c := F(*) \in C$ と同一視できるため, $F \downarrow G$ は $c \downarrow G$ と同一視できる. 同様に $\mathcal{E} = \mathbf{1}$ の場合には, G は $c' := G(*) \in C$ と同一視できるため, $F \downarrow G$ は $F \downarrow c'$ と同一視できる.

例 3.62 例 2.24 で述べた射圏 $C^{\mathbf{2}}$ は, コンマ圏 $1_C \downarrow 1_C$ と同型である.　　　△

3.2.7 ★ 普遍射の集まりにより得られる普遍射

普遍射の基本的な性質のうち, 本書で何度か用いるものを補題として示しておく. この補題では, 各 $j \in \mathcal{J}$ に対して対象 $Hj \in C$（ただし $H: \mathcal{J} \to C$）から関手 $G: \mathcal{D} \to C$ への普遍射を考える. このような普遍射が存在するならば, それらの普遍射の集まりからある普遍射を構成できることを示す.

補題 3.63　圏 $\mathcal{J}, C, \mathcal{D}$ と関手 $H: \mathcal{J} \to C$ と関手 $G: \mathcal{D} \to C$ を考える. 各 $j \in \mathcal{J}$ に対して Hj から G への普遍射 $\langle u_j, \eta_j \rangle$ が存在するならば, 次の二つの性質を満たす.

(1) 関手 $F: \mathcal{J} \to \mathcal{D}$ のうち, $\mathcal{J}$ の各対象 j を $Fj = u_j$ に写し, $\eta := \{\eta_j\}_{j \in \mathcal{J}}$ が H から $G \bullet F$ への自然変換であるようなものが一意に存在する. なお, 自然変換 η は次の図式で表せる.

(3.64)

ただし, 青丸が η であり, 黒い楕円が η_j である.

(2) $\langle F, \eta \rangle$ は, 対象 $H \in C^{\mathcal{J}}$ から関手 $G \bullet -: \mathcal{D}^{\mathcal{J}} \to C^{\mathcal{J}}$ への普遍射（つまりコンマ圏 $H \downarrow (G \bullet -)$ の始対象）である.

証明　演習問題 3.2.12.　　　　　　　　　　　　　　　　　　　　　　　　□

この補題の性質 (1) より, $\mathcal{J}$ の各対象 j に対して Hj から G への普遍射 $\langle u_j, \eta_j \rangle$ があれ

ば，集まり $\{\eta_j\}_{j \in \mathcal{J}}$ が自然変換になるようにできて，さらに写像 $\mathrm{ob}\,\mathcal{J} \ni j \mapsto u_j \in \mathrm{ob}\,\mathcal{D}$ を対象への作用とするような関手 $F\colon \mathcal{J} \to \mathcal{D}$ を一意に定められることがわかる．直観的には，各普遍射 $\langle u_j, \eta_j \rangle$ に関するすべての情報をもった関手 F と自然変換 η の組を，素直な形で定められるといえよう．

▶ **補足** 本書では，この補題（または類似の考え方）を用いる場面が何度かある．先回りして述べておくと，対象ごとの普遍性から左随伴・右随伴を得るときや（定理 4.24），関手圏への関手の極限を対象ごとに求めるときや（命題 5.69），各点カン拡張を対象ごとに求めるときが（定理 7.23），このような場面に該当する．

1.2.1 項で述べたように，一般に，関手を定めるためには対象への作用を定めるだけでは不十分であった．しかしこの補題の仮定を満たすならば，関手 F はその対象への作用のみから一意に定まる．このように，ある種の普遍性や自然性を満たすことを仮定すれば，ある関手がその対象への作用のみから一意に定まることがしばしばある．

━━━━━━ 演習問題 ━━━━━━

3.2.1 補題 3.31 を証明せよ．

3.2.2 式(3.36) の二つの等式が同じ意味であることを確かめよ．

3.2.3 例 3.39 において，0 以外の任意の $k \in \mathbb{K}$ について $\langle \mathbb{K}, k \rangle$ が $\mathrm{el}(U)$ の始対象であることを示せ．

3.2.4 $\langle u, \eta \rangle$ が $c \in \mathcal{C}$ から $G\colon \mathcal{D} \to \mathcal{C}$ への普遍射であるとき，任意の同型射 $\psi \in \mathcal{D}(u, u')$ （$u' \in \mathcal{D}$ も任意）と任意の自然同型 $\phi\colon \mathcal{C}(c, G-) \cong \mathcal{C}(c, G-)$ に対して

$$(3.65) \qquad (\phi \bullet \psi)\eta \quad \underset{\text{数式}}{\overset{\text{図式}}{\rightleftarrows}}$$

も c から G への普遍射であることを示せ．ただし，黒丸は η であり，ϕ を式(2.58) の右辺のブロック τ のような形状で表している．

3.2.5 定理 3.43 を証明せよ．

3.2.6 式(3.48) の図式が成り立つことを確かめよ．

3.2.7 $\langle u, \sigma \rangle$ を $\mathcal{C}(c, G-)$ の表現とする．また，σ_x を式(3.50) のように表し，σ_x^{-1} を式(3.51) のように表すとする．

(a) 任意の $a \in \mathcal{C}(c, Gx)$ について $\sigma_x(\sigma_x^{-1}(a)) = a$ が成り立ち，任意の $b \in \mathcal{D}(u, x)$ について $\sigma_x^{-1}(\sigma_x(b)) = b$ が成り立つ．これらの式を図式で表せ．

104 第 3 章　米田の補題と普遍性

(b) σ^{-1} が自然変換であることを直接的な方法で確認したい. 式(3.50), (3.51) で表される写像 σ_x と写像 σ_x^{-1} を用いて, 各 $f \in \mathcal{D}(x, y)$ について $(f \circ -)\sigma_x^{-1} = \sigma_y^{-1}(Gf \circ -)$ が成り立つことを示せ.

3.2.8　圏 $\mathcal{C}$ が始対象をもつことは, 関手 $\Delta_{\mathcal{C}}\{*\} \colon \mathcal{C} \to \mathbf{Set}$（$\{*\}$ は 1 点集合, $\Delta_{\mathcal{C}}\{*\}$ は例 1.48 を参照のこと）が表現可能であることと同値であることを示せ.（備考：この双対として, $\mathcal{C}$ が終対象をもつことは, 関手 $\Delta_{\mathcal{C}^{\mathrm{op}}}\{*\} \colon \mathcal{C}^{\mathrm{op}} \to \mathbf{Set}$ が表現可能であることと同値である.）

3.2.9　2 個の集合値関手 $X, Y \colon \mathcal{D} \to \mathbf{Set}$ が同型ならば, $\mathrm{el}(X)$ と $\mathrm{el}(Y)$ が同型であることを示せ.

3.2.10　前層 $A \colon \mathcal{D}^{\mathrm{op}} \to \mathbf{Set}$ について, $\mathrm{el}(A)$ と $\mathcal{D}^{\square} \downarrow A$ が同型であることを示せ.

3.2.11　次の関手が表現可能であることを示せ.
   (a) 関手 $\mathrm{ob} \colon \mathbf{Cat} \to \mathbf{Set}$. ただし, この関手は $\mathbf{Cat}$ の各対象 C を集合 $\mathrm{ob}\, C$ に写し, $\mathbf{Cat}$ の各射 $F \colon C \to \mathcal{D}$ を写像 $\mathrm{ob}\, C \ni a \mapsto Fa \in \mathrm{ob}\, \mathcal{D}$ に写すものとして定められる.
   (b) 関手 $\mathrm{mor} \colon \mathbf{Cat} \to \mathbf{Set}$. ただし, この関手は $\mathbf{Cat}$ の各対象 C を集合 $\mathrm{mor}\, C$ に写し, $\mathbf{Cat}$ の各射 $F \colon C \to \mathcal{D}$ を写像 $\mathrm{mor}\, C \ni f \mapsto Ff \in \mathrm{mor}\, \mathcal{D}$ に写すものとして定められる.

3.2.12　補題 3.63 を証明せよ.

3.2.13　$c \in \mathcal{C}$ から $G \colon \mathcal{D} \to \mathcal{C}$ への普遍射 $\langle u, \eta \rangle$ が存在すると仮定する. また, 関手 $G' \colon \mathcal{D}' \to \mathcal{D}$ に対して, $u' \in \mathcal{D}'$ と $\eta' \in \mathcal{D}(u, G'u')$ と $v \in \mathcal{C}(c, (G \bullet G')u')$ のうち

(3.66)　　　$v = (G \bullet \eta') \circ \eta$　$\underset{\text{数式}}{\overset{\text{図式}}{\rightleftarrows}}$　

（ただし黒丸は η）を満たすものを考える. このとき, 次の性質が成り立つことを示せ.
   (a) $\langle u', \eta' \rangle$ が u から G' への普遍射ならば, 式(3.66)を満たす v が一意に存在して $\langle u', v \rangle$ は c から $G \bullet G'$ への普遍射である.
   (b) $\langle u', v \rangle$ が c から $G \bullet G'$ への普遍射ならば, 式(3.66)を満たす η' が一意に存在して $\langle u', \eta' \rangle$ は u から G' への普遍射である.

   ▶ **補足**　性質 (a) では, 2 個の普遍射 η と η' を式(3.66)の意味で「合成」して得られる v が普遍射であることを主張している. また, 性質 (b) ではこの逆の主張として, 普遍射 η とある射 η' の「合成」v が普遍射ならば η' も普遍射であることを主張している.

3.2.14　圏 $\mathcal{C}, \mathcal{D}$ と対象 $c \in \mathcal{C}$ と関手 $G \colon \mathcal{D} \to \mathcal{C}$ を任意に選ぶ. また, $\mathcal{C}$ と同型な圏 $\mathcal{C}'$ と可逆関手 $P \colon \mathcal{C} \to \mathcal{C}'$ を任意に選ぶ. このとき, 次式が成り立つことを示せ.

(3.67)　$\langle u, \eta \rangle$ が c から G への普遍射　　$\Leftrightarrow$　　$\langle u, P \bullet \eta \rangle$ が Pc から $P \bullet G$ への普遍射

   ▶ **補足**　この問題は, 同型な圏 $\mathcal{C}$ と $\mathcal{C}'$ があるとき, $\mathcal{C}$ に関する普遍射と $\mathcal{C}'$ に関する普遍射が一対一に対応することを主張している. なお, 双対を考えれば次式が成り立つことがわかる.

　　$\langle u', \varepsilon \rangle$ が G から c への普遍射　　$\Leftrightarrow$　　$\langle u', P \bullet \varepsilon \rangle$ が $P \bullet G$ から Pc への普遍射

3.2.15 圏 $\mathcal{J}, C, \mathcal{D}$ と対象 $c \in C$ と関手 $T: \mathcal{J} \to C^{\mathcal{D}}$ を考え，各 $j \in \mathcal{J}$ に対して c から Tj への普遍射 $\langle u_j, \eta_j \rangle$ をもつとする．このとき，次の条件を満たすような関手 $F: \mathcal{J}^{\mathrm{op}} \to \mathcal{D}$ が一意に存在することを示せ．

(1) $\mathcal{J}^{\mathrm{op}}$ の各対象 j を $u_j \in \mathcal{D}$ に写す．

(2) $\mathcal{J}^{\mathrm{op}}$ の各射 $h \in \mathcal{J}^{\mathrm{op}}(j, i) = \mathcal{J}(i, j)$ $(i, j \in \mathcal{J}^{\mathrm{op}}$ は任意) を，$(Th \bullet Fi)\eta_i = (Tj \bullet \overline{h})\eta_j$ を満たすような $\overline{h} \in \mathcal{D}(Fj, Fi)$ に写す．

▶ **補足** 補題 3.63 では，c から G への普遍射をもつ場合として，さらに c の部分が各 $j \in \mathcal{J}$ に対して Hj (ただし $H: \mathcal{J} \to C$) の形で表せる場合を考えた．この問題では，c の代わりに G の部分が各 $j \in \mathcal{J}$ に対して Tj (ただし $T: \mathcal{J} \to C^{\mathcal{D}}$) の形で表せる場合を考えている．

3.2.16 コンマ圏とは異なるタイプの普遍性の例を考える．関手 $F: C \to C$ が与えられたとき，次の圏 $\mathrm{Alg}(F)$ を考える．

- 対象は，$x \in C$ と射 $a \in C(Fx, x)$ の組 $\langle x, a \rangle$ である．
- 対象 $\langle x, a \rangle$ から対象 $\langle y, b \rangle$ への射は，$b \circ Ff = f \circ a$ を満たす C の射 $f \in C(x, y)$ である．

この圏の対象は **F-代数** (F-algebra) とよばれ，この圏の始対象は **F-始代数** (initial F-algebra) とよばれる．ここでは，$C = \mathbf{Set}$ の場合における F-始代数を考える．各集合 X について，0_X は X に含まれていないある要素とする．

(a) $F: \mathbf{Set} \to \mathbf{Set}$ は各集合 $X \in \mathbf{Set}$ を集合 $FX := X \cup \{0_X\}$ に写し，各写像 $f \in \mathbf{Set}(X, Y)$ を $(Ff)(x) = f(x)$ $(\forall x \in X)$ および $(Ff)(0_X) = 0_Y$ で定められる写像 $Ff \in \mathbf{Set}(FX, FY)$ に写すものとする．$\eta \in \mathbf{Set}(F\mathbb{N}, \mathbb{N})$ を $\eta(n) = n + 1$ $(\forall n \in \mathbb{N})$ および $\eta(0_\mathbb{N}) = 0$ により定めたとき，$\langle \mathbb{N}, \eta \rangle$ は F-始代数であることを示せ．

(b) 任意に選んだ集合 C に対して，$F: \mathbf{Set} \to \mathbf{Set}$ は各集合 $X \in \mathbf{Set}$ を $FX := (C \times X) \cup \{0_X\}$ に写し，各写像 $f \in \mathbf{Set}(X, Y)$ を $(Ff)\langle c, x \rangle = \langle c, f(x) \rangle$ $(\forall \langle c, x \rangle \in C \times X)$ および $(Ff)(0_X) = 0_Y$ で定められる写像 $Ff \in \mathbf{Set}(FX, FY)$ に写すものとする．集合 $\mathrm{Free}(C)$ を C の自由モノイド (例 1.7) とし，$\eta \in \mathbf{Set}(F(\mathrm{Free}(C)), \mathrm{Free}(C))$ を $\eta\langle c, \langle c_1, \ldots, c_k \rangle \rangle = \langle c, c_1, \ldots, c_k \rangle$ $(\forall \langle c, \langle c_1, \ldots, c_k \rangle \rangle \in C \times \mathrm{Free}(C))$ および $\eta(0_{\mathrm{Free}(C)}) = \langle \rangle$ により定めたとき，$\langle \mathrm{Free}(C), \eta \rangle$ は F-始代数であることを示せ．

▶ **補足** これらは，自然数全体からなる集合 $\mathbb{N}$ や自由モノイド $\mathrm{Free}(C)$ を，$\mathbf{Set}$ 上のある関手 F に対する F-始代数として特徴付けられることを意味している．このように，いくつかの代数的構造は F-始代数として定められることが知られている．

第**4**章　随　伴

　随伴は，可逆関手の条件を緩めたような概念といえる．数学の多くの分野で可逆写像のような概念が登場するが，可逆という条件はしばしば厳しすぎる．随伴では，「可逆ではないがある意味で可逆と似たような性質をもつもの」を統一的に扱える．なお，可逆関手は圏同型を与える一方で，圏同型よりも一般的な概念として圏同値があった．随伴は，圏同値をさらに一般化した概念とみなせる（4.3.3 項で述べる）．

　随伴は，次章以降で述べる極限やカン拡張と同様に，数学のいたるところで現れる．ベクトル空間の例を挙げると，前章の冒頭で述べたテンソル積 $\mathbf{V} \otimes \mathbf{W}$ は随伴を使って説明することもできる．具体的には，例 4.10 で述べるように，関手 $- \otimes \mathbf{W}$ は関手 $\mathbf{Vec}_{\mathbb{K}}(\mathbf{W}, -)$ の左随伴として捉えられる（なお，随伴には左随伴と右随伴がある）．また，例 4.12 で述べるように，ベクトル空間の直和はコピーを表す関手の右随伴である．

　随伴はある性質をもった普遍射の集まりと捉えることもできる．本章では，普遍射と随伴の関係についても明らかにする．また，随伴と密接な関係にあるモナドという概念についても紹介する．前章で述べた普遍射などの概念と同様に，随伴も図式（ストリング図）を用いると視覚的にわかりやすい形で表せる．

4.1　随伴の定義と例

4.1.1　随伴の定義

まず，随伴の定義を簡潔な形で述べる．

定義 4.1（随伴）　2 個の関手 $F: C \rightarrow \mathcal{D}$ と $G: \mathcal{D} \rightarrow C$ を考える．自然同型 $\varphi: \mathcal{D}(F-, =) \cong C(-, G=)$ が存在するとき，組 $\langle F, G, \varphi \rangle$ を**随伴**（adjunction）とよび，$F \dashv G$ と書く．また，F を G の**左随伴**（left adjoint）とよび，G を F の**右随伴**（right adjoint）とよぶ．

▶ **補足**　関手 $\mathcal{D}(F-, =): C^{\mathrm{op}} \times \mathcal{D} \rightarrow \mathbf{Set}$ と関手 $C(-, G=): C^{\mathrm{op}} \times \mathcal{D} \rightarrow \mathbf{Set}$ については，例 2.54 を思い出してほしい．$\mathcal{D}(F-, =)$ の対象および射への作用は，それぞれ $\mathrm{ob}(C^{\mathrm{op}} \times \mathcal{D}) \ni \langle c, d \rangle \mapsto$

$\mathcal{D}(Fc, d) \in \mathrm{ob}\,\mathbf{Set}$ および $\mathrm{mor}(\mathcal{C}^{\mathrm{op}} \times \mathcal{D}) \ni \langle f, g \rangle \mapsto g \circ - \circ Ff \in \mathrm{mor}\,\mathbf{Set}$ である. 同様に, $\mathcal{C}(-, G=)$ の対象および射への作用は, それぞれ $\mathrm{ob}(\mathcal{C}^{\mathrm{op}} \times \mathcal{D}) \ni \langle c, d \rangle \mapsto \mathcal{C}(c, Gd) \in \mathrm{ob}\,\mathbf{Set}$ および $\mathrm{mor}(\mathcal{C}^{\mathrm{op}} \times \mathcal{D}) \ni \langle f, g \rangle \mapsto Gg \circ - \circ f \in \mathrm{mor}\,\mathbf{Set}$ である.

定義の意味について補足しよう. $\mathcal{D}(F-, =)$ と $\mathcal{C}(-, G=)$ はともに $\mathcal{C}^{\mathrm{op}} \times \mathcal{D}$ から $\mathbf{Set}$ への双関手である. 自然同型 $\varphi \colon \mathcal{D}(F-, =) \cong \mathcal{C}(-, G=)$ が存在するとは, (1) 各 $c \in \mathcal{C},\, d \in \mathcal{D}$ に対して次の同型射（つまり可逆写像）

$$\varphi_{c,d} \colon \mathcal{D}(Fc, d) \cong \mathcal{C}(c, Gd)$$

が存在して, かつ (2) $\varphi = \{\varphi_{c,d}\}_{c \in \mathcal{C}, d \in \mathcal{D}}$ が自然変換である, つまり $\varphi_{c,d}$ が c と d について自然である（p.75）ことを意味する. 条件 (2) は, 任意の射 $g \in \mathcal{C}^{\mathrm{op}}(c, c') = \mathcal{C}(c', c),\, h \in \mathcal{D}(d, d')$ について

(4.2)

を満たす（式(2.64) を参照のこと）, または同じことであるが,

(4.3)

を満たすことと同値である（演習問題 4.1.1）. なお, この自然同型は,「点線の枠による表記」を用いて次式のようにも表せる（例 2.54 を参照のこと）.

(4.4) $\mathcal{D}(F-, =) \cong \mathcal{C}(-, G=)$

単に $F \dashv G$ と書いた場合には, ある自然同型 φ が存在して $\langle F, G, \varphi \rangle$ が随伴になることを意味する. $F \dashv G$ と $G \dashv F$ は異なる（つまり左随伴と右随伴は異なる）ことに注意してほしい. $\mathcal{C}$ と $\mathcal{D}$ を明記するために, 本書では随伴 $F \dashv G$ をしばしば随伴 $F \colon \mathcal{C} \rightleftarrows \mathcal{D} \colon G$ のように書く. 関手 F に対して $F \dashv G$ を満たすような関手 G が存在するとき, F は左随伴である, または右随伴をもつなどとよぶ. 同様に, G は右随伴

である，または左随伴をもつなどとよぶ．

▶ **補足 1**　$\mathcal{D}(F-, =)$ のように $\mathcal{D}(-, =)$ の「左側」（図式では下側）に現れる F が左随伴だと考えると，「左」と「右」を間違えにくいかもしれない．右随伴 G は，$C(-, G=)$ のように $C(-, =)$ の「右側」（図式では上側）に現れる．直観的には，式(4.4)の図式からわかるように，左随伴 F と右随伴 G は互いに「上下反転」のような関係にある．

▶ **補足 2**　任意に選んだ関手に対して，その左随伴や右随伴が存在するとは限らない．しかし，命題 4.25 で示すように，存在するならば本質的に一意である．

4.1.2　随伴の例

随伴が「可逆」の概念を一般化したものであることは，次の例からわかる．

例 4.5　**可逆関手**　関手 $F: C \to \mathcal{D}$ が可逆ならば，逆関手 $F^{-1}: \mathcal{D} \to C$ は F の右随伴である．実際，各 $c \in C$, $d \in \mathcal{D}$ について任意の射 $f \in \mathcal{D}(Fc, d)$ を F^{-1} で写すと $F^{-1}f \in C(c, F^{-1}d)$ が得られ，さらに F で写すと元の f に戻る．このため，$\varphi_{c,d}(f) := F^{-1}f$ と定義すればよい（演習問題4.1.2）．F と F^{-1} を入れ替えても上記の議論がそのまま成り立つため，F^{-1} は F の左随伴でもある．つまり，次式が成り立つ．

$$F^{-1} \dashv F \dashv F^{-1}$$

$\triangle$

別の簡単な例も示しておく．

例 4.6　関手 $F: C \to \mathcal{D}$ と関手 $G: \mathcal{D} \to C$ について，F と G の双対を考えれば，随伴 $F: C \rightleftarrows \mathcal{D} :G$ であることと随伴 $G^{\mathrm{op}}: \mathcal{D}^{\mathrm{op}} \rightleftarrows C^{\mathrm{op}} :F^{\mathrm{op}}$ であることは同値であることがすぐにわかる．

$\triangle$

例 4.7　終対象 1 をもつ圏 C と始対象 0 をもつ圏 $\mathcal{D}$ について，随伴 $\Delta_C 0: C \rightleftarrows \mathcal{D} :\Delta_{\mathcal{D}} 1$ である．なお，$\Delta_C 0$ は C のすべての対象を $0 \in \mathcal{D}$ に写し，$\Delta_{\mathcal{D}} 1$ は $\mathcal{D}$ のすべての対象を $1 \in C$ に写す（例 1.48 を参照のこと）．これらが随伴の関係にあることは，各 $c \in C$, $d \in \mathcal{D}$ について

$$\mathcal{D}((\Delta_C 0)c, d) = \mathcal{D}(0, d) \cong C(c, 1) = C(c, (\Delta_{\mathcal{D}} 1)d)$$

が成り立ち（集合 $\mathcal{D}(0, d)$ と集合 $C(c, 1)$ はともに要素数が 1 であるため同型である），可逆写像の組 $\{\varphi_{c,d}: \mathcal{D}(0, d) \cong C(c, 1)\}_{c \in C, d \in \mathcal{D}}$ が式(4.3)を満たすことから，すぐにわかる．

$\triangle$

4.1 随伴の定義と例 | 109

例 4.8 **始対象は左随伴で終対象は右随伴** 例 4.7 において $C = \mathbf{1}$ の場合を考えて，圏 $\mathcal{D}$ が始対象 0 をもつとする．なお，$\mathbf{1}$ の対象 $*$ は終対象である．関手 $\Delta_1 0 \colon \mathbf{1} \to \mathcal{D}$ は始対象 0 と同一視され，関手 $\Delta_{\mathcal{D}} 1 \colon \mathcal{D} \to \mathbf{1}$ は $!$ に等しいため，随伴 $0 \colon \mathbf{1} \rightleftarrows \mathcal{D} \colon !$ が得られる．同様に，例 4.7 において $\mathcal{D} = \mathbf{1}$ の場合を考えて圏 C が終対象 1 をもつとすると，随伴 $! \colon C \rightleftarrows \mathbf{1} \colon 1$ が得られる． △

例 4.9 **自由関手と忘却関手** 例 1.54 で述べた自由関手 $\mathrm{Free} \colon \mathbf{Set} \to \mathbf{Mon}$ は例 1.53 で述べた忘却関手 $U \colon \mathbf{Mon} \to \mathbf{Set}$ の左随伴である．つまり，次の同型

$$\mathbf{Mon}(\mathrm{Free}(X), M) \cong \mathbf{Set}(X, UM)$$

が $X \in \mathbf{Set}$ と $M \in \mathbf{Mon}$ について自然に成り立つ（演習問題 4.1.3）． △

例 4.10 **ベクトル空間のテンソル積** $\mathbf{V} \in \mathbf{Vec}_\mathbb{K}$ を任意に選んだとき，例 1.55 で述べた関手 $- \otimes \mathbf{V} \colon \mathbf{Vec}_\mathbb{K} \to \mathbf{Vec}_\mathbb{K}$ は関手 $\mathbf{Vec}_\mathbb{K}(\mathbf{V}, -) \colon \mathbf{Vec}_\mathbb{K} \to \mathbf{Vec}_\mathbb{K}$ の左随伴である．このことを確かめるために，任意の $\mathbf{X}, \mathbf{W} \in \mathbf{Vec}_\mathbb{K}$ に対して，各線形写像 $f \colon \mathbf{X} \otimes \mathbf{V} \to \mathbf{W}$ を線形写像 $\mathbf{X} \ni x \mapsto f(x \otimes -) \in \mathbf{Vec}_\mathbb{K}(\mathbf{V}, \mathbf{W})$ に写す写像を $\varphi_{\mathbf{X}, \mathbf{W}}$ とおく．ただし，$f(x \otimes -)$ は線形写像 $\mathbf{V} \ni v \mapsto f(x \otimes v) \in \mathbf{W}$ のことである．このとき，次の同型が $\mathbf{X}$ と $\mathbf{W}$ について自然である（演習問題 4.1.5）．

$$(4.11) \qquad \varphi_{\mathbf{X}, \mathbf{W}} \colon \mathbf{Vec}_\mathbb{K}(\mathbf{X} \otimes \mathbf{V}, \mathbf{W}) \cong \mathbf{Vec}_\mathbb{K}(\mathbf{X}, \mathbf{Vec}_\mathbb{K}(\mathbf{V}, \mathbf{W}))$$

△

例 4.12 **ベクトル空間の直和** ベクトル空間の直和は，ベクトル空間や線形写像のコピーを表す関手の右随伴である．具体的には，双関手 $\oplus \colon \mathbf{Vec}_\mathbb{K} \times \mathbf{Vec}_\mathbb{K} \to \mathbf{Vec}_\mathbb{K}$ をその対象および射への作用がそれぞれ

$$\mathrm{ob}(\mathbf{Vec}_\mathbb{K} \times \mathbf{Vec}_\mathbb{K}) \ni \langle \mathbf{W}, \mathbf{W}' \rangle \quad \mapsto \quad \mathbf{W} \oplus \mathbf{W}' \in \mathrm{ob}\,\mathbf{Vec}_\mathbb{K},$$
$$\mathrm{mor}(\mathbf{Vec}_\mathbb{K} \times \mathbf{Vec}_\mathbb{K}) \ni \langle f, f' \rangle \quad \mapsto \quad f \oplus f' \in \mathrm{mor}\,\mathbf{Vec}_\mathbb{K}$$

であるように定める．また，関手 $\mathrm{copy} \colon \mathbf{Vec}_\mathbb{K} \to \mathbf{Vec}_\mathbb{K} \times \mathbf{Vec}_\mathbb{K}$ をその対象および射への作用がそれぞれ

$$\mathrm{ob}\,\mathbf{Vec}_\mathbb{K} \ni \mathbf{V} \quad \mapsto \quad \langle \mathbf{V}, \mathbf{V} \rangle \in \mathrm{ob}(\mathbf{Vec}_\mathbb{K} \times \mathbf{Vec}_\mathbb{K}),$$
$$\mathrm{mor}\,\mathbf{Vec}_\mathbb{K} \ni f \quad \mapsto \quad \langle f, f \rangle \in \mathrm{mor}(\mathbf{Vec}_\mathbb{K} \times \mathbf{Vec}_\mathbb{K})$$

であるように定める．このとき，$\mathrm{copy} \dashv \oplus$ が成り立つ（演習問題 4.1.6）． △

110 | 第 4 章 随伴

例 4.13 関手 $F: C^{\mathrm{op}} \to \mathcal{D}$ と関手 $G: \mathcal{D}^{\mathrm{op}} \to C$ について，随伴 $F: C^{\mathrm{op}} \rightleftarrows \mathcal{D}: G^{\mathrm{op}}$ である場合を考える．このとき，例 4.6 で述べたように随伴 $G: \mathcal{D}^{\mathrm{op}} \rightleftarrows C: F^{\mathrm{op}}$ でもある．これらの随伴では F と G がそれぞれ（G^{op} と F^{op} の）左随伴になっているため，F と G は**相互左随伴**（mutually left adjoint）であるとよばれる．同様に，随伴 $G^{\mathrm{op}}: \mathcal{D} \rightleftarrows C^{\mathrm{op}}: F$ である場合を考えると，随伴 $F^{\mathrm{op}}: C \rightleftarrows \mathcal{D}^{\mathrm{op}}: G$ でもあるため，F と G は**相互右随伴**（mutually right adjoint）であるとよばれる． △

本書で述べる随伴の代表例を表 4.1 に示す（後で必要に応じて参照してほしい）．

表 4.1 本書で述べる随伴の代表例

始対象と終対象（例 4.8）	$0 \dashv \,! \dashv 1$
極限（命題 5.51）	$\mathrm{colim} \dashv \Delta_{\mathcal{J}} \dashv \lim$
モノイド積と内部ホム（6.2.1 項）	$- \otimes c \dashv [c, -]$
カン拡張（7.1 節）	$\mathrm{Lan}_K \dashv - \bullet K \dashv \mathrm{Ran}_K$

━━━━━━━━━━━ 演習問題 ━━━━━━━━━━━

4.1.1
   (a) 式(4.2) と式(4.3) が同値であることを確かめよ．
   (b) 式(4.3) を「点線の枠による表記」を用いて表せ．この際，φ は自然変換であることがわかっているものとし，φ を式(2.58) の右辺の τ に似た形状のブロックとして表せ．

4.1.2 例 4.5 で述べたように，写像 $\mathcal{D}(Fc, d) \ni f \mapsto F^{-1}f \in C(c, F^{-1}d)$ を $\varphi_{c,d}$ とおいて $\varphi := \{\varphi_{c,d}\}_{c \in C, d \in \mathcal{D}}$ とする．$\langle F, F^{-1}, \varphi \rangle$ が随伴であることを示せ．

4.1.3 例 4.9 において，Free $\dashv U$ を示せ．

4.1.4 忘却関手 $U: \mathbf{Vec}_{\mathbb{K}} \to \mathbf{Set}$ の左随伴が存在することを示せ．（備考：$\mathbf{Mon}$ の場合と同様に，この左随伴も自由関手とよばれる．）

4.1.5 例 4.10 において，式(4.11) の同型が成り立ち，この同型が $\mathbf{X}$ と $\mathbf{W}$ について自然であることを示せ．

4.1.6 例 4.12 において，copy $\dashv \oplus$ であることを示せ．

4.1.7 集合値関手が左随伴をもつならば表現可能であることを示せ．

   ▶ **補足** $\mathbf{Mon}$ や $\mathbf{Vec}_{\mathbb{K}}$ のようなある演算を備えた集合を対象とする圏から $\mathbf{Set}$ への忘却関手のうち，左随伴をもつものは少なくない（例 4.9 や演習問題 4.1.4 を参照のこと）．これらの忘却関手は表現可能である．

4.2 随伴であるための必要十分条件

これから述べる二つの定理（定理 4.20 と定理 4.24）にて，随伴であるための必要十分条件を示す．

4.2.1 準備：随伴から得られる普遍射

まず，次の補題を示しておく．

補題 4.14 随伴 $\langle F, G, \varphi \rangle$（ただし $F : C \rightleftarrows \mathcal{D} : G$）を考える．また，各 $c \in C, d \in \mathcal{D}$ について

$$(4.15) \quad \eta_c := \varphi_{c,Fc}(1_{Fc}) \in C(c, G(Fc)), \qquad \varepsilon_d := \varphi_{Gd,d}^{-1}(1_{Gd}) \in \mathcal{D}(F(Gd), d)$$

とおく．このとき，次の性質が成り立つ．

(1) 各 $c \in C$ に対して，$\langle Fc, \eta_c \rangle$ は c から G への普遍射である．

(2) 各 $d \in \mathcal{D}$ に対して，$\langle Gd, \varepsilon_d \rangle$ は F から d への普遍射である．

証明 (1)：各 $c \in C$ に対して $\varphi^c := \{\varphi_{c,d}\}_{d \in \mathcal{D}}$ が $\mathcal{D}(Fc, -)$ から $C(c, G-)$ への自然同型であるため[‡1]，表現の定義（3.2.3 項）より $\langle Fc, \varphi^c \rangle$ は $C(c, G-)$ の表現である．このため，式(3.45) より $\langle Fc, \alpha_{X,Fc}(\varphi^c) \rangle = \langle Fc, \eta_c \rangle$ は c から G への普遍射である（ただし $X := C(c, G-)$ であり，$\alpha_{X,Fc}$ は米田写像，つまり $\alpha_{X,Fc}(\varphi^c) := \varphi_{Fc}^c(1_{Fc})$）．ここで，$\varphi_{Fc}^c = \varphi_{c,Fc}$ であるため $\alpha_{X,Fc}(\varphi^c) = \eta_c$ であることを用いた．

(2)：性質 (1) の証明と同様である．具体的には，各 $d \in \mathcal{D}$ に対して $\{\varphi_{c,d}^{-1}\}_{c \in C}$ が $C(-, Gd)$ から $\mathcal{D}(F-, d)$ への自然同型であるため，表現の定義より $\langle Gd, \{\varphi_{c,d}^{-1}\}_{c \in C} \rangle$ は $\mathcal{D}(F-, d)$ の表現である．このため，式(3.60) より $\langle Gd, \varepsilon_d \rangle$ は F から d への普遍射である． $\square$

随伴 $\langle F, G, \varphi \rangle$ では，各 $c \in C, d \in \mathcal{D}$ に対して $f \in \mathcal{D}(Fc, d)$ と $\overline{f} := \varphi_{c,d}(f) \in C(c, Gd)$ が一対一に対応する．この $\overline{f}$ は f の**転置**（transpose）とよばれ，同様に f も $\overline{f}$ の転置とよばれる．この定義より，f を 2 回転置すると $f \mapsto \overline{f} \mapsto f$ となって元に戻り，同様に $\overline{f}$ も 2 回転置すると元に戻る．

式(3.50) の図式を用いて c から G への普遍射 $\langle Fc, \eta_c \rangle$ を表すと，次式のようになる．

[‡1] 証明：補題 2.63 の (1) $\Rightarrow$ (2) より，φ^c は $\mathcal{D}(Fc, -)$ から $C(c, G-)$ への自然変換である．各 $\varphi_{c,d}$ は同型射であるため，φ^c は自然同型である．

(4.16)

ただし，グレーの点線で囲まれた部分が射 η_c を表しているものとする．η_c をこのように表すと便利であることが，すぐ後でわかるであろう．$\xmapsto{\varphi_{c,d}}$ の右側の式は，p.92 の式(univ) に対応している（Fc が式(univ) の対象 u に対応する）．式(4.16) より，直観的には写像 $\varphi_{c,d}$ は線 F を線 G に変換するようなはたらきをしているといえる．同様にして $\langle Gd, \varepsilon_d \rangle$ の普遍性を表すと，次式のようになる．

(4.17)

ただし，グレーの点線で囲まれた部分が射 ε_d を表しているものとする．$\xmapsto{\varphi_{c,d}^{-1}}$ の右側の式は，式(3.57) に対応している．直観的には，写像 $\varphi_{c,d}^{-1}$ は $\varphi_{c,d}$ とは逆に線 G を線 F に変換するようなはたらきをしているといえる．なお，式(4.16), (4.17) は，数式ではそれぞれ $f \xmapsto{\varphi_{c,d}} Gf \circ \eta_c$ および $\overline{f} \xmapsto{\varphi_{c,d}^{-1}} \varepsilon_d \circ F\overline{f}$ と表せる．

▶ **補足** 式(4.16) に $d = Fc$ および $f = 1_{Fc}$ を代入すると $\overline{f} = \eta_c$ が得られるため，$\eta_c = \varphi_{c,Fc}(1_{Fc})$ である．このことは，$\langle Fc, \eta_c \rangle$ が c から G への普遍射であることを再確認しているにすぎない．同様に，式(4.17) に $c = Gd$ および $\overline{f} = 1_{Gd}$ を代入すると $f = \varepsilon_d$ が得られるため，$\varepsilon_d = \varphi_{Gd,d}^{-1}(1_{Gd})$ である．

式(4.3) は，その左辺の写像 $\varphi_{c,d}$ と右辺の写像 $\varphi_{c',d'}$ をともに式(4.16) の表記を用いて表すと，次式のようになる．

(4.18) 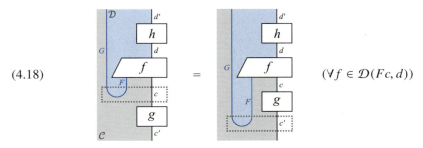 $(\forall f \in \mathcal{D}(Fc, d))$

同様に式(4.17) の表記を用いると，φ の逆自然変換 $\varphi^{-1} = \{\varphi_{c,d}^{-1}\}_{c \in \mathcal{C}, d \in \mathcal{D}}$ の自然性は任意の射 $g \in \mathcal{C}^{\mathrm{op}}(c, c') = \mathcal{C}(c', c)$, $h \in \mathcal{D}(d, d')$ について

(4.19) 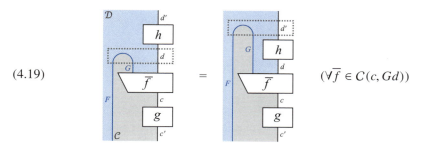 $(\forall \overline{f} \in C(c, Gd))$

を満たすものとして表せる．

　ここでは射 η_c と射 ε_d をやや変わった形状のブロックで表したが，これらのブロックにおけるグレーの点線は単なる補助線とみなせることが後でわかる．随伴を適切な図式で表すことで随伴の性質が浮き彫りになり，その具体的なイメージも明確になることと思う．なお，式(4.16)と式(4.17)は「上下反転」のような関係にあることがわかるであろう．このように，随伴では上下反転のような関係が頻繁に現れる．

4.2.2 単位・余単位を用いた必要十分条件

　随伴であるための必要十分条件を二つ紹介する．一つ目は，2 個の自然変換 η と ε を用いるものである．

定理 4.20　2 個の関手 $F: C \to D$ と $G: D \to C$ に対し，以下は同値である．

(1) $F \dashv G$ である．
(2) 次式を満たす 2 個の自然変換 $\eta: 1_C \Rightarrow G \bullet F$ と $\varepsilon: F \bullet G \Rightarrow 1_D$ が存在する．

$$(G \bullet \varepsilon) \circ (\eta \bullet G) = 1_G, \quad (\varepsilon \bullet F) \circ (F \bullet \eta) = 1_F$$

(zigzag)

ただし，η および ε を次の半円状の線で表している（恒等関手 $1_C, 1_D$ を表す線は省略した）．

(4.21)

自然変換 η は随伴 $F \dashv G$ の **単位**（unit）とよばれ，自然変換 ε は **余単位**（counit）

とよばれる．直観的には，ε は η を「180度回転」したかのような自然変換であり，式(zigzag) は「関手を表す青線がくねくねと曲がっている場合には真っすぐに伸ばせる」ことを意味している．式(zigzag) は**ジグザグ等式**（zigzag equation）や**三角等式**（triangle identity）などとよばれる．

証明 (1) ⇒ (2)：随伴 $\langle F, G, \varphi \rangle$ を考え，各 η_c ($c \in C$) と各 ε_d ($d \in \mathcal{D}$) を式(4.15)のように定める．式(4.17) で表される写像 $\varphi_{c,d}^{-1}$ は式(4.16) で表される写像 $\varphi_{c,d}$ の逆写像である．このため，$\varphi_{c,d}(\varphi_{c,d}^{-1}(1_{Gd})) = 1_{Gd}$ および $\varphi_{c,d}^{-1}(\varphi_{c,d}(1_{Fc})) = 1_{Fc}$，つまり

(4.22)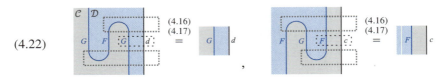

が成り立つ．このため，後は $\eta := \{\eta_c\}_{c \in C}$ と $\varepsilon := \{\varepsilon_d\}_{d \in \mathcal{D}}$ が自然変換であることを示せば，式(4.22) から式(zigzag) が成り立つことがわかる．式(4.18) において $d = d' = Fc$ かつ $f = h = 1_{Fc}$ の場合を考えれば，η の自然性の式（つまり $\eta_c \circ g = (G \bullet F)g \circ \eta_{c'}$）が得られるため，$\eta$ は自然変換である．また，式(4.19) において $c = c' = Gd$ かつ $\overline{f} = g = 1_{Gd}$ の場合を考えれば，ε の自然性の式（つまり $h \circ \varepsilon_d = \varepsilon_{d'} \circ (F \bullet G)h$）が得られるため，$\varepsilon$ は自然変換である．

(2) ⇒ (1)：式(4.16)（つまり $\varphi_{c,d} : \mathcal{D}(Fc, d) \ni f \mapsto Gf \circ \eta_c \in C(c, Gd)$）のように写像 $\varphi_{c,d}$ を定めると，式(zigzag) より逆写像 $\varphi_{c,d}^{-1}$ が式(4.17) で与えられる（演習問題 4.2.1）．η は自然変換なので，明らかに式(4.18) が成り立つ．このため φ は自然同型であり，ゆえに $F \dashv G$ である． □

これまでの議論から，次の系がすぐに得られる．

系 4.23 定理 4.20 の条件 (1) が成り立つならば，随伴 $\langle F, G, \varphi \rangle$ に対して $\eta := \{\eta_c := \varphi_{c,Fc}(1_{Fc})\}_{c \in C}$ および $\varepsilon := \{\varepsilon_d := \varphi_{Gd,d}^{-1}(1_{Gd})\}_{d \in \mathcal{D}}$ はそれぞれ単位および余単位である．また，定理 4.20 の条件 (2) が成り立つならば，式(4.16) により定められる $\varphi_{c,d}$ に対して $\langle F, G, \varphi \rangle$（ただし $\varphi := \{\varphi_{c,d}\}_{c \in C, d \in \mathcal{D}}$）は随伴である．

随伴 $\langle F, G, \varphi \rangle$ に対して，式(4.15) で定めた η_c および ε_d は，それぞれ単位 η および余単位 ε の成分にすぎないことがわかる．η と ε を式(4.21) で表せば，これまでの図式からグレーの点線を削除した式がそのまま成り立つ．以降では，これらのグレーの点線を削除する．

▶ 補足　式(4.16) で表される自然同型 φ を，式(2.58) の右辺の τ に似た形状のブロックとして表しておく．

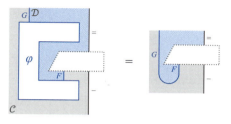

φ をこの式の右辺のように表すと視覚的にわかりやすいであろう．

$\langle F, G, \varphi \rangle$ を随伴とよぶ代わりに，単位 η と余単位 ε を用いて $\langle F, G, \eta, \varepsilon \rangle$ を随伴とよぶこともある．式(4.16), (4.17) より，η と ε はどちらも φ と相互に変換できる．このため，$\langle F, G, \varphi \rangle$ と $\langle F, G, \eta, \varepsilon \rangle$ は表記が異なるだけで本質的な違いはないといえる．

▶ 補足　式(zigzag) より，η と ε は「逆写像」に似た関係になっていることがわかる．しかし，一般に $\varepsilon = \eta^{-1}$ が成り立つとは限らないし，η と ε が自然同型であるとも限らない．

4.2.3　普遍射を用いた必要十分条件

随伴であるための必要十分条件の二つ目は，普遍射を用いるものである．

定理 4.24　関手 $G: \mathcal{D} \to \mathcal{C}$ について，以下は同値である．

(1) G は左随伴をもつ．
(2) 各 $c \in \mathcal{C}$ に対して，c から G への普遍射が存在する．

また，条件 (1) が成り立つならば，G の左随伴 F と単位 η に対して $\langle Fc, \eta_c \rangle$ は c から G への普遍射である．一方，条件 (2) が成り立つならば，c から G への普遍射 $\langle d_c, \eta_c \rangle$ に対して $Fc = d_c$ ($\forall c \in \mathcal{C}$) を満たし $\{\eta_c\}_{c \in \mathcal{C}}$ が単位であるような G の左随伴 F が一意に定まる．

双対として，関手 $F: \mathcal{C} \to \mathcal{D}$ について以下は同値である．

(1') F は右随伴をもつ．
(2') 各 $d \in \mathcal{D}$ に対して，F から d への普遍射が存在する．

また，条件 (1') が成り立つならば，F の右随伴 G と余単位 ε に対して $\langle Gd, \varepsilon_d \rangle$ は F から d への普遍射である．一方，条件 (2') が成り立つならば，F から d への普遍射 $\langle c_d, \varepsilon_d \rangle$ に対して $Gd = c_d$ ($\forall d \in \mathcal{D}$) を満たし $\{\varepsilon_d\}_{d \in \mathcal{D}}$ が余単位であるような F の右随伴 G が一意に定まる．

116 | 第 4 章 随伴

▶**補足** この定理の (2) ⇒ (1) は，G の左随伴 F がその対象への作用 $\mathrm{ob}\,C \ni c \mapsto d_c \in \mathrm{ob}\,\mathcal{D}$ から（$\{\eta_c\}_{c \in C}$ が単位であるという素直な性質を満たすものとして）一意に定まることを主張している．一般の関手はその対象への作用のみからは一意に定められないことを思い出してほしい．

証明 (1) ⇒ (2)：補題 4.14 より明らか．

(2) ⇒ (1)：各 $c \in C$ について，c から G への普遍射を $\langle d_c, \eta_c \rangle$ とおく．補題 3.63 において H が恒等関手 1_C の場合を考えると，$Fc = d_c$ ($\forall c \in C$) であり，$\eta := \{\eta_c\}_{c \in C}$ が 1_C から $G \bullet F$ への自然変換であるような関手 F が一意に存在する．関手 F をこのように選ぶ．

各 $c \in C$, $d \in \mathcal{D}$ に対して式(4.16)で与えられる写像 $\varphi_{c,d}$ を考えると，$\langle Fc, \eta_c \rangle$ が c から G への普遍射であるため，$\varphi_{c,d}$ は可逆である（式(3.47) または式(3.48) を参照のこと）．また，η の自然性より式(4.18)を満たすため，$\varphi := \{\varphi_{c,d}\}_{c \in C, d \in \mathcal{D}}$ は自然同型である．したがって，$F \dashv G$ である．さらに，$\eta_c = \varphi_{c,Fc}(1_{Fc})$ であるため，η はこの随伴の単位である． □

▶**補足** 定義 4.1 の代わりに，上の二つの定理で示した必要十分条件を随伴の定義として用いることもできる．具体的には，定理 4.20 の条件 (2) を用いた定義として，式(zigzag)を満たす 2 個の自然変換 $\eta: 1_C \Rightarrow G \bullet F$ と $\varepsilon: F \bullet G \Rightarrow 1_{\mathcal{D}}$ が存在するとき，$\langle F, G, \eta, \varepsilon \rangle$ を随伴と定義してもよい．また，定理 4.24 の条件 (2) を用いた別の定義として，各 $c \in C$ に対して $\langle d_c, \eta_c \rangle$ が c から G への普遍射であるとき，一意に定まる関手 F と自然変換 $\eta := \{\eta_c\}_{c \in C}$ に対して組 $\langle F, G, \eta \rangle$ を随伴と定義してもよい（または，双対を考えて $\langle F, G, \varepsilon \rangle$ を随伴と定義してもよい）．

ある関手 $G: \mathcal{D} \to C$ の左随伴を知らない場合を考えよう．このとき，各 $c \in C$ に対して c から G への普遍射がわかるならば，定理 4.24 により G の左随伴が得られる．演習問題 4.2.2 も参照のこと．

◁◁◁◁◁◁ **演習問題** ◁◁◁◁◁◁

4.2.1 定理 4.20 の証明の (2) ⇒ (1) において，逆写像 $\varphi_{c,d}^{-1}$ が式(4.17) で与えられることを示せ．

4.2.2 関手 $\mathrm{ob}: \mathbf{Cat} \to \mathbf{Set}$（演習問題 3.2.11 を参照のこと）が (a) 左随伴をもつことを示し，(b) その左随伴の一つを具体的に示せ．

4.3 随伴の基本的な性質

本節では，随伴におけるいくつかの基本的な性質を示す．

4.3.1 随伴の一意性

普遍射は，存在するならば本質的に一意であった（式(3.42)を参照のこと）．随伴についても同様のことが成り立つ．具体的には，次の命題で示すように，共通の右随伴 G をもつような 2 組の随伴 $F \dashv G$ と $F' \dashv G$ に対して，$F \cong F'$ が成り立つ．つまり，G の左随伴は存在するならば本質的に一意である．なお，この逆として，同型な関手 $F \cong F'$ に対して $F \dashv G$ ならば $F' \dashv G$ であることも示せる（演習問題 4.3.1）．

命題 4.25 共通の右随伴 $G: \mathcal{D} \to \mathcal{C}$ をもつような 2 組の随伴 $\langle F, G, \eta, \varepsilon \rangle$ と $\langle F', G, \eta', \varepsilon' \rangle$ を考える．このとき，

$$(4.26) \qquad \eta' = (G \bullet \alpha) \circ \eta \quad \underset{\text{数式}}{\overset{\text{図式}}{\rightleftharpoons}} \quad \boxed{\eta'} = \boxed{\alpha}$$

（ただし補助線で囲まれた箇所は η）を満たす自然同型 $\alpha: F \cong F'$ が一意に存在する．また，この α を用いて ε' は

$$(4.27) \qquad \varepsilon' = \varepsilon \circ (\alpha^{-1} \bullet G) \quad \underset{\text{数式}}{\overset{\text{図式}}{\rightleftharpoons}} \quad \boxed{\varepsilon'} = \boxed{\alpha^{-1}}$$

（ただし補助線で囲まれた箇所は ε）で表される．

証明 式(4.26)を満たす自然同型 α が存在すれば式(4.27)が成り立つことは，次式からすぐにわかる．

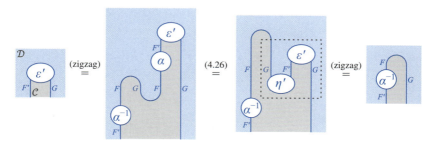

このため，(1) 式(4.26)を満たす自然変換 α が一意に存在することと，(2) α が自然同型であることを示せばよい．

まず，(1) を示す．式(4.26)を満たす自然変換 α が存在するならば，

(4.28)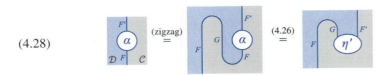

(つまり $\alpha = (\varepsilon \bullet F') \circ (F \bullet \eta')$) により α は一意に定まる．逆に，式(4.28)により α を定めると，

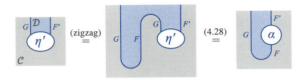

より式(4.26)を満たす．ゆえに，式(4.26)を満たす自然変換 α が一意に存在する．

次に，(2)を示す．

(4.29)

と定めると，

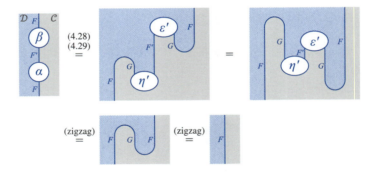

および

4.3 随伴の基本的な性質　119

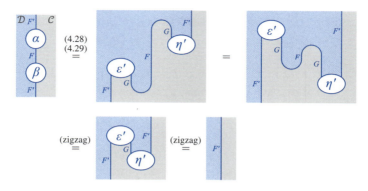

より $\beta = \alpha^{-1}$ である．したがって，α は自然同型である． □

4.3.2　水平合成に関する性質

2組の随伴の水平合成が随伴であることや，随伴 $F \dashv G$ について $F \bullet - \dashv G \bullet -$ および $- \bullet G \dashv - \bullet F$ が成り立つことを示す．

命題 4.30　$\mathcal{C}, \mathcal{D}, \mathcal{E}$ を圏とし，2組の随伴 $\langle F, G, \eta, \varepsilon \rangle$ と $\langle F', G', \eta', \varepsilon' \rangle$（ただし $F: \mathcal{C} \rightleftarrows \mathcal{D} : G$ と $F': \mathcal{D} \rightleftarrows \mathcal{E} : G'$）を考える．このとき，随伴 $F' \bullet F : \mathcal{C} \rightleftarrows \mathcal{E} : G \bullet G'$ である．具体的には，

と定めたとき，$\langle F' \bullet F, G \bullet G', \eta'', \varepsilon'' \rangle$ は随伴である．なお，2種類の単位 η, η' と 2種類の余単位 $\varepsilon, \varepsilon'$ を同じ半円状の線で表しているが，どちらであるかは図式からわかる．

証明　η'' と ε'' は次のジグザグ等式（式 (zigzag)）

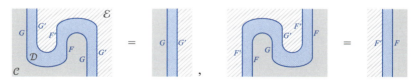

を満たすため，定理 4.20 より明らか． □

系 4.31 関手 $F, G: C \to \mathcal{D}$ と関手 $U: \mathcal{D} \to C$ が随伴 $F \dashv U$ および随伴 $U \dashv G$ の関係にあるとき，$U \bullet F \dashv U \bullet G$ かつ $F \bullet U \dashv G \bullet U$ である．

証明 命題 4.30 の F, G, F', G' にそれぞれ F, U, U, G を代入すれば $U \bullet F \dashv U \bullet G$ が得られ，U, G, F, U を代入すれば $F \bullet U \dashv G \bullet U$ が得られる． □

補題 4.32 随伴 $F: C \rightleftarrows \mathcal{D} : G$ について，次の性質が成り立つ．

(1) 任意の圏 $\mathcal{J}$ に対して，随伴 $F \bullet -: C^{\mathcal{J}} \rightleftarrows \mathcal{D}^{\mathcal{J}} : G \bullet -$ である．
(2) 任意の圏 $\mathcal{E}$ に対して，随伴 $- \bullet G: \mathcal{E}^{C} \rightleftarrows \mathcal{E}^{\mathcal{D}} :- \bullet F$ である．

証明 演習問題 4.3.2． □

4.3.3 ★ 圏同値に関する性質

2.2.3 項で述べたように，圏同値 $C \simeq \mathcal{D}$ とは 2 個の関手 $F: C \to \mathcal{D}$, $G: \mathcal{D} \to C$ と 2 個の自然同型 $\eta: 1_C \cong G \bullet F$, $\tau: F \bullet G \cong 1_\mathcal{D}$ が存在することであった．この η と τ は随伴の単位と余単位に似ているが，$\langle F, G, \eta, \tau \rangle$ は随伴であるとは限らない．しかし，次の命題が示すように，適切に選んだ自然同型 $\varepsilon: F \bullet G \cong 1_\mathcal{D}$ に対して $\langle F, G, \eta, \varepsilon \rangle$ は随伴になる．圏同値があればこのようにして随伴を構成できるため，この意味において随伴は圏同値を一般化した概念であるといえる．

命題 4.33 2 個の関手 $F: C \to \mathcal{D}, G: \mathcal{D} \to C$ を考える．2 個の自然同型 $\eta: 1_C \cong G \bullet F$ と $\tau: F \bullet G \cong 1_\mathcal{D}$ が存在する（したがって $C \simeq \mathcal{D}$ である）ならば，η が単位でかつ余単位 ε が自然同型であるような随伴 $\langle F, G, \eta, \varepsilon \rangle$ が存在する．

この逆として，単位 η と余単位 ε が自然同型であるような随伴 $\langle F, G, \eta, \varepsilon \rangle$ が存在するならば，明らかに $C \simeq \mathcal{D}$ である．

証明

(4.34)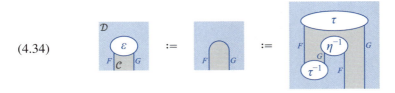

のように ε を定めると，ε は自然同型のみで構成されているため自然同型である（演

習問題 2.2.2). 後は，η と ε がジグザグ等式（式(zigzag)）を満たすことを示せばよい．残りは演習問題 4.3.3 とする． □

▶ **補足**　関手 $F\colon C \to \mathcal{D}$ について $G \bullet F \cong 1_C$ と $F \bullet G \cong 1_{\mathcal{D}}$ を満たす関手 $G\colon \mathcal{D} \to C$ が存在する（したがって $C \simeq \mathcal{D}$）ならば，命題 4.33 より $F \dashv G$ であり，したがって命題 4.25 より G は本質的に一意である．

次の関係も成り立つ．

> **命題 4.35**　随伴 $F\colon C \rightleftarrows \mathcal{D} \colon G$ において，(1) $G \bullet F \cong 1_C$，(2) F が充満忠実であること，(3) 単位 η が同型であることは，すべて同値である．
>
> 双対として，(1') $F \bullet G \cong 1_{\mathcal{D}}$，(2') G が充満忠実であること，(3') 余単位 ε が同型であることは，すべて同値である．

証明　演習問題 4.3.4. □

圏同値 $C \simeq \mathcal{D}$ を導く関手 $F\colon C \to \mathcal{D}$ の右随伴 G は，F の左随伴でもある（演習問題 4.3.5）．この意味で，圏同値は「F と G の入れ替えに対して対称」であるといえる．

▶ **補足**　2.2.4 項で述べたように，$F\colon C \to \mathcal{D}$ が充満忠実であることは，F が圏同値 $C \simeq \mathcal{D}$ を導くことよりも緩い条件であった．また命題 4.33 より，F が右随伴（または左随伴）をもつことも，F が圏同値 $C \simeq \mathcal{D}$ を導くことよりも緩い条件である．しかし，F が充満忠実であることと右随伴をもつことの間には，「一方が他方よりも緩い」といった関係はない．実際，F が充満忠実であったとしても右随伴をもつとは限らないし，右随伴をもったとしても充満忠実であるとは限らない．

4.3.4　⋆ 双関手に関する性質

ここでは，随伴の「双関手版」を扱う．次の命題では，双関手 F の片方の引数を固定したときにつねに右随伴が存在するならば，その右随伴を導くような「自然」な双関手が存在することを示す．

> **命題 4.36**　双関手 $F\colon C \times \mathcal{E} \to \mathcal{D}$ のうち，各 $e \in \mathcal{E}$ に対して $F(-, e)$ が右随伴 G_e をもつようなものを考える．このとき，$G(e, -) = G_e$ を満たす双関手 $G\colon \mathcal{E}^{\mathrm{op}} \times \mathcal{D} \to C$ のうち，随伴 $F(-, e)\colon C \rightleftarrows \mathcal{D} \colon G(e, -)$ により与えられる（c, d について自然な）同型
>
> $$\varphi_{c,e,d}\colon \mathcal{D}(F(c, e), d) \cong C(c, G(e, d))$$
>
> が e についても自然であるようなものが一意に存在する．

122 第 4 章 随伴

証明 演習問題 4.3.8. □

例 4.37 例 4.10 で述べたように，各 $\mathbf{V} \in \mathbf{Vec}_\mathbb{K}$ に対して $\mathbf{Vec}_\mathbb{K}(\mathbf{V}, -)$ は左随伴 $- \otimes \mathbf{V}$ をもつ．このため，命題 4.36 の双対より，各 $\mathbf{V} \in \mathbf{Vec}_\mathbb{K}$ について式(4.11)により得られる（$\mathbf{X}$ と $\mathbf{W}$ について自然な）同型が $\mathbf{V}$ についても自然に成り立つような双関手 $\otimes \colon \mathbf{Vec}_\mathbb{K} \times \mathbf{Vec}_\mathbb{K} \to \mathbf{Vec}_\mathbb{K}$ が一意に存在する．なお，この双関手の射への作用を明示的に示すと $\mathrm{mor}(\mathbf{Vec}_\mathbb{K} \times \mathbf{Vec}_\mathbb{K}) \ni \langle f, g \rangle \mapsto f \otimes g \in \mathrm{mor}\,\mathbf{Vec}_\mathbb{K}$ であり，これは通常の線形写像のテンソル積に等しい． △

━━━━━━━━━━━━━━━━━ 演習問題 ━━━━━━━━━━━━━━━━━

4.3.1 2 個の同型な関手 $F \cong F'$ と関手 G について，$F \dashv G$ ならば $F' \dashv G$ であることを示せ．［ヒント：式(4.26), (4.27) で与えられる η', ε' を考える．］

4.3.2 補題 4.32 を証明せよ．

4.3.3 命題 4.33 の証明を完成させよ．

4.3.4 命題 4.35 を証明せよ．

4.3.5 圏同値 $C \simeq \mathcal{D}$ を導く関手 $F \colon C \to \mathcal{D}$, $G \colon \mathcal{D} \to C$ の間の随伴 $\langle F, G, \eta, \varepsilon \rangle$ において，$\langle G, F, \varepsilon^{-1}, \eta^{-1} \rangle$ も随伴であることを示せ．なお，命題 4.33（およびその証明）と命題 4.25 より，η と ε はともに自然同型である．（備考：これにより，$C \simeq \mathcal{D}$ ならば $F \dashv G \dashv F$ である．）

4.3.6 圏同値 $C \simeq \mathcal{D}$ は随伴 $F \colon C \rightleftarrows \mathcal{D} \colon G$ が存在することの特別な場合であり，圏同型 $C \cong \mathcal{D}$ は圏同値 $C \simeq \mathcal{D}$ の特別な場合であった．図式を用いてこれらのことを整理せよ．

4.3.7 関手 $F \colon C \to \mathcal{D}$ について，以下が同値であることを示せ．
  (1) $C \simeq \mathcal{D}$ であり，F はこの圏同値を導く（つまり，$G \bullet F \cong 1_\mathcal{D}$ および $F \bullet G \cong 1_C$ であるような $G \colon \mathcal{D} \to C$ が存在する）．
  (2) F が充満忠実で，かつ F の右随伴であるような充満忠実関手が存在する．
  (3) F が充満忠実かつ本質的全射である．ただし，F が**本質的全射**（essentially surjective）とは，各 $d \in \mathcal{D}$ について $Fc \cong d$ を満たす $c \in C$ が存在することをいう[‡2]．

4.3.8 命題 4.36 を証明せよ．［ヒント：条件を満たす双関手 G が存在すると仮定して，G が満たすべき性質を考える．］

―――――――――――――――――

[‡2] $\mathcal{D}$ の同型な対象を同一視すれば F の対象への作用が全射になるという意味で，「本質的」全射とよぶ．なお，F が本質的全射であるという条件は，F の対象への作用が全射であるという条件よりも緩いことがわかる．

4.4 モナド

　任意の随伴 $F: C \rightleftarrows \mathcal{D} :G$ に対し，G と F の水平合成により得られる圏 C 上の関手 $G \bullet F$ はいくつかの特徴的な性質をもっている．モナドは，ある観点ではこれらの性質を抽出した概念であるといえる．本節では，モナドの定義と例を述べた後，随伴とモナドとの間にある密接な関係について述べる．

4.4.1 モナドの定義

定義 4.38（モナド）　圏 C 上の関手 $T: C \rightarrow C$ を考える．2 個の自然変換 $\mu: T \bullet T \Rightarrow T$（**積**（multiplication）とよぶ）と $\eta: 1_C \Rightarrow T$（**単位元**（unit）とよぶ）が次の二つの条件を満たすとき，$\langle T, \mu, \eta \rangle$ を C 上の**モナド**（monad）とよぶ．

(1) 結合律：次式を満たす．

$$\mu(1_T \bullet \mu) = \mu(\mu \bullet 1_T)$$

(4.39) 　$\underset{\text{数式}}{\overset{\text{図式}}{\rightleftarrows}}$

　ただし，図式では μ を補助線で囲まれた箇所のように，上側に 1 本，下側に 2 本の線が付いた青丸で表すことにする．また，関手 T を表す線のラベル「T」は適宜省略している．

(2) 単位律：次式を満たす．

$$\mu(1_T \bullet \eta) = 1_T = \mu(\eta \bullet 1_T)$$

(4.40) 　$\underset{\text{数式}}{\overset{\text{図式}}{\rightleftarrows}}$

　ただし，図式では η を補助線で囲まれた箇所のように，上側に 1 本の線が付いた青丸で表すことにする．

　単に T をモナドとよぶこともある．モナドとは，結合律と単位律を満たす積 μ と単位元 η をもっているような関手 T のことであるといえる．モナドの双対として，双対圏 C^{op} 上のモナドを C 上の**コモナド**（comonad）とよぶ．コモナドにおける結合律と単位律は，式(4.39), (4.40) の「上下反転」として，それぞれ次式で表される．

$$(1_T \bullet \mu)\mu = (\mu \bullet 1_T)\mu$$ 　$\underset{\text{数式}}{\overset{\text{図式}}{\rightleftarrows}}$

124 第 4 章 随伴

$$(1_T \bullet \eta)\mu = 1_T = (\eta \bullet 1_T)\mu \quad \overset{\text{図式}}{\underset{\text{数式}}{\rightleftarrows}}$$

4.4.2 モナドの例

モナドには数多くの例がある．ここでは，その一部を紹介する．

例 4.41 T が恒等関手 1_C で，μ と η が恒等自然変換 1_{1_C} であるとき，自明なモナド $\langle 1_C, 1_{1_C}, 1_{1_C} \rangle$ が得られる．これは**恒等モナド**（identity monad）とよばれる． △

例 4.42 **リストモナド**（list monad）または**自由モノイドモナド**（free monoid monad）とよばれるモナド $\langle T, \mu, \eta \rangle$ について述べる．関手 $T: \mathbf{Set} \to \mathbf{Set}$ を，忘却関手 $U: \mathbf{Mon} \to \mathbf{Set}$（例 1.53）と自由関手 Free: $\mathbf{Set} \to \mathbf{Mon}$（例 1.54）の水平合成として $T := U \bullet \mathrm{Free}$ と定める．この関手は，各集合 $X \in \mathbf{Set}$ を集合 $TX := \{\langle x_i \rangle_{i=1}^n \mid n \in \mathbb{N}, x_1, \ldots, x_n \in X\}$ に写し，各写像 $f \in \mathbf{Set}(X,Y)$ を写像

$$Tf: TX \ni \langle x_i \rangle_{i=1}^n \mapsto \langle f(x_i) \rangle_{i=1}^n \in TY$$

に写す．また，$\mu: T \bullet T \Rightarrow T$ をその各成分 μ_X $(X \in \mathbf{Set})$ が写像

$$\mu_X: T(TX) \ni \langle\langle x_{i,j} \rangle_i \rangle_j \mapsto \langle x_{i,j} \rangle_{(i,j)} \in TX$$

となるように定める[3]．直観的には，μ_X は 2 重のリストを 1 重のリストに変換するようなはたらきをする（2 重のリストを考えたくない場合にはこの射は便利である）．さらに，$\eta: 1_{\mathbf{Set}} \Rightarrow T$ をその各成分 η_X $(X \in \mathbf{Set})$ が写像 $\eta_X: X \ni x \mapsto \langle x \rangle \in TX$ となるように定める．このとき，$\langle T, \mu, \eta \rangle$ はモナドである（演習問題 4.4.5）． △

例 4.43 **Maybe モナド**（maybe monad）とよばれるモナド $\langle T, \mu, \eta \rangle$ について述べる．関手 $T: \mathbf{Set} \to \mathbf{Set}$ を次のように定める．

- 各集合 X を集合 $TX := X \cup \{\perp_X\}$ に写す．ただし，$\perp_X$ は X に含まれていないある要素である（以降では未定義値とよぶ）．つまり，TX は X に未定義値 $\perp_X$ を追加した集合である．
- 各写像 $f: X \to Y$ を，次式により定まる写像 $Tf: TX \to TY$ に写す．

---

[3] $\langle\langle x_{i,j} \rangle_i \rangle_j$ および $\langle x_{i,j} \rangle_{(i,j)}$ をより丁寧に書くと，それぞれ $\langle\langle x_{i,j} \rangle_{i=1}^{m_j} \rangle_{j=1}^n$ および $\langle x_{i,j} \rangle_{(i,j)=(1,1)}^{(m_j,n)}$ である（$n \in \mathbb{N}, m_1, \ldots, m_n \in \mathbb{N}, x_{i,j} \in X (\forall i, j)$）．ただし，$\langle x_{i,j} \rangle_{(i,j)=(1,1)}^{(m_j,n)}$ は $x_{1,1}, x_{2,1}, \ldots, x_{m_1,1}, x_{1,2}, x_{2,2}, \ldots, x_{m_2,2}, \ldots$ の順序（$\mathbb{N} \times \mathbb{N}$ の逆辞書式順序とよばれる）で並んでいるものとする．μ_X はたとえば $\langle\langle x_{1,1}, x_{2,1} \rangle, \langle x_{1,2} \rangle\rangle$ を $\langle x_{1,1}, x_{2,1}, x_{1,2} \rangle$ に写す．

$$(Tf)(x) = \begin{cases} f(x), & x \in X, \\ \bot_Y, & x = \bot_X \end{cases}$$

直観的には，$\bot_X$ は未定義値という名前のとおり「未定義の値」を表しており，Tf は「未定義値 $\bot_X$ を未定義値 $\bot_Y$ に写す」ように f の定義域を X から TX に拡張した写像であると解釈できる．また，$\mu\colon T \bullet T \Rightarrow T$ および $\eta\colon 1_{\mathbf{Set}} \Rightarrow T$ のそれぞれの各成分 $\mu_X \in \mathbf{Set}(T(TX), TX)$ および $\eta_X \in \mathbf{Set}(X, TX)$（ただし $X \in \mathbf{Set}$）を，次式により定める（なお，$T(TX) = X \cup \{\bot_X\} \cup \{\bot_{TX}\}$ である）．

$$\mu_X(y) = \begin{cases} y, & y \in X, \\ \bot_X, & y \in \{\bot_X, \bot_{TX}\} \end{cases} \quad (y \in T(TX)), \qquad \eta_X(x) = x \quad (x \in X)$$

μ_X は，未定義値（つまり $\bot_X$ または $\bot_{TX}$）を未定義値 $\bot_X$ に写し，それ以外の値をそのまま返す写像である．直観的には，μ_X は 2 種類の未定義値 $\bot_X$ と $\bot_{TX}$ を同一視するようなはたらきをする（これらの未定義値を区別したくない場合には，この射は便利である）．また，η_X は恒等写像のようなはたらきをする．$\langle T, \mu, \eta \rangle$ がモナドであることの証明や，このモナドの具体的なイメージについては，演習問題 4.4.6 を参照のこと． ◁

▶ **補足** これらの例のように具体的なモナド $\langle T, \mu, \eta \rangle$ が与えられたとき，そのモナドについて理解するための第一歩は，T が関手であり μ と η が自然変換であることと，結合律・単位律を満たすことの確認かもしれない．なお，演習問題 4.4.7, 6.2.5 では，モナドの別の例として有限 Giry モナドと状態モナドについて扱う．

▶ **余談** Haskell などの純粋関数型プログラミング言語では，エラー処理などの「副作用」とよばれるものを扱うための方法として，しばしばモナドが用いられる．圏 C の各対象 a を（Int 型などの）データ型として，副作用をモナド T により表すことが考えられる．このとき，T としてリストモナド（例 4.42）を考えれば，Ta により有限個の a 型のデータの組を扱えるようになる．また，T として Maybe モナド（例 4.43）を考えれば，Ta により未定義値を含むような a 型のデータを扱えるようになる．

4.4.3 モナドと随伴の関係

モナドと随伴は密接な関係にあることを述べる．具体的には，任意の随伴から対応するモナドが導かれることを示す．また，与えられたモナドに対してそのモナドを導く随伴が存在することを指摘し，同一のモナドを導く随伴たちが圏を構成することも述べる．

(1) 随伴から導かれるモナド

命題 4.44 任意の随伴 $\langle F, G, \eta, \varepsilon \rangle$ に対して，$\langle G \bullet F, G \bullet \varepsilon \bullet F, \eta \rangle$ はモナドである．

このモナド $\langle G \bullet F, G \bullet \varepsilon \bullet F, \eta \rangle$ を**随伴 $\langle F, G, \eta, \varepsilon \rangle$ により導かれるモナド**のようによぶことにする．

証明 随伴 $F: \mathcal{C} \rightleftarrows \mathcal{D} : G$ の単位 η と余単位 ε を式(4.21)のように表し，$T := G \bullet F$ とおく．また，

(4.45)

とおく（これらの式の右辺では，左辺の青線 T の幅が太くなって線の内部が薄い青色で塗られていると捉えるとわかりやすいと思う）．このとき，式(4.39), (4.40) が成り立つことを示せばよい．

(4.46)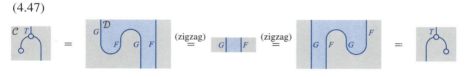

より，式(4.39) が成り立つ．また，

(4.47)

より，式(4.40) が成り立つ． □

▶ **補足** 同様に，$\langle F \bullet G, F \bullet \eta \bullet G, \varepsilon \rangle$ はコモナドである．このことは，$F \bullet \eta \bullet G$ と ε の図式が式(4.45)を上下反転させたような式になっていることから容易にわかる．

例 4.48 例 4.42 で述べたリストモナドは，随伴 $\text{Free}: \mathbf{Set} \rightleftarrows \mathbf{Mon} : U$ により導かれるモナドである． △

例 4.49 例 4.43 で述べた Maybe モナドは，随伴 $F: \mathbf{Set} \rightleftarrows \mathbf{Set}_* : U$ により導かれるモナドである．ただし，圏 $\mathbf{Set}_*$ は次のように定められる．

- 対象は，未定義値付きの集合 $X_* := X \cup \{\bot_X\}$ （ただし X は集合）である．
- 対象 X_* から対象 Y_* への射は，未定義値 $\bot_X$ を未定義値 $\bot_Y$ に写すような X_* から Y_* への写像である．

- 射の合成は写像の合成であり，恒等射は恒等写像である．

U は **Set**$_*$ から **Set** への忘却関手，つまり **Set**$_*$ の対象および射を単なる集合および写像とみなすような関手であり，F は U の左随伴である． △

> ▶ **補足** 忘却関手 U はしばしば左随伴 F をもつことが知られており，上記の 2 例はそのような随伴 $F \dashv U$ により導かれるモナドとして捉えられる．

(2) モナドを導く随伴の圏

命題 4.44 では，任意の随伴 $\langle F, G, \eta, \varepsilon \rangle$ がモナド $\langle G \bullet F, G \bullet \varepsilon \bullet F, \eta \rangle$ を導くことを示した．逆に，圏 C 上のモナド $\langle T, \mu, \eta \rangle$ が与えられたとき，そのモナドを導くような随伴 $\langle F, G, \eta, \varepsilon \rangle$ が存在することが知られている（このような随伴の例を命題 4.53, 4.57 で示す）．直観的には，このような随伴は，関手 T を $T = G \bullet F$ を満たすような F と G に分解したものとみなせる．

一般に，このような随伴たちは圏を構成する．具体的には，各モナド $\langle T, \mu, \eta \rangle$ に対して次のような圏（**Adj**$_T$ とおく）が考えられる．

- 対象は，随伴 $\langle F, G, \eta, \varepsilon \rangle$（ただし $F: C \rightleftarrows \mathcal{D} :G$ であり $\mathcal{D}$ は任意）のうち，それにより導かれるモナド $\langle G \bullet F, G \bullet \varepsilon \bullet F, \eta \rangle$ が $\langle T, \mu, \eta \rangle$ に等しいものである．なお，この随伴の単位 η はモナドの単位元 η に等しいため，同じ記号を用いている．
- 対象（つまり随伴）$\langle F, G, \eta, \varepsilon \rangle$ から対象 $\langle F', G', \eta, \varepsilon' \rangle$ への射は，$F' = K \bullet F$ および $G' \bullet K = G$ を満たす関手 K である．
- 射の合成は関手の水平合成であり，恒等射は恒等関手である．

圏 **Adj**$_T$ の射 $K: \langle F, G, \eta, \varepsilon \rangle \to \langle F', G', \eta, \varepsilon' \rangle$（ただし $F: C \rightleftarrows \mathcal{D} :G$ および $F': C \rightleftarrows \mathcal{D}' :G'$）を任意に選ぶ．このとき，$K$ は $\mathcal{D}$ から $\mathcal{D}'$ への関手であり，$G' \bullet F' = G' \bullet K \bullet F = G \bullet F$ であるためモナドの単位元 η は次のように表される．

(4.50)

また，

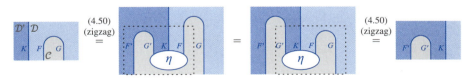

より $K \bullet \varepsilon = \varepsilon' \bullet K$ が成り立つ．ただし，補助線で囲まれた自然変換（左側および右

側）はそれぞれ $1_{F'} = 1_{K \bullet F}$ および $1_G = 1_{G' \bullet K}$ を表している．なお，2種類の余単位 $\varepsilon\colon F \bullet G \Rightarrow 1_{\mathcal{D}}$ と $\varepsilon'\colon F' \bullet G' \Rightarrow 1_{\mathcal{D}'}$ をともに半円状の線で表しているが，どちらであるかは図式から明らかである．

4.4.4 クライスリ圏とアイレンベルグ-ムーア圏

(1) クライスリ圏

圏 C 上のモナド $\langle T, \mu, \eta \rangle$ が与えられたとき，次のように定められる圏を**クライスリ圏**（Kleisli category）とよび，C_T と書く．

- 対象は，C の対象である．
- 対象 a から対象 b への射は，$C(a, Tb)$ の要素である．
- 射 $f \in C_T(a, b)$ と射 $g \in C_T(b, c)$ の合成は，C の射

$$(4.51) \qquad \mu_c \circ Tg \circ f \quad \underset{\text{数式}}{\overset{\text{図式}}{\rightleftarrows}}$$

である．また，対象 a 上の恒等射は，C の射

$$(4.52) \qquad \eta_a \quad \underset{\text{数式}}{\overset{\text{図式}}{\rightleftarrows}}$$

である．

定義より，C_T の恒等射であることは単位元 η の成分であることと同値である．恒等射の図式などから，C_T の対象 a は C の対象 a と Ta の両方に対応していると解釈できる．

> ▶ **余談** Haskell などの純粋関数型プログラミング言語におけるモナドについて考える際には，クライスリ圏を考えるとわかりやすいことが多い．なお，Haskell ではモナドを関数「return」およびバインド演算子「>>=」により特徴付けることが一般的であり，これらはそれぞれ射 η および写像 $Ta \times C(a, Tb) \ni \langle x, f \rangle \mapsto (\mu_b \circ Tf)(x) \in Tb$ に対応している．

次の命題より，任意のモナドに対してそのモナドを導く随伴が存在することがわかる．

命題 4.53 圏 C 上の任意のモナド $\langle T, \mu, \eta \rangle$ に対して，随伴 $\langle F_T, G_T, \eta, \varepsilon_T \rangle$（ただし $F_T\colon C \rightleftarrows C_T \colon G_T$）のうち $\langle T, \mu, \eta \rangle$ を導く（つまり $\langle G_T \bullet F_T, G_T \bullet \varepsilon_T \bullet F_T, \eta \rangle = \langle T, \mu, \eta \rangle$ を満たす）ものが存在する．

4.4 モナド　129

証明　演習問題 4.4.1.　□

▶ **補足**　随伴 $\langle F, G, \eta, \varepsilon \rangle$ について考えるときは圏 C と圏 $\mathcal{D}$ が現れるのに対し，C 上のモナド $\langle T, \mu, \eta \rangle$ について考えるときは圏 $\mathcal{D}$ は明示的には現れない．しかし，任意のモナドに対してそのモナドを導く随伴が存在するため，直観的にはモナドでは圏 $\mathcal{D}$ が背後に隠れているといえよう．

命題 4.54　圏 C 上のモナド $\langle T, \mu, \eta \rangle$ を考える．命題 4.53 の証明で定めた随伴 $\langle F_T, G_T, \eta, \varepsilon_T \rangle$ は，圏 $\mathbf{Adj}_T$ の始対象である．

証明　演習問題 4.4.2.　□

(2) アイレンベルグ-ムーア圏

モナド $\langle T, \mu, \eta \rangle$ から随伴を作るためによく用いられる圏として，クライスリ圏とは別の圏である**アイレンベルグ-ムーア圏**（Eilenberg-Moore category）（C^T と書く）についても紹介しておく．この圏 C^T は，T**-代数の圏**（category of T-algebras）ともよばれる．C^T は，次のように定められる．

- 対象は，次式を満たすような $x \in C$ と $a \in C(Tx, x)$ の組 $\langle x, a \rangle$ である．

$$(4.55)$$

組 $\langle x, a \rangle$ は T**-代数**ともよばれる．

- 対象 $\langle x, a \rangle$ から対象 $\langle y, b \rangle$ への射 f は，$f \in C(x, y)$ のうち

$$(4.56)$$

を満たすものである．

- 射の合成は C の射としての合成であり，恒等射は C の恒等射である．

次の命題が示すように，アイレンベルグ-ムーア圏を用いて随伴が得られる．

130 | 第 4 章 随伴

命題 4.57　圏 C 上の任意のモナド $\langle T, \mu, \eta \rangle$ に対して，随伴 $\langle F^T, G^T, \eta, \varepsilon^T \rangle$（ただし $F^T : C \rightleftarrows C^T : G^T$）のうち $\langle T, \mu, \eta \rangle$ を導く（つまり $\langle G^T \bullet F^T, G^T \bullet \varepsilon^T \bullet F^T, \eta \rangle = \langle T, \mu, \eta \rangle$ を満たす）ものが存在する．

証明　演習問題 4.4.3.　　　　　　　　　　　　　　　　　　　　　　□

また，命題 4.54 とは対照的に，この随伴は $\mathbf{Adj}_T$ の終対象を定める．

命題 4.58　圏 C 上のモナド $\langle T, \mu, \eta \rangle$ を考える．命題 4.57 の証明で定めた随伴 $\langle F^T, G^T, \eta, \varepsilon^T \rangle$ は，圏 $\mathbf{Adj}_T$ の終対象である．

証明　演習問題 4.4.4.　　　　　　　　　　　　　　　　　　　　　　□

演習問題

4.4.1　命題 4.53 を証明せよ．[ヒント：各射 $f \in C(a, b)$ を $\eta \bullet f \in C_T(a, b)$ に写すように関手 F_T を定め，各射 $f \in C_T(a, b)$ を $\mu_b \circ Tf \in C(Ta, Tb)$ に写すように関手 G_T を定める．]

4.4.2　命題 4.54 を証明せよ．[ヒント：$\mathbf{Adj}_T$ の対象であるような任意の随伴 $\langle F, G, \eta, \varepsilon \rangle$ に対して，$F = K \bullet F_T$ および $G \bullet K = G_T$ を満たす関手 K が一意に存在することを示せばよい．このような関手 K が存在すると仮定して，K が満たすべき性質を考える．]

4.4.3　命題 4.57 を証明せよ．[ヒント：各射 $f \in C(x, y)$ を $Tf \in C^T(\langle Tx, \mu_x \rangle, \langle Ty, \mu_y \rangle)$ に写すように関手 F^T を定め，各射 $f \in C^T(\langle x, a \rangle, \langle y, b \rangle)$ を $f \in C(x, y)$ に写すように関手 G^T を定める．]

4.4.4　命題 4.58 を証明せよ．

4.4.5　例 4.42 で述べたリストモナド $\langle T, \mu, \eta \rangle$ がモナドであることを確かめよ．

4.4.6　例 4.43 で述べた Maybe モナド $\langle T, \mu, \eta \rangle$ について，
(a) $\langle T, \mu, \eta \rangle$ がモナドであることを確かめよ．
(b) クライスリ圏 $\mathbf{Set}_T$ と命題 4.53 で定まる関手 F_T, G_T を具体的に示せ．
(c) T-代数を具体的に示せ．

4.4.7　各集合 X について，X から 0 以上 1 以下の実数全体への写像 f のうち，$s_f := \{x \in X \mid f(x) \neq 0\}$ が有限集合でありかつ $\sum_{x \in s_f} f(x) = 1$ を満たすものの全体を SX とおく（SX の各要素 f は確率分布のようなものであると捉えるとわかりやすいかもしれない）．また，各 $x \in X$ について，写像 $\overline{x} \in SX$ を $s_{\overline{x}} = \{x\}$（つまり，$\overline{x}(x) = 1$ および x 以外の任意の $y \in X$ について $\overline{x}(y) = 0$）を満たすように定める．各写像 $g : X \to Y$（$X, Y \in \mathbf{Set}$ は任意）を写像 $Sg : SX \ni f \mapsto \sum_{x \in s_f} f(x) \overline{gx} \in SY$ に写すような $\mathbf{Set}$ 上の関手 S が存在して，モナドになることを示せ．（備考：このモナドは**有限 Giry モナド**（finitary Giry monad）とよばれ，確率分布を扱う際や凸集合を一般化した概念について考える際などに用いられる．）

第5章 極限

極限も，随伴と同じく圏論のいたるところで現れる．たとえば，デカルト積やベクトル空間の直和・核といった概念や，連立方程式の解の集合などは，いずれも極限の特別な場合である．本章では，極限の定義とそのいくつかの例を示すとともに，極限の保存や完備性といった，極限の基本的な性質について述べる．

5.1 極限の定義と例

本節では，錐と極限（および余錐と余極限）の定義と例を述べる．また，定義からすぐに導かれる性質についても述べる．本章では例 2.33 で述べた対角関手が頻繁に登場するので，思い出しておいてほしい．

5.1.1 錐と極限

(1) 大まかなイメージ

これから述べる錐や極限は，慣れるまではかなり抽象的な概念だと感じるかもしれない．ここではそれらの大まかなイメージをもってもらうために，「2 個の集合を選んでそのデカルト積をとる」という具体的な操作を考えることにしよう．

まず，2 個の集合を選ぶという操作は，2 個の対象（1 と 2 とおく）からなる離散圏 $\mathcal{J}$ から **Set** への関手 D を選ぶことと実質的に同じである．このことは，関手 $D : \mathcal{J} \to$ **Set** が 2 個の集合 $D1$ と $D2$ により定まることからわかる（例 1.50 を参照のこと）．次に，2 個の集合 $D1$ と $D2$ のデカルト積をとるという操作を考える．デカルト積 $D1 \times D2$ は，ある「特別な性質」を満たす集合として定められる．具体的には，ある集合 Z に対して「Z から $D1$ へのある写像 ε_1」と「Z から $D2$ へのある写像 ε_2」の組 $\varepsilon := \langle \varepsilon_1, \varepsilon_2 \rangle$ がある「特別な性質」を満たすならば，$Z \cong D1 \times D2$ が成り立つ．つまり，Z はデカルト積 $D1 \times D2$ と同一視できる．

$Z \in$ **Set** に対角関手 $\Delta_{\mathcal{J}} :$ **Set** $\to$ **Set**$^{\mathcal{J}}$ を施して得られる関手 $\Delta_{\mathcal{J}} Z : \mathcal{J} \to$ **Set** を考える．このとき，写像の組 ε は関手 $\Delta_{\mathcal{J}} Z$ から関手 D への自然変換であることがわ

132 | 第 5 章 極限

かる[‡1]. また，5.1.2 項で述べるように，$\langle Z, \varepsilon \rangle$ が対角関手 $\Delta_{\mathcal{J}} : \mathbf{Set} \to \mathbf{Set}^{\mathcal{J}}$ から関手 $D \in \mathbf{Set}^{\mathcal{J}}$ への普遍射ならば $Z \cong D1 \times D2$ が成り立つことがわかる．つまり，上で述べた「特別な性質」とは普遍性のことである．

> **▶補足** 単に $D1$ と $D2$ のデカルト積 $D1 \times D2$ を考えたい場合には，このような回りくどい考え方をする必要はないと思う．しかし，このような考え方をするとデカルト積を一般化した概念について考えられるようになり，「**Set** におけるデカルト積に対応するような $\mathbf{Vec}_{\mathbb{K}}$ における概念は何か？」といった疑問に答えられるようになる．

このように，デカルト積は対角関手からの普遍射として捉えられる．極限とは，このような捉え方を一般化したような概念である．極限では，上記の例における **Set** をより一般的な圏 C に置き換えて，また圏 $\mathcal{J}$ は 2 個の対象からなる離散圏とは限らないとする．このとき，関手 $D : \mathcal{J} \to C$ が「C のいくつかの射を選ぶ」という操作に対応することがわかる（ただし，D が関手となるように射を選ぶ必要がある）．また，ある対象 $c \in C$ に対して自然変換 $\alpha : \Delta_{\mathcal{J}} c \Rightarrow D$ （ただし関手 $\Delta_{\mathcal{J}} c : \mathcal{J} \to C$ は c に対角関手 $\Delta_{\mathcal{J}} : C \to C^{\mathcal{J}}$ を施したもの）が「c からの射の集まり $\{\alpha_j \in C(c, Dj)\}_{j \in \mathcal{J}}$」に対応する．このような α は c から D への錐とよばれる．とくに対象 c と錐 α の組 $\langle c, \alpha \rangle$ が対角関手 $\Delta_{\mathcal{J}} : C \to C^{\mathcal{J}}$ から関手 $D \in C^{\mathcal{J}}$ への普遍射である場合には，D の極限とよばれる．

(2) 錐の定義

以降では，錐と極限の定義を示すとともに，その定義の意味について説明する．しばらくは抽象的な話が続くためイメージをつかみにくいかもしれないが，次項で紹介するいくつかの例を通して錐や極限の具体的なイメージをつかめることと思う．

> **定義 5.1 （錐）** 圏 C の対象 c と関手 $D : \mathcal{J} \to C$ （つまり $D \in C^{\mathcal{J}}$）に対し，関手 $\Delta_{\mathcal{J}} c$ から関手 D への自然変換を c から D への錐 (cone)，または単に D への錐とよぶ．

c から D へのすべての錐の集まりを $\mathrm{Cone}(c, D)$ と書く．つまり，

$$\mathrm{Cone}(c, D) := C^{\mathcal{J}}(\Delta_{\mathcal{J}} c, D)$$

である．錐 $\alpha = \{\alpha_j\}_{j \in \mathcal{J}} \in \mathrm{Cone}(c, D)$ は次の図式で表される．

[‡1] 証明：関手 $\Delta_{\mathcal{J}} Z$ は $\mathcal{J}$ の 2 個の対象をともに Z に写す．このため，例 1.73 で述べたとおり，写像の組 $\varepsilon = \langle \varepsilon_1, \varepsilon_2 \rangle \in \mathbf{Set}(Z, D1) \times \mathbf{Set}(Z, D2)$ は $\Delta_{\mathcal{J}} Z$ から D への自然変換である．

(5.2)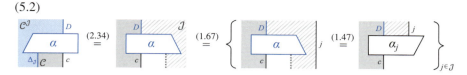

ここで，$\mathcal{J}$ から $\mathbf{1}$ への唯一の関手 $!$ をグレーの点線で表している（例 1.46 を参照のこと）．錐 α は自然変換であるが，この式のようにしばしば四角形のブロックを用いて表すことにする．2 番目の式は，$\Delta_{\mathcal{J}} c = c \bullet !$ を用いて錐 α を左辺とは異なる方法で表したものである．なお，錐を数式で表す際には対角関手 $\Delta_{\mathcal{J}}$ がよく現れるが，以降の図式ではこの 2 番目の式のように関手 $!$ を用いて表すことが多い．

▶ 補足　式(5.2) の最後の等号では，「線 j を横方向に動かして線 D とブロック α と線 $!$ にそれぞれ重ねると，線 Dj とブロック α_j と線 $* \in \mathbf{1}$ になる（$c \bullet * = c$ であるため線 $*$ は省略されている）」のように考えるとわかりやすいかもしれない．

錐 α は自然変換，つまり自然性を満たすような $\mathcal{C}$ の射の集まり $\{\alpha_j\}_{j \in \mathcal{J}}$ である．また，式(5.2) の右辺が示すように，各成分 α_j は $\mathcal{C}(c, Dj)$ の要素である．つまり，各射 α_j のドメインは同一の対象 c であり，コドメインは Dj である．α の自然性は

(5.3) $$\begin{array}{c}\text{（図式）}\end{array} \quad (\forall h \in \mathcal{J}(i,j))$$

（ただし $i, j \in \mathcal{J}$ も任意）と表せる（演習問題 5.1.1）．式(5.3) で表される制約条件は，$\mathcal{J}$ の恒等射以外の射の個数だけあるといえる（h が恒等射の場合には明らかに何の制約も課さない）．各射 $h \in \mathcal{J}(i,j)$ に対して，α_j は式(5.3) により α_i から一意に定まる．また，異なる射 $h, h' \in \mathcal{J}(i,j)$ がある場合には射 α_i は $Dh \circ \alpha_i = Dh' \circ \alpha_i$ を満たす必要がある．

▶ 補足　$\Delta_{\mathcal{J}} c$ から D への自然変換が錐とよばれる理由は，アロー図（付録 B を参照のこと）を描くと理解しやすいかもしれない[‡2]．例として，$\mathcal{J}$ が 3 個の対象 1, 2, 3 と恒等射以外の 3 本の射 $f : 1 \to 2$, $g : 2 \to 3$, $gf : 1 \to 3$ をもつ場合の，錐 $\alpha \in \mathrm{Cone}(c, D)$ のアロー図（可換図式[‡3]）を示す．

[‡2] 射を矢印 → で表し，その始点にドメインである対象を書き，終点にコドメインである対象を書いたものをアロー図とよぶ．

[‡3] 始点と終点が同じであるような任意の経路が等しいようなアロー図を，可換図式とよぶ．式(5.4) の例では，$D1$ から $D3$ への二つの経路 $D(gf)$ と $Dg \circ Df$ は等しい．同様に，$\alpha_2 = Df \circ \alpha_1$, $\alpha_3 = Dg \circ \alpha_2$, $\alpha_3 = D(gf) \circ \alpha_1$ である．

(5.4)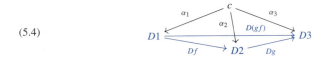

ただし，関手 D で写した先の対象 $D1, D2, D3$ と射 $Df, Dg, D(gf)$ を青字で示している．錐 α は，c から各対象 $D1, D2, D3$ への射の集まり $\{\alpha_1, \alpha_2, \alpha_3\}$ である．式(5.4)は，青字の（$D1, D2, D3$ を頂点とする）三角形を底面として c を頂点とする三角錐のような形をしていることがわかると思う．なお，極限の一般的な性質を調べる際にはストリング図が活躍するが，個別の極限について考える際には式(5.4)のようなアロー図で表すほうが適している場合がある．このため，本章ではこのようなアロー図を用いて説明することが何度かある．

(3) 錐の圏

コンマ圏 $\mathrm{Cone}_D := \Delta_\mathcal{J} \downarrow D$ （ただし $\Delta_\mathcal{J}: \mathcal{C} \to \mathcal{C}^\mathcal{J}$ および $D \in \mathcal{C}^\mathcal{J}$）は，しばしば D への**錐の圏**（category of cones）とよばれる．コンマ圏の定義より，Cone_D は次のような圏であることがわかる（3.2.4 項で述べたコンマ圏 $G \downarrow c$ の G および c にそれぞれ $\Delta_\mathcal{J}$ および D を代入すればよい）．

- 対象は，$c \in \mathcal{C}$ と $\alpha \in \mathcal{C}^\mathcal{J}(\Delta_\mathcal{J} c, D) = \mathrm{Cone}(c, D)$ の組 $\langle c, \alpha \rangle$ である．
- 対象 $\langle c, \alpha \rangle$ から対象 $\langle c', \alpha' \rangle$ への射は，$\alpha' \circ \Delta_\mathcal{J} f = \alpha$，つまり

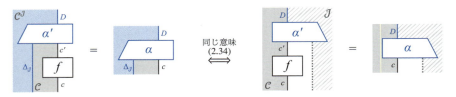

  を満たすような $\mathcal{C}$ の射 $f \in \mathcal{C}(c, c')$ である．
- 射の合成は $\mathcal{C}$ の射としての合成であり，恒等射は $\mathcal{C}$ の恒等射である．

大ざっぱに述べると，この圏は D への錐を対象とするような圏のことである．

小圏 $\mathcal{J}$ に対して，$\mathcal{C}^\mathrm{op}$ からの集合値関手（つまり前層）$\mathrm{Cone}(-, D)$ を

$$\mathrm{Cone}(-, D) := \mathcal{C}^\mathcal{J}(\Delta_\mathcal{J}-, D): \mathcal{C}^\mathrm{op} \to \mathbf{Set}$$

と定める．なお，$\mathcal{C}^\mathcal{J}(\Delta_\mathcal{J}-, D)$ は例 2.53 で述べた関手 $\mathcal{C}(G-, c)$ に $\mathcal{C} = \mathcal{C}^\mathcal{J}$, $G = \Delta_\mathcal{J}$, $c = D$ を代入したものである．$\mathrm{Cone}(-, D)$ は各 $c \in \mathcal{C}$ を $\mathrm{Cone}(c, D)$ に写し，次式を満たす．

(5.5) $\qquad \mathrm{Cone}_D = \Delta_\mathcal{J} \downarrow D = \mathrm{el}(\mathcal{C}^\mathcal{J}(\Delta_\mathcal{J}-, D)) = \mathrm{el}(\mathrm{Cone}(-, D))$

ただし，2番目の等号では式(3.55)を用いた．つまり，Cone_D は前層 $\mathrm{Cone}(-, D)$ の要素の圏である．このことは，圏 Cone_D の対象 $\langle c, \alpha \rangle$ が $c \in C$ と $\mathrm{Cone}(-, D) \bullet c = \mathrm{Cone}(c, D)$ の要素 α の組であることから直観的に理解しやすいであろう．以降では，D への錐について考えるときは，しばしば断りなく $\mathcal{J}$ は小圏であると仮定する．

▶ **補足 1** 2.3.1 項で述べたように，$\mathcal{J}$ が小圏ならば $C^{\mathcal{J}}$ は局所小圏である．逆に，$\mathcal{J}$ が小圏ではないならば $C^{\mathcal{J}}$ が局所小圏とは限らないため，$\mathrm{Cone}(-, D) = C^{\mathcal{J}}(\Delta_{\mathcal{J}}-, D)$ が前層ではない可能性がある．すると，米田の補題（定理 3.10 や系 3.20）をはじめとするいくつかの命題が少なくともそのままでは使えなくなり，都合が悪い．$\mathcal{J}$ が小圏であると仮定するのは，このことを回避するためである．

▶ **補足 2** 錐 $\alpha \in \mathrm{Cone}(c, D)$ は，ある性質を満たす $\mathcal{J}$ から $c \downarrow D$ への関手に一対一に対応している（演習問題 7.2.2 を参照のこと）．

(4) 極限の定義

定義 5.6（極限） 対角関手 $\Delta_{\mathcal{J}}: C \to C^{\mathcal{J}}$ から関手 $D \in C^{\mathcal{J}}$ への普遍射（または同じことであるが，錐の圏 Cone_D の終対象）を D の**極限**（limit）とよぶ．式(3.57)を用いて言い換えると，$d \in \mathcal{D}$ と錐 $\kappa \in \mathrm{Cone}(d, D)$ の組 $\langle d, \kappa \rangle$ が D の極限であるとは，D への任意の錐 $\alpha \in \mathrm{Cone}(c, D)$（$c$ も任意）に対して，射 $\overline{\alpha} \in C(c, d)$ が一意に存在して $\alpha = \kappa \circ \Delta_{\mathcal{J}} \overline{\alpha}$，つまり

(5.7)

（ただし青丸は κ）を満たすことである．矢印 $\overset{\text{同じ意味}}{\Longleftrightarrow}$ の左側と右側では，念のため同じ式を別の方法で表している．

D の極限が存在することは，c から D への錐 α が C の射 $\overline{\alpha}$ と一対一に対応することを意味する．極限があれば，錐 α（つまり C の射の集まり $\{\alpha_j\}_{j \in \mathcal{J}}$）を一般により単純な構造である射 $\overline{\alpha}$ で表せるため，しばしば便利である．以降では，極限の普遍性を表す式(5.7)を頻繁に用いる．なお，κ も錐であるため，自然性（式(5.3)を参照のこと）を満たすような射の集まり $\{\kappa_j \in C(d, Dj)\}_{j \in \mathcal{J}}$ である．

式(5.7)に評価関手 ev_j を施せば錐 α の各成分 α_j が得られるため，式(5.7)は

(5.8) $\quad$ ... $= \quad (\forall j \in \mathcal{J})$

（ただし黒丸は κ の成分 κ_j）を満たす $\overline{\alpha}$ が一意に存在することと同値である．式(5.7)は射 $\overline{\alpha}$ から対応する錐 α を得るための式とみなせる．逆に錐 α から対応する射 $\overline{\alpha}$ を得るための式は，式(3.61) で導入した図式を用いれば次のように表せる（式(5.7) と同様に二通りの方法を示している）．

(5.9) $\quad \overline{\alpha} \quad = \quad \alpha \quad = \quad \alpha$

直観的には，「コ」を左右反転させたような形状（または「コ」の形状）をしたブロックは，その内側にある 2 本の線 D と $\Delta_{\mathcal{J}}$ （または D と !）を線 d に変換して，線 c を素通りするようなはたらきをする．

$\langle d, \kappa \rangle$ が D の極限であるとき，対象 d を極限対象（limit object）とよび，錐 κ を極限錐（limit cone）とよぶ．D の極限対象 d をしばしば $\lim D$ と書く．以降では，κ を

(5.10) $\quad \lim D \quad = \quad \lim \mathcal{C}^{\mathcal{J}}$

の右辺のように表すことがある．ここで，ラベル「lim」が付いた青い点線は，各関手 $D \in \mathcal{C}^{\mathcal{J}}$ を極限対象 $\lim D \in \mathcal{C}$ に写す写像のようなものを表している．D が極限をもたない場合には，その左側に点線 lim を描くことはできない．

> ▶補足　命題 5.51 で述べるように，各関手 $D \in \mathcal{C}^{\mathcal{J}}$ が極限をもつ場合には各 D をその極限対象 $\lim D$ に写すような関手 $\lim: \mathcal{C}^{\mathcal{J}} \to \mathcal{C}$ がある．逆に，そうではない場合には関手 lim はない．このように，関手 lim があるとは限らないため，式(5.10) では線 lim を実線ではなく点線で表している．

> ▶余談　ここでの極限は，解析学における極限とは（関連はしているが）別のものだと考えたほうが無難であろう．終対象という「終端」のイメージで極限を捉えるとよいかもしれない．

$\mathrm{mor}\,\mathcal{J}$ が有限集合であるとき，圏 $\mathcal{J}$ は有限（finite）であるとよぶ．$\mathcal{J}$ が有限であるとき，関手 $D: \mathcal{J} \to \mathcal{C}$ の極限を有限極限（finite limit）とよぶ．

5.1.2 極限の例

代表的ないくつかの圏を $\mathcal{J}$ とおいたときの関手 $D\colon \mathcal{J} \to C$ の極限を紹介する.

(1) 終対象

まずは,圏 $\mathcal{J}$ が対象と射をもたない圏 $\mathbf{0}$ である場合を考える.この場合,関手 $D\colon \mathbf{0} \to C$ はその射への作用が空写像(p.17)であるものとして一意に定まる.このとき,式(5.7)は,各対象 c に対して c から d への射が一意に存在することを意味する(錐 $\alpha \in \mathrm{Cone}(c, D)$ は単なる対象 $c \in C$ と同一視できる).したがって,D の極限対象であることは C の終対象であることと同値である.

(2) 直積

$\mathcal{J}$ が離散圏の場合を考える.このとき,$\{d_j \in C\}_{j \in \mathcal{J}}$ の形の任意の対象の集まりに対して,各 $j \in \mathcal{J}$ を $Dj := d_j$ に写すような関手 $D\colon \mathcal{J} \to C$ が一意に存在する(例1.50を参照のこと).また,$\{\alpha_j \in C(c, Dj)\}_{j \in \mathcal{J}}$ の形の任意の射の集まりは,$\Delta_{\mathcal{J}} c$ から D への自然変換,つまり c から D への錐である(例1.73を参照のこと).

D の極限 $\langle \varpi, \pi \rangle$ を $\{Dj\}_{j \in \mathcal{J}}$ の**直積**(product)とよぶ.極限対象 ϖ や極限錐 π もしばしば直積とよばれる.ϖ(つまり $\lim D$)を特別に $\prod_{j \in \mathcal{J}} Dj$ と書く.錐 π は射の集まり $\{\pi_j \in C(\varpi, Dj)\}_{j \in \mathcal{J}}$ であり,任意の錐(つまり射の集まり)$\alpha = \{\alpha_j \in C(c, Dj)\}_{j \in \mathcal{J}}$ について $\alpha_i = \pi_i \overline{\alpha}$ $(\forall i \in \mathcal{J})$,つまり

$$(5.11) \qquad \boxed{\alpha_i} \quad = \quad \varpi = \prod_{j \in \mathcal{J}} Dj \; \boxed{\overline{\alpha}} \qquad (\forall i \in \mathcal{J})$$

(ただし黒丸は π_i)を満たすような射 $\overline{\alpha}\colon c \to \varpi$ が一意に存在するようなものである.なお,式(5.11)は式(5.8)に対応している.極限錐 π の各成分 π_i を $\prod_{j \in \mathcal{J}} Dj$ から Di への**射影**(projection)とよぶ.直観的には,$\overline{\alpha}$ とは単に射の集まり $\{\alpha_j\}_{j \in \mathcal{J}}$ に関する情報を過不足なくもっている射のことであり,射影 π_i は $\overline{\alpha}$ を α_i に写すようなものであると解釈できる.

$\mathcal{J}$ の対象が 1 と 2 の 2 個のとき(この 1 は終対象ではないことに注意すること),D は対象の組 $\langle x, y \rangle$(ただし $x := D1$ および $y := D2$)のことであり,$\prod_{j \in \mathcal{J}} Dj$ は $x \times y$ のようにも表される(対象が 3 個以上の場合にも同様に表せる).この場合の可換図式を示しておく[‡4].

[‡4] 可換図式であるため,$\alpha_1 = \pi_1 \overline{\alpha}$ および $\alpha_2 = \pi_2 \overline{\alpha}$ が成り立つ.

(5.12)

各矢印が圏 C の射を表している．また，関手 D で写った先をグレーの背景で表し，極限対象 $x \times y$ と極限錐 π（の各成分）を青字で表している．破線の矢印は，図式を満たすような射が一意に存在することを意味するものとする．この例では，c から D への各錐 α（これは 2 本の射の組 $\langle \alpha_1, \alpha_2 \rangle$ に等しい）に対して，式(5.12)で表される射 $\overline{\alpha}$ が一意に存在する．この射 $\overline{\alpha}$ を $[\alpha_1, \alpha_2]$ と表すことにする．逆に，c から $x \times y$ への射 $\overline{\alpha}$ を任意に選んだとき，対応する錐 α は $\alpha = \langle \pi_1 \overline{\alpha}, \pi_2 \overline{\alpha} \rangle$ である．ここから，

(5.13) $\quad\quad \overline{\alpha} = [\pi_1 \overline{\alpha}, \pi_2 \overline{\alpha}] \quad\quad (\forall c \in C,\ \overline{\alpha} \in C(c, x \times y))$

が成り立つことがわかる．射 $\overline{\alpha} \in C(c, x \times y)$ と錐 $\alpha \in \mathrm{Cone}(c, D)$ は一対一に対応し，錐 α は射の組 $\langle \alpha_1, \alpha_2 \rangle \in C(c, x) \times C(c, y)$ に等しいため，次式が成り立つ．

(5.14) $\quad\quad C(c, x \times y) \cong \mathrm{Cone}(c, D) \cong C(c, x) \times C(c, y)$

> ▶ 補足　式(5.12)と同様に，本項で示すすべてのアロー図では，関手 D で写った先をグレーの背景で表し，極限対象と極限錐を青字で表すことにする．5.1.4 項で示す余極限の例でも同様である．

例 5.15　**Set** における直積　集合 X と集合 Y のデカルト積

$$X \times Y := \{ \langle x, y \rangle \mid x \in X,\ y \in Y \}$$

は，**Set** における直積 $X \times Y$ である．写像 $\pi_1 \colon X \times Y \ni \langle x, y \rangle \mapsto x \in X$ と写像 $\pi_2 \colon X \times Y \ni \langle x, y \rangle \mapsto y \in Y$ が射影である（演習問題 5.1.2）． △

例 5.16　**Cat** における直積　1.1.6 項で述べた圏の直積 $\mathcal{X} \times \mathcal{Y}$ は，**Cat**（または **CAT**）における直積 $\mathcal{X} \times \mathcal{Y}$ である（演習問題 5.1.2）． △

離散圏 $\mathcal{J}$ が有限である場合の直積を**有限直積**（finite product）とよぶ．とくに，$\mathcal{J}$ が 2 個の対象のみをもつ場合には **2 項直積**（binary product）とよぶ．任意の離散圏 $\mathcal{J}$（ただし $\mathcal{J}$ は小圏）から圏 C への任意の関手が極限をもつとき，C は**直積をもつ**という．同様に，有限直積をもつ，2 項直積をもつなどとよぶ（これから述べるイコライザや引き戻しなどについても同様）．

> ▶ 補足　6.1.5 項では，圏 C が有限直積をもつならば式(5.12)の可換図式における射 $\overline{\alpha}$ を視覚的にわかりやすいストリング図（具体的には式(6.40)）で表せることを紹介する．

2 項直積をもつ任意の圏 C について

(5.17) $$a \times b \cong b \times a \qquad (\forall a, b \in C),$$

(5.18) $$(a \times b) \times c \cong a \times (b \times c) \qquad (\forall a, b, c \in C)$$

が成り立ち，さらに C が終対象 1 をもつ場合には

(5.19) $$a \times 1 \cong a \cong 1 \times a \qquad (\forall a \in C)$$

が成り立つ（演習問題 5.1.3）．直観的にはこれらの式は，実数における乗算について成り立つような式が，圏 C の直積において成り立つことを意味している．類似の式は，演習問題 6.2.3 でも扱う．

圏 C が終対象と 2 項直積をもつならば，C は有限直積をもつ（明らかにこの逆も成り立つ）．実際，「0 項直積」は $\mathcal{J} = \mathbf{0}$ の場合の極限であるため終対象そのものであり，「1 項直積」は $\mathcal{J} = \mathbf{1}$ の場合の極限であるため $D(*)$ である．「3 項直積」は式(5.18)の左辺および右辺と同一視できて，2 回の 2 項直積により得られる．同様に，「n 項直積」は $n-1$ 回の 2 項直積により得られる．

(3) イコライザ

$\mathcal{J}$ を，2 個の対象 $1, 2$ と恒等射以外に 2 本の射 $\tilde{s}, \tilde{t} \in \mathcal{J}(1, 2)$ のみをもつような圏とする．この圏を模式的に表すと，次のようになる（恒等射は省略している）．

(5.20) $$1 \mathrel{\substack{\tilde{s} \\ \longrightarrow \\ \longrightarrow \\ \tilde{t}}} 2$$

関手 $D \colon \mathcal{J} \to C$ は，2 本の射 $\tilde{s}$ と $\tilde{t}$ にそれぞれ対応する C の射 $s := D\tilde{s}$ と $t := D\tilde{t}$ により特徴付けられる[‡5]．D の極限 $\langle e, \kappa \rangle$ を（または単に κ を）s と t のイコライザ (equalizer) とよぶ．以下では，次のアロー図に基づいてイコライザを説明する．

(5.21)

ここで，$x := D1$ および $y := D2$ とし，$\alpha_1 = \kappa_1 \overline{\alpha}$ が成り立つとする．

$c \in C$ から D への錐 α は 2 本の射 $\alpha_1 \in C(c, x)$ と $\alpha_2 \in C(c, y)$ の組のことであり，自然性の条件は $\alpha_2 = s\alpha_1$ および $\alpha_2 = t\alpha_1$，つまり $s\alpha_1 = \alpha_2 = t\alpha_1$ である．s と t は

[‡5] より正確には，任意の射 $s, t \in C(x, y)$（$x, y \in C$ も任意）に対して $s = D\tilde{s}$ および $t = D\tilde{t}$ を満たすような関手 $D \colon \mathcal{J} \to C$ が一意に存在して，射の組 $\langle s, t \rangle$ と関手 D が一対一に対応する．

140 | 第 5 章 極限

与えられた D により定まっているため，この条件から α_1 が定まれば α_2 が定まる．このため，c から D への錐 α は $s\alpha_1 = t\alpha_1$ を満たすような射 $\alpha_1 \in C(c, x)$ と同一視できる．イコライザ κ も同様に，$s\kappa_1 = t\kappa_1$ を満たすような射 $\kappa_1 \in C(e, x)$ と同一視できる．式(5.21)ではこれらの同一視を行って $\alpha = \alpha_1$ および $\kappa = \kappa_1$ としており，以降でもこれらの同一視を行う．なお，このような同一視は単に説明をわかりやすくするためのものであり，本質的に重要なものではない．

s と t のイコライザ κ は

$$(5.22) \qquad s\kappa = t\kappa \quad \overset{\text{図式}}{\underset{\text{数式}}{\rightleftarrows}}$$

を満たす（ただし黒丸は κ）．なお，D により定まる射 s, t をグレーで描いている．さらに，イコライザの普遍性より，$s\alpha = t\alpha$ を満たす任意の射 $\alpha \in C(c, x)$ に対して，$\alpha = \kappa\overline{\alpha}$ を満たす射 $\overline{\alpha} \in C(c, e)$ が一意に存在する．つまり，

$$(5.23)$$

が成り立つ．直観的には，極限対象 e は対象 x に対して「s を施した結果が t を施した結果に等しくなる」ように制約を課したものである．

例 5.24 **Set におけるイコライザ** 2 個の写像 $s, t \in \mathbf{Set}(X, Y)$ に対し，方程式 $s(x) = t(x)$ $(x \in X)$ の解の集合

$$E := \{x \in X \mid s(x) = t(x)\}$$

を考える．E から X への埋め込み $E \ni x \mapsto x \in X$ を ι とおくと，$\langle E, \iota \rangle$ は s と t のイコライザである（演習問題 5.1.2）．▵

例 5.25 **Set における連立方程式** n を自然数として，写像 $s_k, t_k \in \mathbf{Set}(X, Y_k)$ $(k \in \{1, \ldots, n\})$ に対して $s_1(x) = t_1(x), \ldots, s_n(x) = t_n(x)$ $(x \in X)$ で表されるような連立方程式を考える．n 個の写像 $s_1, \ldots, s_n$ は，$\hat{s}(x) := \langle s_1(x), \ldots, s_n(x) \rangle$ $(x \in X)$ により定まる 1 個の写像 $\hat{s} : X \to Y_1 \times \cdots \times Y_n$ として表せる．同様に，写像 $\hat{t} : X \to Y_1 \times \cdots \times Y_n$ を定められる．また，連立方程式の解の集合は

$$E := \{x \in X \mid s_1(x) = t_1(x), \ldots, s_n(x) = t_n(x)\} = \{x \in X \mid \hat{s}(x) = \hat{t}(x)\}$$

と表せる．このため，E から X への埋め込み $E \ni x \mapsto x \in X$ を ι とおくと，例 5.24 より $\langle E, \iota \rangle$ は $\hat{s}$ と $\hat{t}$ のイコライザである（演習問題 5.1.2）． ◿

(4) 引き戻し

$\mathcal{J}$ を，3 個の対象 $1, 2, 3$ と，恒等射以外に 2 本の射 $\tilde{s} \in \mathcal{J}(1,3)$ と $\tilde{t} \in \mathcal{J}(2,3)$ のみをもつような圏とする．この圏を模式的に表す（恒等射は省略している）．

$$(5.26) \qquad\qquad 1 \xrightarrow{\ \tilde{s}\ } 3 \xleftarrow{\ \tilde{t}\ } 2$$

関手 $D: \mathcal{J} \to C$ は，この 2 本の射 $\tilde{s}$ と $\tilde{t}$ にそれぞれ対応する C の射 $s := D\tilde{s}$ と $t := D\tilde{t}$ により特徴付けられる[‡6]．D の極限 $\langle p, \pi \rangle$ を（または単に π を）s と t の引き戻し（pullback）とよぶ．以下では，次の可換図式に基づいて引き戻しを説明する[‡7]．

$$(5.27)$$

ただし，$x := D1,\ y := D2,\ z := D3$ とする．

$c \in C$ から D への錐 α は 3 本の射 $\alpha_1 \in C(c, x)$，$\alpha_2 \in C(c, y)$，$\alpha_3 \in C(c, z)$ の組のことであり，自然性の条件は $s\alpha_1 = \alpha_3 = t\alpha_2$ である．この条件から α_1 または α_2 が定まれば α_3 が定まるため，錐 α は $s\alpha_1 = t\alpha_2$ を満たすような 2 本の射の組 $\langle \alpha_1, \alpha_2 \rangle$ と同一視できる．以降，これらを同一視する．

s と t の引き戻し π は錐であるため，

$$(5.28) \qquad s\pi_1 = t\pi_2 \qquad \underset{\text{数式}}{\overset{\text{図式}}{\rightleftarrows}}$$

を満たす 2 本の射の組 $\langle \pi_1, \pi_2 \rangle$ と同一視される．なお，左辺および右辺の黒丸はそれぞれ π_1 および π_2 を表しており，D により定まる射 s, t をグレーで描いている．さらに，

[‡6] より正確には，$\operatorname{cod} s = \operatorname{cod} t$ を満たすような C の任意の射 s, t に対して，$s = D\tilde{s}$ および $t = D\tilde{t}$ を満たすような関手 $D: \mathcal{J} \to C$ が一意に存在し，射の組 $\langle s, t \rangle$ と関手 D が一対一に対応する．

[‡7] 可換図式であるため，$s\pi_1 = t\pi_2$，$\alpha_1 = \pi_1\overline{\alpha}$，$\alpha_2 = \pi_2\overline{\alpha}$，$s\alpha_1 = t\alpha_2$ が成り立つ．

142 第 5 章 極限

引き戻しの普遍性より, $s\alpha_1 = t\alpha_2$ を満たす任意の射の組 $\langle \alpha_1, \alpha_2 \rangle \in C(c, x) \times C(c, y)$ に対して, $\alpha_1 = \pi_1 \overline{\alpha}$ および $\alpha_2 = \pi_2 \overline{\alpha}$ を満たす $\overline{\alpha} \in C(c, p)$ が一意に存在する. つまり,

(5.29)

$$\begin{array}{c}
\mathcal{C} \quad z \\
\boxed{s} \\
x \\
\boxed{\alpha_1} \\
c
\end{array}
=
\begin{array}{c}
z \\
\boxed{t} \\
y \\
\boxed{\alpha_2} \\
c
\end{array}
\Rightarrow
\begin{array}{c}
Dk \\
\boxed{\alpha_k} \\
c
\end{array}
\underset{\exists!}{=}
\begin{array}{c}
\bullet\, Dk \\
p \\
\boxed{\overline{\alpha}} \\
c
\end{array}
\quad (\forall k \in \{1, 2\})$$

が成り立つ（$D1 = x$ および $D2 = y$ であり, 黒丸は π_k である）[‡8]. このように, 射の組 $\langle \alpha_1, \alpha_2 \rangle$ を 1 本の射 $\overline{\alpha}$ として一意的に表せる. なお, 関係式 $s\pi_1 = t\pi_2$ から想像できるように, π_1 は t の性質を引き継ぎやすく, π_2 は s の性質を引き継ぎやすい傾向がある（たとえば演習問題 5.1.11）.

例 5.30 2 個の写像 $s \in \mathbf{Set}(X, Z)$ と $t \in \mathbf{Set}(Y, Z)$ に対し, 集合

$$P := \{\langle x, y \rangle \in X \times Y \mid s(x) = t(y)\}$$

を考える. 写像 $\pi_1 \colon P \ni \langle x, y \rangle \mapsto x \in X$ と写像 $\pi_2 \colon P \ni \langle x, y \rangle \mapsto y \in Y$ に対し, 組 $\langle P, \langle \pi_1, \pi_2 \rangle \rangle$ が s と t の引き戻しである（演習問題 5.1.2）. ◁

引き戻しは直積に似ている. 実際, 式(5.27) の可換図式において対象 z と 2 本の射 s, t を無視すると式(5.12) と同じ形をしていることがわかる. この観点で考えると, 引き戻しは直観的には「制約条件 $s\pi_1 = t\pi_2$ を満たすような直積」といえそうである. このような関係があるため, 引き戻し $\langle p, \pi \rangle$ の対象 p はファイバー積（fiber product）ともよばれ, しばしば $x \times_z y$ と書かれる. とくに z が C の終対象である場合には制約条件 $s\pi_1 = t\pi_2$ をつねに満たすため, 引き戻しは単なる 2 項直積である（演習問題 5.1.4）.

▶ **補足** この制約条件 $s\pi_1 = t\pi_2$ をイコライザで表すと, 任意の引き戻しは 2 項直積とイコライザで表せることがわかる. 実際, 2 項直積 $x \times y$ の x および y への射影をそれぞれ $\hat{\pi}_1$ および $\hat{\pi}_2$ とおくと, 式(5.27) の可換図式で表される引き戻し $\langle p, \pi \rangle$ に対して, $\langle p, [\pi_1, \pi_2] \rangle$ は 2 本の射 $s\hat{\pi}_1, t\hat{\pi}_2 \in C(x \times y, z)$ のイコライザに等しいことがわかる（ただし, このような 2 項直積とイコライザが存在すると仮定する）. また, 逆に任意のイコライザは, 2 項直積と引き戻しで表せる（演習問題 5.1.5）. 命題 5.55 では, 引き戻しに限らない任意の極限が, 直積とイコライザを用いて表されることを示す.

[‡8] 式(5.29) のみからでは, この式における「$\exists! \overline{\alpha}$」と「$\forall k \in \{1, 2\}$」の関係が明瞭ではないが, 直前の文の意味で捉えてほしい.

5.1.3 余錐と余極限

錐および極限の双対をそれぞれ余錐および余極限とよぶ．これらの定義やこれらを表す図式は，双対を考えればすぐに得られる．しかし，余錐と余極限はこれから頻繁に登場することになるため，ここで丁寧に述べておく．

▶ 補足　具体的な圏においては，余極限は極限とは異なる性質をもつことが少なくない．このことは，互いに「上下反転」の関係にある左随伴と右随伴の性質が一般に異なることに似ている．

(1) 余錐の定義

錐の双対が余錐である．

> **定義 5.31（余錐）**　圏 C の対象 c と関手 $D\colon \mathcal{J} \to C$（つまり $D \in C^{\mathcal{J}}$）に対し，関手 D から関手 $\Delta_{\mathcal{J}} c$ への自然変換を D から c への**余錐**（cocone），または単に D からの余錐とよぶ．

D から c への余錐をすべて集めたもの，つまり $C^{\mathcal{J}}(D, \Delta_{\mathcal{J}} c)$ を $\mathrm{Cocone}(D, c)$ と書く．前層 $\mathrm{Cone}(-, D) = C^{\mathcal{J}}(\Delta_{\mathcal{J}} -, D)$ と同様に，集合値関手 $\mathrm{Cocone}(D, -) := C^{\mathcal{J}}(D, \Delta_{\mathcal{J}} -)\colon C \to \mathbf{Set}$ が考えられる．この関手は，各 $c \in C$ を $\mathrm{Cocone}(D, c)$ に写す．

▶ 補足　余錐を錐の双対として述べておくと，D から c への余錐とは $c^{\mathrm{op}} \in C^{\mathrm{op}}$ から $D^{\mathrm{op}}\colon \mathcal{J}^{\mathrm{op}} \to C^{\mathrm{op}}$ への錐のことである（演習問題 2.3.3(a) を参照のこと）．

余錐 $\alpha = \{\alpha_j\}_{j \in \mathcal{J}} \in \mathrm{Cocone}(D, c)$ は，式 (5.2) の双対として次の図式で表される．

(5.32)

この右辺が示すように，$\alpha_j \in C(Dj, c)$ である．つまり，各射 α_j のドメインは Dj であり，コドメインは同一の対象 c である．式 (5.3) と同様に，α の自然性は

$$\begin{array}{c}\boxed{\alpha_j}\end{array} = \begin{array}{c}\boxed{\alpha_i}\\ \boxed{h}\end{array} \quad (\forall h \in \mathcal{J}(j, i))$$

と表せる．

(2) 余錐の圏

コンマ圏 $\mathrm{Cocone}_D := D\downarrow\Delta_{\mathcal{J}}$（ただし $D \in C^{\mathcal{J}}$ および $\Delta_{\mathcal{J}}: C \to C^{\mathcal{J}}$）は，しばしば D からの**余錐の圏**（category of cocones）とよばれる．この圏は D への錐の圏の双対に対応しており，大ざっぱに述べると D からの余錐を対象とするような圏のことである．圏 Cocone_D を明記しておく．

- 対象は，$c \in C$ と $\alpha \in \mathrm{Cocone}(D, c)$ の組 $\langle c, \alpha\rangle$ である．
- 対象 $\langle c, \alpha\rangle$ から対象 $\langle c', \alpha'\rangle$ への射は，$\alpha' = \Delta_{\mathcal{J}} f \circ \alpha$ を満たすような C の射 $f \in C(c, c')$ である．
- 射の合成は C の射としての合成であり，恒等射は C の恒等射である．

▶ **補足** Cone_D が前層 $\mathrm{Cone}(-, D)$ の要素の圏であるのと同様に，Cocone_D は集合値関手 $\mathrm{Cocone}(D, -)$ の要素の圏である．実際，式(5.5)と同様に $\mathrm{Cocone}_D = D\downarrow\Delta_{\mathcal{J}} = \mathrm{el}(C^{\mathcal{J}}(D, \Delta_{\mathcal{J}}-)) = \mathrm{el}(\mathrm{Cocone}(D, -))$ が成り立つ．

(3) 余極限の定義

極限の双対が余極限である．

> **定義 5.33（余極限）** 関手 $D \in C^{\mathcal{J}}$ から対角関手 $\Delta_{\mathcal{J}}: C \to C^{\mathcal{J}}$ への普遍射（または同じことであるが，余錐の圏 Cocone_D の始対象）を D の**余極限**（colimit）とよぶ．p.92 の式(univ)を用いて言い換えると，$d \in \mathcal{D}$ と余錐 $\kappa \in \mathrm{Cocone}(D, d)$ の組 $\langle d, \kappa\rangle$ が D の余極限であるとは，D からの任意の余錐 $\alpha \in \mathrm{Cocone}(D, c)$（$c$ も任意）に対して，射 $\overline{\alpha} \in C(d, c)$ が一意に存在して $\alpha = \Delta_{\mathcal{J}}\overline{\alpha} \circ \kappa$，つまり

(5.34)

（ただし青丸は κ）を満たすことである．

式(5.34)に評価関手 ev_j を施せば余錐 α の各成分 α_j が得られるため，式(5.34)は

$$(\forall j \in \mathcal{J})$$

（ただし黒丸は κ の成分 κ_j）を満たす $\overline{\alpha}$ が一意に存在することと同値である．式(5.9)と同様の式もすぐに得られる．

$\langle d, \kappa \rangle$ が $D : \mathcal{J} \to C$ の余極限であるとき，対象 d を**余極限対象**（colimit object）とよび，余錐 κ を**余極限余錐**（colimit cocone）とよぶ．D の余極限対象 d をしばしば $\operatorname{colim} D$ と書く．$\mathcal{J}$ が有限であるとき，D の余極限を**有限余極限**（finite colimit）とよぶ．

5.1.4 余極限の例

5.1.2 項で紹介したいくつかの極限の例について，その双対に相当する余極限の例を紹介する．

(1) 始対象

関手 $D : \mathbf{0} \to C$ の極限対象であることは C の終対象であることと同値であった．この双対を考えれば，同じ関手 $D : \mathbf{0} \to C$ の余極限対象であることは C の始対象であることと同値であることがわかる．なお，C の始対象は恒等関手 1_C の極限対象でもある（演習問題 5.1.6）．

(2) 余直積

直積の余極限版（つまり双対）が余直積である．具体的には，離散圏 $\mathcal{J}$ をドメインとする関手 $D : \mathcal{J} \to C$ の余極限 $\langle \operatorname{colim} D, \pi \rangle$ を**余直積**（coproduct）とよぶ．このときの余極限対象 $\operatorname{colim} D$ は特別に $\coprod_{j \in \mathcal{J}} Dj$ と書かれる．$\mathcal{J}$ の対象が 1 と 2 の 2 個のとき，$x := D1$ および $y := D2$ とおくと $\coprod_{j \in \mathcal{J}} Dj$ は $x + y$ のようにも表される．この場合の可換図式は次のようになる（この図式は式(5.12)の可換図式におけるすべての矢印の向きを逆にしたものになっている）．

(5.35)

$$
\begin{array}{ccc}
x & & y \\
& x + y & \\
\alpha_1 & \bar{\alpha} & \alpha_2 \\
& C &
\end{array}
$$

π_1 と π_2 は**余射影**（coprojection）などとよばれる．

例 5.36 **Set における余直積** 集合 X と集合 Y の直和（共通部分をもたない和集合）$X \sqcup Y$ を考える．$X \sqcup Y$ は，たとえば集合 $\{\langle 1, x \rangle \mid x \in X\}$ と集合 $\{\langle 2, y \rangle \mid y \in Y\}$ の和集合として定められる．$X \sqcup Y$ は **Set** における余直積 $X + Y$ であり，写像 $X \ni x \mapsto \langle 1, x \rangle \in X + Y$ と写像 $Y \ni y \mapsto \langle 2, y \rangle \in X + Y$ が余射影である（演習問題 5.1.2）． ◺

146 | 第 5 章　極限

▶**補足**　演習問題 5.1.7 では,「最大値」が直積として理解でき,「最小値」が余直積として理解できることを述べる.

(3) コイコライザ

イコライザの余極限版をコイコライザとよぶ. 正確には, 式(5.20) で表される圏の双対を $\mathcal{J}$ とおいたとき, 関手 $D: \mathcal{J} \to C$ の余極限 $\langle e, \kappa \rangle$ を（または単に κ を）s と t の**コイコライザ**（coequalizer）とよぶ. アロー図は次のようになる.

(5.37)

$$y \underset{t}{\overset{s}{\rightrightarrows}} x \xrightarrow{\kappa_1 = \kappa} e$$
$$\alpha_1 = \alpha \searrow \quad \downarrow \bar{\alpha}$$
$$c$$

ここで, $x := D1$, $y := D2$, $s := D\tilde{s}$, $t := D\tilde{t}$ とし, $\alpha_1 = \bar{\alpha}\kappa_1$ が成り立つとする. また, 余錐 α と射 α_1 を同一視して余極限余錐 κ と射 κ_1 を同一視している. このアロー図は, 式(5.21) のアロー図におけるすべて射の向きを逆にしたものになっている.

例 5.38　**Set におけるコイコライザ**　集合 X 上の任意の同値関係 $\sim$ は, $X \times X$ の部分集合 $A_\sim := \{\langle x_1, x_2 \rangle \in X \times X \mid x_1 \sim x_2\}$ とみなせる. 2 個の写像 $s, t \in \mathbf{Set}(Y, X)$ が与えられたとき, 集合 $R := \{\langle s(y), t(y) \rangle \mid y \in Y\}$ に対して $R \subseteq A_\sim$ を満たす X 上の同値関係 $\sim$ のうち $A_\sim$ が最小となるもの（R を含む最小の同値関係とよぶ）を $\sim_R$ とおく. 各 $x \in X$ の同値類 $S_x := \{x' \in X \mid x' \sim_R x\}$ を考え, これらの同値類の集合を $E := X/\sim_R := \{S_x \mid x \in X\}$ とおく. このとき, 集合 E と写像 $\kappa: X \ni x \mapsto S_x \in E$ の組 $\langle E, \kappa \rangle$ が s と t のコイコライザである（演習問題 5.1.2）.

▶**補足**　直観的には, 各 $y \in Y$ について $s(y) \in X$ と $t(y) \in X$ を同一視すると, 集合 X の各要素 x は同値類 S_x として表されると解釈すると, わかりやすいかもしれない. 上で述べた同値関係 $\sim_R$ を用いることで, 同値類 S_x を厳密に定められる. ◺

▶**補足**　**Set** における余直積やコイコライザは, その双対版である直積やイコライザとはあまり似ていないと感じるかもしれない. このことは, 圏 **Set** がその双対圏 **Set**^{op} とはあまり似ていないことを考えると, それほど不思議なことではないであろう. たとえば, $\mathbf{Set}(X, Y) = \mathbf{Set}^{\mathrm{op}}(Y, X)$ の各要素は X から Y への写像であるが, 一般には Y から X への写像ではない.

(4) 押し出し

引き戻しの余極限版を押し出しとよぶ. 正確には, 式(5.26) で表される圏の双対を $\mathcal{J}$ とおいたとき, 関手 $D: \mathcal{J} \to C$ の余極限 $\langle p, \pi \rangle$ を（または単に π を）**押し出し**（pushout）とよぶ. 可換図式は次のようになる.

(5.39)

ここで，$x := D1$, $y := D2$, $z := D3$, $s := D\tilde{s}$, $t := D\tilde{t}$ とおいた．この可換図式は，式 (5.27) の可換図式におけるすべて射の向きを逆にしたものになっている．

例 5.40 2個の写像 $s \in \mathbf{Set}(Z, X)$ と $t \in \mathbf{Set}(Z, Y)$ に対し，$X \sqcup Y$ 上の関係のうち集合 $R := \{\langle\langle 1, s(z)\rangle, \langle 2, t(z)\rangle\rangle \mid z \in Z\}$ を含む最小の同値関係（例 5.38 を参照のこと）を $\sim_R$ とおく．各 $p \in X \sqcup Y$ の同値類 $S_p := \{p' \in X \sqcup Y \mid p' \sim_R p\}$ を考え，これらの同値類の集合を $P := X \sqcup Y / \sim_R := \{S_p \mid p \in X \sqcup Y\}$ とおく．このとき，写像 $\pi_1: X \ni x \mapsto S_{\langle 1,x\rangle} \in P$ と写像 $\pi_2: Y \ni y \mapsto S_{\langle 2,y\rangle} \in P$ に対し，組 $\langle P, \langle \pi_1, \pi_2\rangle\rangle$ が s と t の押し出しである（演習問題 5.1.2）． △

5.1.5 極限と余極限の定義からすぐに導かれる性質

補題 5.41 極限と余極限は，それぞれ存在するならば本質的に一意である．

証明 関手 D の極限とは錐の圏 $\mathbf{Cone}_D$ の終対象のことであり，補題 1.32 より終対象は存在するならば本質的に一意であることから明らか（余極限はその双対を考えればよい）． □

以下では，極限について具体的に述べておく（余極限も同様）．$\langle d, \kappa\rangle$ が D の極限であるとき，D の任意の極限 $\langle d', \kappa'\rangle$ に対して同型射 $\psi \in C(d', d)$ が一意に存在して $\kappa' = \kappa \circ \Delta_\mathcal{J} \psi$，つまり

(5.42)

（ただし，青丸は κ で，ひし形のブロックは ψ）を満たす．このことは，式(3.42) の双対を考えればすぐにわかる．逆に，式(5.42) を満たす同型射 $\psi \in C(d', d)$ が存在するような $\langle d', \kappa'\rangle$ は，D の極限である．

148 | 第 5 章 極限

▶**補足** D の極限対象の一つを $\lim D$ と書くことにしたため，d が D の極限対象であることは $d \cong \lim D$ と表せる．なお，D の極限対象は複数存在するかもしれないため，$d = \lim D$ と書くと一般には都合が悪い．同様に，d' が D の余極限対象であることは $d' \cong \text{colim}\, D$ と表せる．このような同型 $\cong$ を用いた表記は，しばしばほかの概念（たとえば第 7 章で述べるカン拡張）でも現れる．

3.2 節で行った表現可能性の議論より，次の補題が得られる．

補題 5.43 小圏 $\mathcal{J}$ について，関手 $D\colon \mathcal{J} \to C$ が極限をもつことは，前層 $\text{Cone}(-, D)\colon C^{\text{op}} \to \mathbf{Set}$ が表現可能である，つまり

(5.44) $\qquad C(-, d) \cong \text{Cone}(-, D)$

を満たす $d \in C$ が存在することと同値である．このとき，$d \cong \lim D$ である．

この双対として，D が余極限をもつことは，集合値関手 $\text{Cocone}(D, -)\colon C \to \mathbf{Set}$ が表現可能である，つまり

(5.45) $\qquad C(d, -) \cong \text{Cocone}(D, -)$

を満たす $d \in C$ が存在することと同値である．このとき，$d \cong \text{colim}\, D$ である．

証明 D が極限をもつことは，錐の圏 $\text{Cone}_D = \Delta_{\mathcal{J}} \downarrow D$ が終対象をもつ（つまり $\Delta_{\mathcal{J}}$ から D への普遍射をもつ）ことと同値であり，式(3.60)よりこれは $C^{\mathcal{J}}(\Delta_{\mathcal{J}}-, D) = \text{Cone}(-, D)$ が表現可能であることと同値である．とくに，d が D の極限対象であることは Cone_D が $\langle d, \kappa \rangle$ の形の終対象（つまり普遍射）をもつことと同値であり，これは $\text{Cone}(-, D) \cong d^{\square} = C(-, d)$ と同値である． $\qquad\square$

補題 5.46 関手 $D\colon \mathcal{J} \to C$ について，次式が成り立つ[‡9]．

$\qquad \text{Cone}(c, D) = \text{Cone}(\{*\}, C(c, D-)), \qquad \text{Cocone}(D, c) = \text{Cocone}(C(D-, c), \{*\})$

証明 左側の式を示す（双対を考えれば右側の式が得られる）．任意の $\alpha \in \text{Cone}(c, D)$ について次式が成り立つ．

[‡9] $\text{Cocone}(C(D-, c), \{*\})$ は $C(D-, c)\colon \mathcal{J} \to \mathbf{Set}^{\text{op}}$ から $\{*\} \in \mathbf{Set}^{\text{op}}$ への余錐の集まりである．

$$\mathcal{C}\ {}_D\ \boxed{\alpha}\ {}^{\mathcal{J}}\ {}_c = \left\{ {}_c\ \boxed{\alpha_j}\ {}^{D\ |\ j} \right\}_{j \in \mathcal{J}}$$

$$\overset{(3.1)}{=} \left\{ \underset{\mathbf{Set}}{\boxed{\alpha_j}}\ {}^{\square^c\ D\ |\ j} \right\}_{j \in \mathcal{J}} = \boxed{\alpha}\ {}^{\square^c\ D}$$

最後の等号が成り立つこと，つまり錐としての条件である式(5.3)に相当する式が成り立つことは，式(3.1)より明らかである．この最後の式と $\square^c \bullet D = \mathcal{C}(c, D-)$ より，$\alpha \in \mathrm{Cone}(\{*\}, \mathcal{C}(c, D-))$ である．したがって，$\mathrm{Cone}(c, D) \subseteq \mathrm{Cone}(\{*\}, \mathcal{C}(c, D-))$ である．また，この式を逆にたどれば $\mathrm{Cone}(c, D) \supseteq \mathrm{Cone}(\{*\}, \mathcal{C}(c, D-))$ が得られる． $\square$

なお，任意の $\alpha \in \mathrm{Cone}(c, D)$ は次式のように表せる．

$$(5.47) \qquad \mathcal{C}\ {}_D\ \boxed{\alpha}\ {}^{\mathcal{J}}\ {}_c = \underset{\mathbf{Set}}{\boxed{\alpha}}\ {}^{\square^c\ D}_{c} = \boxed{\alpha}\ {}^{\square^c\ D}$$

ただし，中央の式の黒丸は 1_c である．とくに，式(3.1)（の右辺以外）の式はこの式の $\mathcal{J} = \mathbf{1}$ の場合とみなせる．

5.1.6 モノ射とエピ射

圏 $\mathcal{C}$ の射 $f \in \mathcal{C}(a, b)$ が任意の $c \in \mathcal{C}$ と任意の $g_1, g_2 \in \mathcal{C}(c, a)$ について

$$(5.48) \qquad \mathcal{C}\ \boxed{\begin{array}{c} f \\ g_1 \end{array}}\ {}^{b}_{c} = \boxed{\begin{array}{c} f \\ g_2 \end{array}}\ {}^{b}_{c} \Rightarrow \boxed{g_1}\ {}^{a}_{c} = \boxed{g_2}\ {}^{a}_{c}$$

を満たすとき，f を**モノ射**（monomorphism）とよぶ．また，$\mathcal{C}^{\mathrm{op}}$ の射 $f^{\mathrm{op}} \in \mathcal{C}^{\mathrm{op}}(b, a)$ がモノ射であるとき，f を**エピ射**（epimorphism）とよぶ．言い換えると，任意の $c \in \mathcal{C}$ と任意の $g_1, g_2 \in \mathcal{C}(b, c)$ について

150　第 5 章　極限

を満たすとき，f をエピ射とよぶ.

▶ **補足**　f がモノ射であることは，明らかに任意の $c \in C$ について写像 $f \circ -: C(c, a) \ni g \mapsto fg \in C(c, b)$ が単射であることと同値である．また，f がエピ射であることは，任意の $c \in C$ について写像 $- \circ f: C(b, c) \ni g \mapsto gf \in C(a, c)$ が単射であることと同値である．

例 5.49　**Set** におけるモノ射は単射のことであり，エピ射は全射のことである．　△

次の補題より，モノ射は極限の特別な場合であり，エピ射は余極限の特別な場合であることがわかる．

補題 5.50　任意の射 $f \in C(a, b)$（$a, b \in C$ も任意）について，f がモノ射であることは $\langle a, \langle 1_a, 1_a \rangle \rangle$ が f と f の引き戻しであることと同値である．
　双対として，f がエピ射であることは $\langle b, \langle 1_b, 1_b \rangle \rangle$ が f と f の押し出しであることと同値である．

証明　演習問題 5.1.12.　□

<hr>

演習問題

5.1.1　錐 $\alpha \in \mathrm{Cone}(c, D)$ の自然性が式 (5.3) で表されることを確かめよ.

5.1.2　例 5.15 において，デカルト積 $X \times Y$ が X と Y の直積であることを確かめよ．同様に，例 5.16, 5.24, 5.25, 5.30, 5.36, 5.38, 5.40 でも確かめよ.

5.1.3　式 (5.17), (5.18), (5.19) を示せ.

5.1.4　終対象をもつ圏 C について，$x, y \in C$ を任意に選び，x および y から終対象への唯一の射をそれぞれ $!_x$ および $!_y$ とおく．$!_x$ と $!_y$ の引き戻しは x と y の 2 項直積であることを示せ.

5.1.5　任意の 2 項直積と引き戻しをもつ圏において，任意のイコライザが 2 項直積と引き戻しで表せることを示せ.

5.1.6　圏 C が始対象をもつことは，1_C が極限をもつことと同値であることを示せ．［ヒント：これらが成り立つとき，C の始対象は 1_C の極限対象である.］

5.1.7　例 1.20 で定めた圏 $\mathbb{R}_{\geq 0}$ における有限直積 $\prod_{j \in J} x_j$（ただし，J は有限集合で，各 x_j は 0 以上の実数）は集合 $\{x_j \mid j \in J\}$ の最大値であり，有限余直積 $\coprod_{j \in J} x_j$ は集合 $\{x_j \mid j \in J\}$ の

最小値であることを示せ.（備考：圏 $\mathbb{R}_{\geq 0}$ の代わりに圏 $\mathbb{R}$ や圏 $\mathbb{Z}$ を考えても同様である.）

5.1.8　2 個の関手 $D, D': \mathcal{J} \to C$ について自然同型 $\psi: D \cong D'$ が存在するとき，$\langle d, \kappa \rangle$ が D の極限ならば $\langle d, \psi\kappa \rangle$ は D' の極限であることを示せ.

5.1.9　モノ射とエピ射に関し，次の基本的な性質が成り立つことを示せ.

(a) 終対象をドメインとする射はモノ射である.　双対として，始対象をコドメインとする射はエピ射である.

(b) 2 本のモノ射の合成はモノ射である.　双対として，2 本のエピ射の合成はエピ射である.

(c) 射 f と射 g の合成 gf がモノ射ならば f もモノ射である.　双対として，gf がエピ射ならば g もエピ射である.

(d) 分裂モノ射ならばモノ射である.　ただし，射 $f: a \to b$ に対して $\tilde{f}f = 1_a$ を満たす射 $\tilde{f}: b \to a$ が存在するとき，f を**分裂モノ射**（split monomorphism）とよぶ.　双対として，分裂エピ射ならばエピ射である.　ただし，射 $f: a \to b$ に対して $f\tilde{f} = 1_b$ を満たす射 $\tilde{f}: b \to a$ が存在するとき，f を**分裂エピ射**（split epimorphism）とよぶ.

(e) 分裂モノ射かつエピ射であることは，同型射であることと同値である.　双対として，分裂エピ射かつモノ射であることは，同型射であることと同値である.　（備考：一般にモノ射かつエピ射であっても同型射とは限らない.）

5.1.10　イコライザ κ はモノ射であることを示せ.　（備考：この双対より，コイコライザ κ はエピ射である.）

5.1.11　式(5.27) で表される s と t の引き戻しにおいて，s がモノ射ならば π_2 はモノ射であり，t がモノ射ならば π_1 はモノ射であることを示せ.

5.1.12　補題 5.50 を証明せよ.

5.2　極限をもつための条件

本節では，関手が極限や余極限をもつための条件について調べる.

5.2.1　対角関手の右随伴としての極限

命題 5.51　小圏 $\mathcal{J}$ と圏 C について，以下は同値である.

(1) $\mathcal{J}$ から C への任意の関手が極限をもつ.

(2) 対角関手 $\Delta_{\mathcal{J}}: C \to C^{\mathcal{J}}$ が右随伴をもつ.

また，これらが成り立つとき，$\Delta_{\mathcal{J}}$ の右随伴（$\lim: C^{\mathcal{J}} \to C$ と書く）は，各関手 $D \in C^{\mathcal{J}}$ を D の極限対象の一つに写す.　さらに，随伴 $\Delta_{\mathcal{J}} \dashv \lim$ の余単位 ε の各成分 ε_D は，D の極限錐である.

この双対として，以下は同値である．

(1') $\mathcal{J}$ から $\mathcal{C}$ への任意の関手が余極限をもつ．
(2') 対角関手 $\Delta_{\mathcal{J}}: \mathcal{C} \to \mathcal{C}^{\mathcal{J}}$ が左随伴をもつ．

また，これらが成り立つとき，$\Delta_{\mathcal{J}}$ の左随伴（colim: $\mathcal{C}^{\mathcal{J}} \to \mathcal{C}$ と書く）は，各関手 $D \in \mathcal{C}^{\mathcal{J}}$ を D の余極限対象の一つに写す．さらに，随伴 colim $\dashv \Delta_{\mathcal{J}}$ の単位 η の各成分 η_D は，D の余極限余錐である．

証明 (1) $\Rightarrow$ (2)：各 $D: \mathcal{J} \to \mathcal{C}$ が極限（つまり $\Delta_{\mathcal{J}}$ から D への普遍射）をもつため，定理4.24 より $\Delta_{\mathcal{J}}$ は右随伴をもつ．
(2) $\Rightarrow$ (1)：随伴 $\Delta_{\mathcal{J}} \dashv \lim$ の余単位を ε とおき，$D: \mathcal{J} \to \mathcal{C}$ を任意に選ぶ．補題4.14 より，$\langle \lim D, \varepsilon_D \rangle$ は $\Delta_{\mathcal{J}}$ から D への普遍射，つまり D の極限である． □

各 $D \in \mathcal{C}^{\mathcal{J}}$ について D が極限 $\langle d_D, \varepsilon_D \rangle$ をもつとする．このとき，定理4.24で述べた方法により対角関手 $\Delta_{\mathcal{J}}$ の右随伴 $\lim$ を構成できる．以下では，このことを具体的に述べる．$\lim D := d_D$ ($\forall D \in \mathcal{C}^{\mathcal{J}}$) と定める．また，各自然変換 $\tau \in \mathcal{C}^{\mathcal{J}}(D, D')$ について，式(5.7)の錐 α に錐 $\tau \varepsilon_D \in \mathrm{Cone}(\lim D, D')$ を代入すると

(5.52)

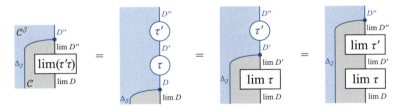

（ただし青丸は ε_D および $\varepsilon_{D'}$）を満たす射 $\bar{\tau} \in \mathcal{C}(\lim D, \lim D')$ が一意に定まる．この $\bar{\tau}$ を $\lim \tau$ とおく．このように定めると $\lim$ は関手になる．実際，任意の $\tau \in \mathcal{C}^{\mathcal{J}}(D, D')$，$\tau' \in \mathcal{C}^{\mathcal{J}}(D', D'')$ について

および式(3.33)（の双対）より $\lim(\tau'\tau) = (\lim \tau')(\lim \tau)$ が成り立つため，$\lim$ は合成を保つ．また，$\lim$ が $\mathcal{C}^{\mathcal{J}}$ の各恒等射（つまり恒等自然変換）1_D を恒等射 $1_{\lim D}$ に写すことも明らかである．

随伴 $\Delta_{\mathcal{J}} \dashv \lim$ の余単位 ε は集まり $\{\varepsilon_D\}_{D \in \mathcal{C}^{\mathcal{J}}}$ であり，式(4.21)で導入した余単位の表記を用いると，D の極限錐 ε_D は次式のように表せる．

(5.53)

また，式(5.7), (5.9) は次式のように表せる（これらは式(4.16), (4.17) に相当する）．

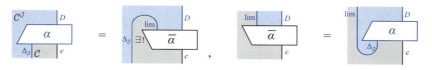

例 5.54 2個の対象 1, 2 をもつ離散圏を $\mathcal{J}$ とおく．また，圏 C が 2 項直積をもつ，つまり任意の関手 $D: \mathcal{J} \to C$ が極限 $D1 \times D2$ をもつとする．このとき，命題 5.51 の (1) ⇒ (2) より，$\Delta_{\mathcal{J}}: C \to C^{\mathcal{J}}$ の右随伴 lim が存在する．上で述べた方法により関手 lim を構成すれば，各 $D: \mathcal{J} \to C$ について $\lim D = D1 \times D2$ を満たすようにできる．一方，任意に選んだ対象 $a, b \in C$ の組 $\langle a, b \rangle$ は，$D_{a,b}1 = a$ および $D_{a,b}2 = b$ を満たすような関手 $D_{a,b}: \mathcal{J} \to C$ と一対一に対応するのであった（例 1.50 を参照のこと）．ここから，次のような双関手 $\times: C \times C \to C$ が定められることがわかる（演習問題 5.2.1）．

- $C \times C$ の各対象 $\langle a, b \rangle$ を $a \times b$ に写す．
- $C \times C$ の各射 $\langle f, g \rangle$（ただし $f \in C(a, a')$, $g \in C(b, b')$）を $f \times g := [f\pi_a, g\pi_b] \in C(a \times b, a' \times b')$ に写す．ただし，π_a および π_b はそれぞれ $a \times b$ から a および b への射影である．

▶ 補足 1 対角関手 $\Delta_{\mathcal{J}}: C \to C^{\mathcal{J}}$ のコドメイン $C^{\mathcal{J}}$ を $C \times C$ に置き換えた関手を copy とおくと，随伴 $\Delta_{\mathcal{J}}: C \rightleftarrows C^{\mathcal{J}}$:lim に相当する随伴 copy: $C \rightleftarrows C \times C$:× が得られる．この随伴における $C = \mathbf{Vec}_K$ の特別な場合が，例 4.12 で述べた随伴 copy $\dashv \oplus$ である．実際，この場合の双関手 × は直和 $\oplus$ と本質的に同じである（演習問題 5.2.4 を参照のこと）．

▶ 補足 2 $C = \mathbf{Cat}$ の場合を考えると，この双関手 × は 2 個の任意の関手 $F: C \to \mathcal{D}$ と $F': C' \to \mathcal{D}'$（ただし $C, \mathcal{D}, C', \mathcal{D}'$ は小圏）の直積 $F \times F': C \times C' \to \mathcal{D} \times \mathcal{D}'$ を定める．$F \times F'$ は例 1.51 で述べた $\langle F, F' \rangle$ に等しい． △

5.2.2 完備と余完備

圏 C を固定したとき，任意の小圏 $\mathcal{J}$ から C への任意の関手が極限をもつならば，C は完備（complete）であるという（$\mathcal{J}$ が小圏であることから小完備ともよばれる）．また，任意の有限圏 $\mathcal{J}$（つまり mor $\mathcal{J}$ が有限集合であるような圏）から C への任意の関手が極限をもつならば，C は有限完備（finitely complete）であるという．同様に，任意の小圏 $\mathcal{J}$ から C への任意の関手が余極限をもつならば C は余完備（cocomplete）

であるといい，任意の有限圏から C への任意の関手が余極限をもつならば**有限余完備**（finitely cocomplete）であるという．

完備かつ余完備であるような圏 C は，任意の関手 $D\colon \mathcal{J} \to C$ （ただし $\mathcal{J}$ は小圏）が極限と余極限をもつという意味で扱いやすい場合が多い．**Set, Cat, Vec**$_\mathbb{K}$ などのいくつかの圏は，完備かつ余完備である（演習問題 5.2.2〜5.2.4 を参照のこと）．

> **命題 5.55** 任意の小圏 $\mathcal{J}$ と任意の関手 $D\colon \mathcal{J} \to C$ を考える．圏 C が任意の直積とイコライザをもつならば完備であり，D の極限は直積とイコライザを用いて表される．
>
> 　双対として，C が任意の余直積とコイコライザをもつならば余完備であり，D の余極限は余直積とコイコライザを用いて表される．

証明 C が任意の直積とイコライザをもつとし，D の極限が直積とイコライザを用いて表されることを示せば十分である．直積 $\prod_{j\in\mathcal{J}} Dj \in C$ を ϖ とおき，ϖ から各 Dj への射影を $\pi_j \in C(\varpi, Dj)$ とおく．c から D への錐 α とは，錐の自然性，つまり式 (5.3) を満たすような射の集まり $\{\alpha_j\}_{j\in\mathcal{J}}$ のことである．一方，この自然性を満たすとは限らないような添字付けられた射の集まり $\{\alpha_j \in C(c, Dj)\}_{j\in\mathcal{J}}$ に対して，直積の普遍性より c から ϖ への射 $\overline{\alpha} = [\alpha_j]_{j\in\mathcal{J}} \in C(c, \varpi)$ が一対一に対応する．このような射のうち，錐の自然性を満たすようなものをイコライザにより表せることを示せばよい．残りは演習問題 5.2.5 とする． □

> ▶**補足** 同じように，有限極限は有限直積とイコライザを用いて表されることがわかる（双対も同様）．

例 5.56 **Set** は完備かつ余完備である（演習問題 5.2.2）．ここでは，任意に選んだ集合値関手 $D\colon \mathcal{J} \to$ **Set**（ただし $\mathcal{J}$ は小圏）に対して D の極限を具体的に示す．

$\{*\}$ から D への錐の集合 $\mathrm{Cone}(\{*\}, D)$ を C_D とおく．また，写像の集まり $\theta := \{\theta_j\colon \mathrm{C}_D \ni \tau \mapsto \tau_j \in Dj\}_{j\in\mathcal{J}}$ を考える（τ_j は $\{*\}$ から Dj への写像であるため，Dj の要素とみなせる）．このとき，以下で示すように $\langle \mathrm{C}_D, \theta \rangle$ は D の極限である．なお，θ は C_D から D への錐である．実際，任意の射 $h \in \mathcal{J}(i, j)$ と任意の錐 $\tau \in \mathrm{C}_D$ に対して $\theta_j(\tau) = \tau_j = Dh \circ \tau_i = (Dh \circ \theta_i)(\tau)$ が成り立つため，θ は自然性の条件 $\theta_j = Dh \circ \theta_i$ を満たす．

$\langle \mathrm{C}_D, \theta \rangle$ が D の極限であることを示すために，任意に選んだ錐 $\alpha \in \mathrm{Cone}(X, D)$ に対して $\alpha = \theta \circ \Delta_{\mathcal{J}} \tilde{\alpha}$ を満たす $\tilde{\alpha} \in$ **Set**(X, C_D) が一意に存在することを示す．このような $\tilde{\alpha}$ が存在するならば

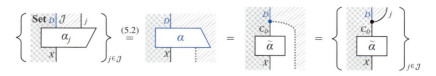

が成り立つ．ただし，青丸は θ で黒丸は θ_j である．このため，各 $j \in \mathcal{J}$, $x \in X$ について $\alpha_j(x) = \theta_j(\tilde{\alpha}(x)) = \tilde{\alpha}(x)_j$ が成り立ち，したがって $\tilde{\alpha}$ は各 $x \in X$ を $\tilde{\alpha}(x) = \{\alpha_j(x)\}_{j \in \mathcal{J}}$ に写すものとして一意に定まる．また，$\alpha \in \mathrm{Cone}(X, D)$ より各 $h \in \mathcal{J}(i, j)$ について $\alpha_j(x) = Dh(\alpha_i(x))$ が成り立つため，各 $x \in X$ について $\tilde{\alpha}(x) = \{\alpha_j(x)\}_{j \in \mathcal{J}} \in \mathrm{C}_D$，つまり $\tilde{\alpha} \in \mathrm{Set}(X, \mathrm{C}_D)$ である．したがって，このような $\tilde{\alpha}$ が存在する．

α を対応する $\tilde{\alpha}$ に写す写像（swap とおく）は
(5.57)
$$\mathrm{Cone}(X, D) \ni \alpha = \{\{\alpha_j(x)\}_{x \in X}\}_{j \in \mathcal{J}} \xmapsto{\text{swap}} \tilde{\alpha} := \{\{\alpha_j(x)\}_{j \in \mathcal{J}}\}_{x \in X} \in \mathrm{Set}(X, \mathrm{C}_D)$$

と表せるため，直観的にはこの写像は $\{-\}_{x \in X}$ と $\{-\}_{j \in \mathcal{J}}$ の順序を入れ替える．この写像は明らかに可逆であり，また式(5.9)のような図式で表されることがわかる．　△

演習問題

5.2.1 双関手 × が例 5.54 で述べたように定まることを確認せよ．

5.2.2 **Set** が任意の直積・イコライザ・余直積・コイコライザをもつことを確認せよ．（備考：このことと命題 5.55 より，**Set** は完備かつ余完備である．）

5.2.3 **Cat** が任意の直積・イコライザ・余直積をもつことを確認せよ．

▶ **高度な話題** **Cat** は任意のコイコライザももち，したがって **Cat** は完備かつ余完備である．**Cat** におけるコイコライザは例 5.38 で述べた **Set** におけるコイコライザの考え方を拡張すれば得られるが，やや複雑である．概要を述べると，2 個の関手 $s, t \in \mathrm{Cat}(C, \mathcal{D})$ に対して集合 $R := \{\langle s(a), t(a) \rangle \mid a \in C\}$ を含む ob $\mathcal{D}$ 上の最小の同値関係 ∼（例 5.38 を参照のこと）を考えて，また射の集まりに対する同値関係をうまく定めれば，「同値類の圏」$\mathcal{D}/\sim$ を構成できてコイコライザになる．

5.2.4 **Vec**$_\mathbb{K}$ が任意の直積・イコライザ・余直積・コイコライザをもつことを確認せよ．（備考：これにより，**Vec**$_\mathbb{K}$ は完備かつ余完備である．）

5.2.5 命題 5.55 の証明を完成させよ．

5.2.6 小圏 $\mathcal{J}$ が始対象 0 をもつならば，任意の関手 $D: \mathcal{J} \to C$（C も任意）は極限をもち，極限錐 κ の成分 κ_0 は可逆であることを示せ．

5.2.7 圏 C が終対象と任意の引き戻しをもつならば，有限完備であることを示せ．

5.3 極限の基本的な性質

本節では，極限における基本的な性質を示す．

5.3.1 極限を保存・創出する関手

関手 $F\colon \mathcal{C} \to \mathcal{D}$ は射の合成を保存する．つまり，$F(gf) = (Fg)(Ff)$ を満たす．この保存という概念を極限に対しても考えることができる．ここでは，極限の保存と，関連する概念である創出について説明し，いくつかの重要な性質を示す．

(1) 極限の保存

関手 $G\colon \mathcal{D} \to \mathcal{C}$ を考える．小圏 $\mathcal{J}$ と関手 $D\colon \mathcal{J} \to \mathcal{D}$ に対して，D が極限 $\langle d, \kappa \rangle$ をもつならば $\langle Gd, G \bullet \kappa \rangle$ が $G \bullet D$ の極限であるとき，つまり

が成り立つとき，G は D の極限を保存する（preserve）という．G が D の極限を保存するならば，D の極限（極限対象と極限錐）に G を施すことで $G \bullet D$ の極限がすぐに得られる．このため，D の極限について調べることは $G \bullet D$ の極限について調べることにもなるであろう．なお，この定義より，極限をもたないような任意の関手 D について，G は D の極限を保存することになる（命題「$P \Rightarrow Q$」は命題 P が偽ならば必ず真であるため）．

G が任意の関手 $D\colon \mathcal{J} \to \mathcal{D}$（$\mathcal{J}$ は任意の小圏）の極限を保存するとき，**任意の極限を保存する**（または**連続**（continuous）である）とよぶ．余極限の保存は，これらの双対，つまり余極限余錐を余極限余錐に写すものとして定義される．

▶ 補足　$\langle Gd, G \bullet \kappa \rangle$ が $G \bullet D$ の極限となるような D の極限 $\langle d, \kappa \rangle$ が一つでも存在するならば，G は D の極限を保存する（演習問題 5.3.1）．

普遍性を用いて表すと，G が D の極限を保存することは，

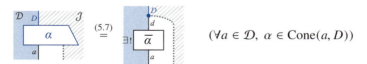

$(\forall a \in \mathcal{D}, \alpha \in \mathrm{Cone}(a, D))$

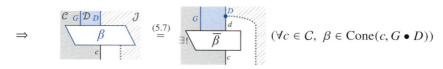

(ただし青丸は D への錐 κ) を満たすことと同値である.この $\langle d, \kappa \rangle$ は D の極限を表している.直観的には,線 D の左側に線 G を挿入しても式の形が変わらないことといえる.また,D と $G \bullet D$ の極限錐の関係を図式で表すと,次のようになる.

(5.58)

ただし,青い楕円は $G \bullet D$ の任意の極限錐であり,青丸は D の任意の極限錐である(ラベル「lim」が付いた点線については式(5.10)で述べた).ひし形のブロックは同型射を表しており(式(2.13)を参照のこと),$\lim(G \bullet D) \cong G \bullet \lim D$ であることを意味している(保存の定義より $G \bullet \lim D$ は $G \bullet D$ の極限対象であるため,この同型が成り立つ).この同型により,直観的には G を施してから lim を施した結果は,lim を施してから G を施した結果と同一視できる.この同型射を式(5.58)の右辺における補助線で囲まれた領域のように表すことにする.点線 lim が関手を表しているわけではないことに注意が必要であるが,この右辺のような表記は慣れれば直観的でわかりやすいであろう.

例 5.59 $G: \mathcal{D} \to \mathcal{C}$ が任意の極限を保存するとき,$\mathcal{D}$ の終対象 1 が存在するならば $G1$ は $\mathcal{C}$ の終対象であり,$\mathcal{D}$ の直積 $a \times b$ が存在するならば $Ga \times Gb$ は $\mathcal{C}$ の直積である.イコライザや引き戻しなどのほかの極限についても同様である. △

(2) 極限の創出

$G \bullet D$ の任意の極限錐 g に対して $g = G \bullet \kappa$ を満たす D への錐 κ が唯一存在して,かつ κ が D の極限錐になるとき,つまり

(5.60)

(ただし青い楕円は g) が成り立つとき,G は D の極限を創出する (create) という.G が D の極限を創出する場合には,$G \bullet D$ の極限について調べることで D の極限について調べられることがある.たとえば,$G \bullet D$ が極限をもつことがわかれば D が極

限をもつことがわかる．余極限の創出は，この双対として定義される．

> ▶ **補足** 文献によっては，左側の式 $g = G \bullet \kappa$ の等号をより緩い条件に変えたものを創出の定義とすることがある．その場合，本書での創出の定義は「厳密に創出する」(strictly create) のようによばれる．

(3) 極限の保存に関する性質

命題 5.61 小圏 $\mathcal{J}$ と圏 $\mathcal{C}, \mathcal{D}$ と関手 $G: \mathcal{D} \to \mathcal{C}$ を考える．$\mathcal{J}$ から $\mathcal{C}$ への任意の関手と $\mathcal{J}$ から $\mathcal{D}$ への任意の関手が極限をもち，G が任意の極限を保存するならば，同型 $G \bullet \lim D \cong \lim(G \bullet D)$ が $D: \mathcal{J} \to \mathcal{D}$ について自然に成り立つ．

証明 演習問題 5.3.2. □

この命題の条件を満たすとき，図式では点線 lim を関手を表す実線で置き換えられて，式(5.58)は次式のように表せる．

(5.62)

ただし，関手 $\lim \bullet (G \bullet -)$ から関手 $G \bullet \lim$ への自然同型を補助線で囲まれた領域のように表している．

定理 5.63 右随伴は任意の極限を保存する．双対として，左随伴は任意の余極限を保存する．

証明 極限をもつ関手 $D: \mathcal{J} \to \mathcal{D}$（ただし $\mathcal{J}$ は小圏）と随伴 $F: \mathcal{C} \rightleftarrows \mathcal{D} :G$ を任意に選び，$\langle d, \kappa \rangle$ を D の極限とする．このとき，$\langle Gd, G \bullet \kappa \rangle$ が $G \bullet D$ の極限であることを示せばよい．$G \bullet D$ への任意の錐 $\alpha \in \mathrm{Cone}(c, G \bullet D)$ について，次式が成り立つ．

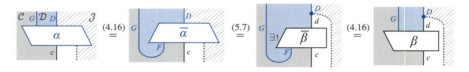

ただし，青丸は κ である．最初の等号では，α の転置を $\overline{\alpha}$ とおいた（なお，補題 4.32 より $F \bullet - \dashv G \bullet -$ である）．2 番目の等号では，錐 $\overline{\alpha}$ に対して式(5.7)を適用し，式(5.7)の右辺の $\overline{\alpha}$ を $\overline{\beta}$ とおいた．最後の等号では，$\overline{\beta}$ の転置を β とおいた．β は α から一意に定まるため，$\langle Gd, G \bullet \kappa \rangle$ は $G \bullet D$ の極限である． □

5.3 極限の基本的な性質 | 159

例 5.64　$\mathbf{Vec_K}$ から $\mathbf{Set}$ への忘却関手 $U\colon \mathbf{Vec_K} \to \mathbf{Set}$ は左随伴をもつ（演習問題 4.1.4）．$\mathbf{Vec_K}$ は完備であるため，任意の関手 $D\colon \mathcal{J} \to \mathbf{Vec_K}$（ただし $\mathcal{J}$ は任意の小圏）は極限をもち，定理 5.63 より $U(\lim D) \cong \lim(U \bullet D)$ であることがわかる．たとえば，任意の $\mathbf{V}, \mathbf{W} \in \mathbf{Vec_K}$ に対して $U(\mathbf{V} \times \mathbf{W}) \cong U\mathbf{V} \times U\mathbf{W}$ である．これは，集合 $U\mathbf{V}$ と集合 $U\mathbf{W}$ のデカルト積 $U\mathbf{V} \times U\mathbf{W}$ に適切な演算（具体的にはスカラー倍と和）を定めれば直積 $\mathbf{V} \times \mathbf{W}$ が得られることを意味している．　◿

▶ 余談　左随伴と右随伴のどちらが任意の極限を保存するかを迷ったら，極限が $\Delta_{\mathcal{J}}$ の右随伴に相当することを思い出すとよいかもしれない（命題 5.51）．大ざっぱに述べると，右随伴は $\Delta_{\mathcal{J}}$ の右随伴（つまり極限）を保存し，左随伴は $\Delta_{\mathcal{J}}$ の左随伴（つまり余極限）を保存する．

定理 5.63 より，関手 G が何らかの極限を保存しないことは，G が左随伴をもたない（つまり右随伴ではない）ための十分条件であることがわかる．たとえば，G が終対象を終対象に写さないならば，G は左随伴をもたない．また，補題 5.50 よりモノ射は引き戻しとして表せるため，G がモノ射をモノ射に写さないならば，G は左随伴をもたない．

▶ 高度な話題　定理 5.63 の逆は成り立たない．つまり，任意の極限を保存する関手 G は一般に右随伴であるとは限らない．しかし，G があるいくつかの条件を満たせば右随伴になることが知られている．このような条件について興味のある読者は，随伴関手定理について調べてほしい．

系 5.65　圏同値 $\mathcal{C} \simeq \mathcal{D}$ を考える．命題 4.33 より随伴 $F\colon \mathcal{C} \rightleftarrows \mathcal{D} \colon G$ が存在して，F と G はともに任意の極限と余極限を保存する．また，$\mathcal{C}$ が完備ならば $\mathcal{D}$ は完備であり，$\mathcal{C}$ が余完備ならば $\mathcal{D}$ は余完備である．

証明　$F \dashv G$ かつ $G \dashv F$ であるため（演習問題 4.3.5），定理 5.63 より F と G は任意の極限と余極限を保存する．また，$\mathcal{C}$ が完備ならば，任意の $D\colon \mathcal{J} \to \mathcal{D}$ について $G \bullet D$ は極限をもつため $F \bullet G \bullet D$ は極限をもち，$F \bullet G \bullet D \cong D$ であるため D も極限をもつ（演習問題 5.1.8 を参照のこと）．　□

定理 5.66　圏 $\mathcal{C}$ の各対象 c について，共変ホム関手 $\square^c$ は任意の極限を保存する．

証明　小圏 $\mathcal{J}$ と極限をもつ関手 $D\colon \mathcal{J} \to \mathcal{C}$ を任意に選ぶ．このとき，D の極限 $\langle d, \kappa \rangle$ に対し，$\langle \square^c \bullet d, \square^c \bullet \kappa \rangle$ が $\square^c \bullet D = \mathcal{C}(c, D-)$ の極限であることを示せばよい．$\square^c \bullet D$ への任意の錐 $\alpha \in \mathrm{Cone}(X, \square^c \bullet D)$ について，$\alpha(x) := \{\alpha_j(x)\}_{j \in \mathcal{J}}$（$x \in X$）とおく．例 5.56 における D に $\square^c \bullet D$ を代入したときに，式(5.57) で定めた写像 swap を用いると，

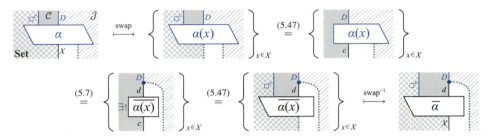

が成り立つ．なお，式(5.57)より各 $\alpha(x)$ は $\{*\}$ から $\square^c \bullet D$ への錐である．このとき，

（ただし青丸は極限錐 κ）を満たす $\overline{\alpha} := \{\overline{\alpha(x)} \in C(c,d)\}_{x \in X}$ が一意に定まることがわかる．したがって，$\langle \square^c \bullet d, \square^c \bullet \kappa \rangle$ は $\square^c \bullet D$ の極限である． □

例 5.67 とくに直積の場合を考えると，$C\left(c, \prod_{j \in \mathcal{J}} Dj\right) \cong \prod_{j \in \mathcal{J}} C(c, Dj)$ が得られる．$\mathcal{J}$ の対象が 2 個の場合には，この式は式(5.14)で表される． △

系 5.68 圏 C の各対象 c について，反変ホム関手 $c^\square : C^{\mathrm{op}} \to \mathbf{Set}$ は（コドメインが C^{op} であるような）任意の極限を保存する．

この双対として，$c^\square : C \to \mathbf{Set}^{\mathrm{op}}$ は（コドメインが C であるような）任意の余極限を保存する．

証明 $c^\square = C(-, c) = C^{\mathrm{op}}(c, -)$ であり，定理 5.66 の C に C^{op} を代入すれば明らか． □

任意の $D : \mathcal{J} \to C$ について双対 $D^{\mathrm{op}} : \mathcal{J}^{\mathrm{op}} \to C^{\mathrm{op}}$ を考えれば，系 5.68 より

$$\lim C(D-, c) = \lim(c^\square \bullet D^{\mathrm{op}}) \cong c^\square \bullet (\lim D^{\mathrm{op}}) = C(\lim D^{\mathrm{op}}, c)$$

が成り立つ．ただし，D^{op} のドメイン $\mathcal{J}^{\mathrm{op}}$ を明記するため $\lim D$ の代わりに $\lim D^{\mathrm{op}}$ のように書いた．この $\lim D^{\mathrm{op}}$ は C^{op} の対象であるため，双対を考えて C の対象として表すと $\operatorname{colim} D$ になる（$\lim D^{\mathrm{op}}$ の双対は $\operatorname{colim} D$ である）．このため，$\lim C(D-, c) \cong C(\operatorname{colim} D, c)$ を得る．

5.3.2 ★ 関手圏への関手の極限

ここでは，小圏 $\mathcal{J}$ から関手圏 C^I への関手 D の極限について考える．次の命題では，I の各対象 i を固定したときの関手 $\mathrm{ev}_i \bullet D \colon \mathcal{J} \to C$ の極限 $\langle l_i, \kappa_i \rangle$ の組から D の極限 $\langle L, \kappa \rangle$ が求められることを主張する．このことは，$\langle L, \kappa \rangle$ が各 $\langle l_i, \kappa_i \rangle$ から求められるという意味で，標語的に「D の極限は対象ごとに計算できる」のようにいわれる．

命題 5.69　小圏 $\mathcal{J}$ と圏 I, C について，関手 $D \colon \mathcal{J} \to C^I$ を考える．各 $i \in I$ について $\mathrm{ev}_i \bullet D \in C^{\mathcal{J}}$ が極限 $\langle l_i, \kappa_i \rangle$ をもつとする（$l_i \in C$ および $\kappa_i \in \mathrm{Cone}(l_i, \mathrm{ev}_i \bullet D)$ である）．このとき，$Li = l_i$ であり，かつ $\kappa := \{ \{ (\kappa_i)_j \}_{i \in I} \}_{j \in \mathcal{J}}$ が L から D への錐であるような関手 $L \in C^I$ が一意に定まり，$\langle L, \kappa \rangle$ は D の極限である．

> ▶ **補足**　この命題は，D の極限対象 $L \in C^I$ がその対象への作用 $\mathrm{ob}\, I \ni i \mapsto Li = l_i \in \mathrm{ob}\, C$ から（κ が L から D への錐であるという素直な性質を満たすものとして）一意に定まることを主張している．

証明　$(C^I)^{\mathcal{J}}$ から $(C^{\mathcal{J}})^I$ への標準的な関手を P とおき，$D^* := P \bullet D$ とおく．なお，直観的には，$D \colon \mathcal{J} \to C^I$ と $D^* \colon I \to C^{\mathcal{J}}$ は I と $\mathcal{J}$ の順序を入れ替えたような関係になっている．このとき，$D^* i = \mathrm{ev}_i \bullet D$ が成り立つ．この関係を用いれば，D に関する議論を D^* に関する議論に置き換えながら証明できる．残りは，演習問題 5.3.4 とする．　$\square$

> ▶ **補足**　この命題を別の言葉で述べておく．I と同じ対象をもつ離散圏 $\mathrm{ob}\, I$（例 1.24 を参照のこと）は I の部分圏とみなせる．$\mathrm{ob}\, I$ から I への包含関手を F とおくと，この命題は関手 $- \bullet F \colon C^I \to C^{\mathrm{ob}\, I}$ が任意の関手 $D \colon \mathcal{J} \to C^I$（$\mathcal{J}$ は小圏）の極限を創出することを主張している．

系 5.70　小圏 $\mathcal{J}$ と圏 I, C について，$\mathcal{J}$ から C への任意の関手が極限をもつならば，$\mathcal{J}$ から C^I への任意の関手も極限をもつ．とくに，C が完備ならば C^I も完備である．

証明　任意の関手 $D \colon \mathcal{J} \to C^I$ に対して各 $\mathrm{ev}_i \bullet D \colon \mathcal{J} \to C$ が極限をもつため，命題 5.69 より D も極限をもつ．　$\square$

5.3.3 ★ 表現可能前層による前層の構成

命題 5.71　任意の圏 C について，前層の圏 $\hat{C}$ は完備かつ余完備である．また，米田埋め込み $C^{\square}$ は C の任意の極限を保存する．

証明 **Set** は完備かつ余完備である（演習問題 5.2.2）ため，系 5.70 より $\hat{C} = \mathbf{Set}^{C^{\mathrm{op}}}$ も完備かつ余完備である．また，関手 $D\colon \mathcal{J} \to C$（$\mathcal{J}$ は小圏）が極限をもつとき，任意に選んだ $c \in C$ について，定理 5.66 より $\mathrm{ev}_c \bullet C^{\square} = \square^c$（式(3.23)を参照のこと）は任意の極限を保存するため，D の極限錐 κ に対して $\mathrm{ev}_c \bullet C^{\square} \bullet \kappa = \{\kappa_{c,j} := \mathrm{ev}_c \bullet C^{\square} \bullet \kappa_j\}_{j \in \mathcal{J}}$ は $\mathrm{ev}_c \bullet C^{\square} \bullet D$ の極限錐である．したがって，命題 5.69 より $C^{\square} \bullet \kappa = \{\{\kappa_{c,j}\}_{c \in C}\}_{j \in \mathcal{J}}$ は $C^{\square} \bullet D$ の極限錐である． □

圏 C について，$\hat{C}$ の充満部分圏 $\hat{C}'$ のうち C の各対象を米田埋め込み $C^{\square}$ で写すことで得られるもの，つまり $\mathrm{ob}\,\hat{C}' := \{c^{\square} \mid c \in C\}$ により定まるものを考える．なお，$\mathrm{mor}\,\hat{C}' = \{f^{\square} \mid f \in \mathrm{mor}\,C\}$ である．$\hat{C}$ の各対象 X は前層であり，とくに $\hat{C}'$ の要素ならば表現可能である．また，C が完備ならば任意の関手 $D'\colon \mathcal{J} \to \hat{C}'$ は極限をもつ[‡10]．これは，関手 $D\colon \mathcal{J} \to \hat{C}$ が $Dj \in \hat{C}'$（$\forall j \in \mathcal{J}$）を満たすならば極限をもち（このような関手 D を，各 Dj が表現可能前層であることから「表現可能前層への関手」とよぶことにする），その極限対象が表現可能前層であることを意味する[‡11]．言い換えると，表現可能ではない前層が「表現可能前層への関手」の極限対象になることはない．

これに対し，余極限ではまったく事情が異なる．米田埋め込みは，任意の極限を保存することとは対照的に，ある種の余極限は保存しない．さらに強い結果として，任意の前層 $X \in \hat{C}$ はある「表現可能前層への関手」の余極限対象であることを 7.3.3 項で述べる．このようにして，表現可能前層のみから（そのような前層への関手の余極限対象を考えることで）任意の前層を構成できる．

5.3.4 ★ 双関手の極限

ここでは，双関手 $D\colon \mathcal{I} \times \mathcal{J} \to C$（ただし $\mathcal{I}$ と $\mathcal{J}$ は小圏）の極限について考える．$C^{\mathcal{I} \times \mathcal{J}}$ から $(C^{\mathcal{I}})^{\mathcal{J}}$ への標準的な関手を P とおく．このとき，$P \bullet D\colon \mathcal{J} \to C^{\mathcal{I}}$ の極限対象（の一つ）$\lim(P \bullet D)\colon \mathcal{I} \to C$ を $\lim_{j \in \mathcal{J}} D(-, j)$ と書くことにしよう．なお，この極限対象自体は j には依存しない．この j は内部変数のようなものを表していると考えるとよいかもしれない．同様に $\mathcal{I}$ と $\mathcal{J}$ の役割を入れ替えれば，極限対象 $\lim_{i \in \mathcal{I}} D(i, -)\colon \mathcal{J} \to C$ を定められる．同様の表記を用いると，関手 $F\colon \mathcal{J} \to C$

[‡10] 証明：p.88 で述べたように，$C \cong \hat{C}'$ である．また，C は完備であるため，系 5.65 より $\hat{C}'$ は完備である．このため，D' は極限をもつ．

[‡11] このような関手 $D\colon \mathcal{J} \to \hat{C}$ は $\mathcal{J}$ の各対象と各射を $\hat{C}'$ の対象と射に写すため，$\mathcal{J}$ から $\hat{C}'$ への関手と同一視できる．より厳密には，$\hat{C}'$ から $\hat{C}$ への包含関手を K とおいたとき，このような関手 D は $D = K \bullet D'$（$D'\colon \mathcal{J} \to \hat{C}'$）の形で表せる．なお，$\hat{C}'$ に含まれないような表現可能前層も存在するため，各 Dj が表現可能であるような関手 $D\colon \mathcal{J} \to \hat{C}$ を「表現可能前層への関手」とよぶべきであるが，その場合でも本質的な議論は変わらない．

の極限対象 $\lim F \in C$ を $\lim_{j \in \mathcal{J}} Fj$ のように表せる．このような表記により，関手 $D(i,-)\colon \mathcal{J} \to C$ の極限対象 $\lim D(i,-) \in C$ は $\lim_{j \in \mathcal{J}} D(i,j)$ と表せて，D の極限対象 $\lim D \in C$ は $\lim_{\langle i,j \rangle \in I \times \mathcal{J}} D(i,j)$ と表せる．

▶ **補足** 双関手 $D\colon I \times \mathcal{J} \to C$ を 2 変数の準同型写像のようなものだと捉えると，$\lim_{j \in \mathcal{J}} D(-,j)\colon I \to C$ は直観的には 2 番目の引数に相当する $\mathcal{J}$ についての極限をとったものと解釈できる．同様に関手 $\lim_{i \in I} D(i,-)\colon \mathcal{J} \to C$ は I についての極限をとったものであり，対象 $\lim_{\langle i,j \rangle \in I \times \mathcal{J}} D(i,j) \in C$ は I と $\mathcal{J}$ の両方についての極限をとったものと解釈できる．

関手 $P \bullet D$ に対して命題 5.69 を適用すると，各 $i \in I$ に対して関手 $D(i,-)$ の極限対象 $\lim_{j \in \mathcal{J}} D(i,j)$ が存在するならば $Li = \lim_{j \in \mathcal{J}} D(i,j)$ $(\forall i \in I)$ を満たす関手 $L\colon I \to C$ が存在して $L \cong \lim_{j \in \mathcal{J}} D(-,j)$ であることがわかる．さらにこの関手 $\lim_{j \in \mathcal{J}} D(-,j)$ が極限をもつとき，その極限対象を $\lim_{i \in I} \lim_{j \in \mathcal{J}} D(i,j)$ と書ける．

命題 5.72 小圏 $I, \mathcal{J}$ と圏 C について，双関手 $D\colon I \times \mathcal{J} \to C$ を考える．各 $i \in I$ に対して $D(i,-)$ が極限をもつと仮定する（上記の議論により極限 $\lim_{j \in \mathcal{J}} D(-,j)$ が存在することになる）．このとき，$\lim_{j \in \mathcal{J}} D(-,j)$ または D のいずれかが極限をもつならばもう一方も極限をもち，次式が成り立つ．

(5.73) $$\lim_{i \in I} \lim_{j \in \mathcal{J}} D(i,j) \cong \lim_{\langle i,j \rangle \in I \times \mathcal{J}} D(i,j)$$

証明 演習問題 5.3.5. □

命題 5.72 から次の系がすぐに得られる．

系 5.74 小圏 $I, \mathcal{J}$ と圏 C について，I から C への任意の関手と $\mathcal{J}$ から C への任意の関手が極限をもつとする．このとき，任意の双関手 $D\colon I \times \mathcal{J} \to C$ は極限をもち，次式が成り立つ．

(5.75) $$\lim_{i \in I} \lim_{j \in \mathcal{J}} D(i,j) \cong \lim_{\langle i,j \rangle \in I \times \mathcal{J}} D(i,j) \cong \lim_{j \in \mathcal{J}} \lim_{i \in I} D(i,j)$$

証明 左側の $\cong$ は命題 5.72 より明らか．I と $\mathcal{J}$ を交換すれば右側の $\cong$ を得る． □

命題 5.72 と系 5.74 の双対を考えれば，余極限についても同様の性質が成り立つことがわかる．たとえば，式(5.75) に対応する式として次式が成り立つ．

$$\mathrm{colim}_{i \in I} \mathrm{colim}_{j \in \mathcal{J}} D(i,j) \cong \mathrm{colim}_{\langle i,j \rangle \in I \times \mathcal{J}} D(i,j) \cong \mathrm{colim}_{j \in \mathcal{J}} \mathrm{colim}_{i \in I} D(i,j)$$

164 | 第5章 極限

演習問題

5.3.1 関手 $D: \mathcal{J} \to \mathcal{D}$ （$\mathcal{J}$ は小圏）と関手 $G: \mathcal{D} \to C$ について，$\langle Gd, G \bullet \kappa \rangle$ が $G \bullet D$ の極限となるような D の極限 $\langle d, \kappa \rangle$ が存在するならば，G は D の極限を保存することを示せ．

5.3.2 命題 5.61 を証明せよ．

5.3.3 関手 $G: \mathcal{D} \to C$ が関手 $D: \mathcal{J} \to \mathcal{D}$ の極限を創出し，かつ $G \bullet D$ が極限をもつならば，G は D の極限を保存することを示せ．

5.3.4 命題 5.69 の証明を完成させよ．［ヒント：演習問題 3.2.14 を用いれば，$\langle L, \kappa \rangle$ が $\Delta_{\mathcal{J}}$ から D への普遍射であることと同値な条件が得られる．また，補題 3.63（の双対）が利用できる．］

5.3.5 命題 5.72 を証明せよ．［ヒント：演習問題 3.2.13（の双対）と演習問題 3.2.14 が利用できる．］

5.3.6 関手 $D: \mathcal{J} \to C$ （$\mathcal{J}$ は小圏）が極限をもつならば

$$(5.76) \qquad \mathrm{Cone}(c, D) \cong C(c, \lim D) \cong \lim C(c, D-)$$

が $c \in C$ について自然に成り立つことを示せ．（備考：この双対より，D が余極限をもつならば

$$(5.77) \qquad \mathrm{Cocone}(D, c) \cong C(\mathrm{colim}\, D, c) \cong \lim C(D-, c)$$

が $c \in C$ について自然に成り立つ．）

第6章 モノイダル圏と豊穣圏

　圏は，結合律と単位律を満たすような「直列接続」（つまり射の合成）を備えている．また，関手や自然変換を考えることで圏の間の「並列接続」を行えるのであった．これに対し，本章で紹介するモノイダル圏では，その圏自身が「直列接続」に加えて「並列接続」も備えていて，かつこれらの接続が素直な性質をもっている．

　本章では，モノイダル圏や，その特別な場合であるモノイダル閉圏・コンパクト閉圏などを紹介する．モノイダル圏に関連する圏が数多く研究されており，その中で代表的なものをいくつか挙げて，その概要のみを述べる．また，圏よりも一般的な概念である豊穣圏についても紹介する（豊穣圏はモノイダル圏に基づいて構成される）．本章で紹介するモノイダル圏や豊穣圏などの間には，次のような関係がある．

豊穣圏（6.3 節）$\Longleftarrow$ 圏
$\Uparrow$
モノイダル圏（6.1.2 項）
$\Uparrow$
対称モノイダル圏（6.1.4 項）$\Leftarrow$ カルテシアンモノイダル圏（6.1.5 項）
$\Uparrow$　　　　　　　　　　　　　$\Uparrow$
モノイダル閉圏（6.2.1 項）$\Longleftarrow$ カルテシアン閉圏（6.2.2 項）
$\Uparrow$
コンパクト閉圏（6.2.3 項）

ただし，図中の矢印「$X \Rightarrow Y$」は「X ならば Y」であることを意味している．モノイダル圏の考え方は，これらの圏の構造を理解するために役立つ．

　本章では，モノイダル圏や豊穣圏を表すのに適した新たな表記を用いる．これらの表記では，p.21 で述べた「メインの表記」と同様に垂直合成を「縦に並べる」ことで表し，またモノイド積とよばれる演算を「横に並べる」ことで表す．

▶ **補足**　第 4 章と前章では，一般の圏におけるある種の普遍性について説明した（次章も同様）．これに対し本章では，これらの章とは異なりモノイダル圏および豊穣圏が話題の中心であり，また普遍射とは直接的には関係がない話を扱う．先を急ぐ読者は，本章を読み飛ばしても構わない．

▶ **余談**　モノイダル圏に関する議論ではストリング図がより一層活躍することになる（ただし，本章で紹介するのはその一部のみである）．興味のある読者は，たとえば文献 [7], [8] を参照のこと．

166 | 第6章 モノイダル圏と豊穣圏

6.1 （対称）モノイダル圏

本節では，モノイダル圏と対称モノイダル圏について説明する．また，対称モノイダル圏の特別な場合であるカルテシアンモノイダル圏を説明する．初学者にとっては（対称）モノイダル圏の定義はやや複雑だと思われるため，より理解しやすいであろう厳密（対称）モノイダル圏について先に述べる．

6.1.1 厳密モノイダル圏

(1) 定義と例

大ざっぱに述べると，厳密モノイダル圏とはモノイド積とよばれる「並列接続」を備えた圏のことである．まずは，定義を述べる．

定義 6.1 （厳密モノイダル圏） 次の条件をすべて満たすような圏 C を考える．

(1) モノイド積（monoidal product）とよばれる双関手 $\otimes: C \times C \to C$ が定まっている．$C \times C$ の各対象 $\langle a, b \rangle$ をモノイド積で写した C の対象を $a \otimes b$ と書き，$C \times C$ の各射 $\langle f, g \rangle$ をモノイド積で写した C の射を $f \otimes g$ と書く．図式では，これらを「並列接続」として次のように表すことにする．

$$
(6.2) \quad a \otimes b \ \underset{\text{数式}}{\overset{\text{図式}}{\rightleftarrows}} \ \boxed{C \ \ a \ \ b} \ , \qquad f \otimes g \ \underset{\text{数式}}{\overset{\text{図式}}{\rightleftarrows}} \ \boxed{C \ \ a' \ \ b' \ \ f \ \ g \ \ a \ \ b}
$$

ただし，$f \in C(a, a')$ および $g \in C(b, b')$ とした（以降では，射のドメインやコドメインは図式から読みとってほしい）．

(2) 結合律：C の任意の射 f, g, h について

$$(f \otimes g) \otimes h = f \otimes (g \otimes h)$$

$$
(6.3) \quad \underset{\text{数式}}{\overset{\text{図式}}{\rightleftarrows}} \quad \boxed{C \ \ a' \ b' \ c' \ \ f \ \ g \ \ h \ \ a \ \ b \ \ c} \ = \ \boxed{a' \ b' \ c' \ \ f \ \ g \ \ h \ \ a \ \ b \ \ c}
$$

を満たす．なお，この図式の補助線（破線）を削除すると左辺と右辺を区別できなくなるが，これらは等しいため問題ない．この式は，任意の対象 $a, b, c \in C$ について $(a \otimes b) \otimes c = a \otimes (b \otimes c)$ が成り立つことも主張している．

(3) 単位律：単位対象（unit object）とよばれる対象 $i \in C$ が定まっており，C の任意の射 f について

6.1 （対称）モノイダル圏　　167

(6.4)
$$1_i \otimes f = f = f \otimes 1_i$$

を満たす．補助線で囲まれた箇所が恒等射 1_i を表している．この図式のように，単位対象 i や恒等射 1_i を図式ではしばしばグレーで描くか，または省略する．この式は，任意の対象 $a \in C$ について $i \otimes a = a = a \otimes i$ が成り立つとも主張している．

このとき，$\langle C, \otimes, i \rangle$ を**厳密モノイダル圏**（strict monoidal category）とよぶ．

モノイド積 $\otimes$ と単位対象 i を省略して，単に C を厳密モノイダル圏とよぶことがある（後で述べるモノイダル圏などでも同様）．条件 (3) より，恒等射 1_i や単位対象 i は直観的には「何もない線」を表しているといえる．条件 (1)～(3) は，モノイドの定義（定義 1.1）に似ている．直観的には，モノイド積 $\otimes$ がモノイドのようなはたらきをすることを要請しているといえる．実際，ob C が集合であるような任意の厳密モノイダル圏 $\langle C, \otimes, i \rangle$ に対して，$\langle \mathrm{ob}\, C, \otimes, i \rangle$ はモノイドになる．

例 6.5　任意の圏 C について，$\langle C^C, \bullet, 1_C \rangle$ は厳密モノイダル圏である．つまり，関手圏 C^C は水平合成を表す双関手 $\bullet: C^C \times C^C \to C^C$ をモノイド積として，恒等関手 1_C を単位対象とするような厳密モノイダル圏とみなせる．　△

例 6.6　例 2.15 で述べた行列の圏 $\mathbf{Mat}_\mathbb{K}$ に対し，$\langle \mathbf{Mat}_\mathbb{K}, \oplus, 0 \rangle$ や $\langle \mathbf{Mat}, \otimes, 1 \rangle$（$\otimes$ はクロネッカー積）は厳密モノイダル圏である．ただし，$\mathbf{Mat}_\mathbb{K}$ の任意の対象（つまり自然数）m, n に対して $m \oplus n := m + n$ および $m \otimes n := mn$ とする．　△

例 6.7　例 1.20 で述べた圏 $\mathbb{R}_{\geq 0}$ に対し，$\langle \mathbb{R}_{\geq 0}, +, 0 \rangle$ は厳密モノイダル圏である．ただし，$+$ は 0 以上の実数としての和である．式(6.2) の対象 $a \otimes b$ は実数 $a + b$ であり，射 $f \otimes g$ は「$a \geq a'$ かつ $b \geq b'$ ならば $a + b \geq a' + b'$」に相当する．　△

(2) 基本的な性質

厳密モノイダル圏 C は，その定義よりモノイド積（つまり「並列接続」）について結合律と単位律を満たす．また，C は圏であるため，射の合成（つまり「直列接続」）についても結合律と単位律を満たす．モノイド積は関手であるため，合成を保ち，各恒等射を恒等射に写す．つまり，$C \times C$ の任意の合成可能な 2 本の射 $\langle f, g \rangle$ と $\langle f', g' \rangle$

について

(6.8)
$$f'f \otimes g'g = (f' \otimes g')(f \otimes g)　\underset{\text{数式}}{\overset{\text{図式}}{\rightleftarrows}}$$

を満たし，任意の $a, b \in C$ について

$$1_a \otimes 1_b = 1_{a \otimes b} \underset{\text{数式}}{\overset{\text{図式}}{\rightleftarrows}}$$

を満たす．直観的には，$1_{a \otimes b}$ は 2 本の線 1_a と 1_b を束ねたものとみなせる．式(1.12)と式(6.8)を組み合わせると，

(6.9)
$$(1_{a'} \otimes g)(f \otimes 1_b) = f \otimes g = (f \otimes 1_{b'})(1_a \otimes g)$$

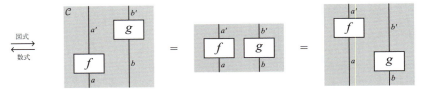

が得られる．直観的には，f と g が「並列接続」されているとき，その縦方向の位置は自由に変えられるといえる．この式も，スライディング則などとよばれる．

(3) 厳密モノイダル関手と厳密モノイダル自然変換

厳密モノイダル圏の間の関手のうち，とくにモノイド積の構造を保つものを考えたい場合が多い．そのような関手を定義しておく．

> **定義 6.10（厳密モノイダル関手）** 厳密モノイダル圏 $\langle C, \otimes, i_C \rangle$ から厳密モノイダル圏 $\langle \mathcal{D}, \boxtimes, i_\mathcal{D} \rangle$ への関手 $F: C \to \mathcal{D}$ が次の二つの条件を満たすとき，F を **厳密モノイダル関手**（strict monoidal functor）とよぶ．
>
> (1) 各 $f, g \in \mathrm{mor}\, C$ について $F(f \otimes g) = Ff \boxtimes Fg$ である．
> (2) $F(i_C) = i_\mathcal{D}$ である．

同様に，モノイド積の構造を保つ自然変換が定義される．

6.1 （対称）モノイダル圏 | 169

定義 6.11 （**厳密モノイダル自然変換**）　厳密モノイダル圏 $\langle C, \otimes, i_C \rangle$ から厳密モノイダル圏 $\langle \mathcal{D}, \boxtimes, i_{\mathcal{D}} \rangle$ への 2 個の厳密モノイダル関手 $F, G: C \to \mathcal{D}$ について，自然変換 $\alpha: F \Rightarrow G$ が次の二つの条件を満たすとき，α を**厳密モノイダル自然変換** （strict monoidal natural transformation）とよぶ.

(1) 各 $a, b \in C$ について $\alpha_{a \otimes b} = \alpha_a \boxtimes \alpha_b$ である.

(2) $\alpha_{i_C} = 1_{i_{\mathcal{D}}}$ である.

▶**補足**　これまでは水平合成を「並列接続」として表してきたため，モノイド積を「並列接続」として表すと（少なくとも 2 次元的な図式では）関手などとの水平合成を表すことが難しくなる. これを回避する方法としては，たとえば 3 次元的な図式にして奥行方向で水平合成を表す方法が考えられる. 1.1.6 項で導入した直積用の表記は，このような 3 次元的な図式を簡易的に表したものとみなせる.

6.1.2　モノイダル圏

(1) 定義

　定義 6.1 において，たとえばモノイド積 $\otimes$ が結合律 $a \otimes (b \otimes c) = (a \otimes b) \otimes c$ を満たす代わりに，その等号 $=$ を自然同型 $\cong$ で置き換えた条件を満たすような場合を考えたいときがしばしばある. そこで，この定義における結合律と単位律の条件を緩めた圏として，モノイダル圏が考えられている. 大ざっぱに述べると，厳密モノイダル圏の定義に対して，結合律と単位律で現れる等号 $=$ を自然同型 $\cong$ で置き換えていくつかの条件を追加すると，モノイダル圏の定義が得られる.

定義 6.12 （**モノイダル圏**）　次の条件をすべて満たすような圏 C を考える.

(1) モノイド積とよばれる双関手 $\otimes: C \times C \to C$ が定まっている.

(2) 単位対象とよばれる対象 $i \in C$ が定まっており，また $a, b, c \in C$ について自然な次の同型が定まっている.

$$\alpha_{a,b,c}: a \otimes (b \otimes c) \cong (a \otimes b) \otimes c,$$
$$\lambda_a: i \otimes a \cong a,$$
$$\rho_a: a \otimes i \cong a$$

(3) 任意の $a, b, c, d \in C$ について次式が成り立つ（この条件が直観的にわかりにくいと感じても，まずは気にせずに読み進めてほしい）.

$$\alpha_{a\otimes b,c,d}\,\alpha_{a,b,c\otimes d} = (\alpha_{a,b,c}\otimes 1_d)\,\alpha_{a,b\otimes c,d}\,(1_a\otimes\alpha_{b,c,d})$$

(6.13)

$$(\rho_a\otimes 1_c)\,\alpha_{a,i,c} = 1_a\otimes\lambda_c$$

(6.14)

ただし，式(6.13) の右辺では，モノイド積を施す順序を明確にするために，括弧をグレーで描いている．

このとき，$\langle C,\otimes,i\rangle$ を**モノイダル圏**（monoidal category）とよぶ．

▶ **補足**　式(6.13), (6.14) のように，図式では同型射 $\alpha_{a,b,c}$, λ_a, ρ_a とそれらの逆射をグレーのブロックで表すことにする．直観的には，$\alpha_{a,b,c}$ は括弧の位置を変えるようなはたらきをしており，λ_a と ρ_a は単位対象 i を削除するようなはたらきをしている．

この定義において，$\alpha_{a,b,c}$ と λ_a と ρ_a がすべて恒等射である場合を考えると厳密モノイダル圏の定義になる．条件 (2) は，厳密モノイダル圏の条件 (2), (3) における等号を自然同型に置き換えたものといえる．条件 (3) はすぐに理解することが難しいと思われるため，これから少し丁寧に説明する．

例 6.15　$\langle\mathbf{Set},\times,\{*\}\rangle$ は厳密モノイダル圏ではないが，モノイダル圏ではある．もし厳密モノイダル圏ならば，任意の集合 X と 1 点集合 $\{*\}$ との直積 $X\times\{*\}$ は X に等しくなければならないが，これは正しくない（一方，$X\times\{*\}\cong X$ ではある）．演習問題 6.1.1 も参照のこと．$\langle\mathbf{Vec}_{\mathbb{K}},\otimes,\mathbb{K}\rangle$（$\otimes$ はテンソル積）や $\langle\mathbf{Cat},\times,\mathbf{1}\rangle$ も同様に，厳密モノイダル圏ではないがモノイダル圏ではある（例 6.29, 6.32 を参照のこと）．　△

(2) コヒーレンス条件

式(6.13), (6.14) の左辺や右辺で表される射のように，同型射 $\alpha_{a,b,c}$, λ_a, ρ_a やこれらの逆射や恒等射を（射の合成とモノイド積により）合成して得られる射を，暫定的に「素直な同型射」とよぶことにしよう．ここで，「$x,y\in C$ を任意に選んだとき，x から y への素直な同型射は存在するならば一意である」というような条件（**コヒーレ**

ンス条件（coherence condition）とよばれる）を考える[‡1]. コヒーレンス条件を満た
しているとき，そのような素直な同型射を x から y への**標準的な同型射**（canonical
isomorphism）とよぶことにする．この条件を満たしていないとすると，x から y への
素直な同型射が複数存在して都合が悪いときがある．そこで，定義 6.12 の条件 (1), (2)
に加えてコヒーレンス条件を満たすような圏を考えたい．このような圏がモノイダル
圏である．

しかし，コヒーレンス条件そのものは使い勝手が悪く，たとえば具体的に与えられ
た $\langle C, \otimes, i \rangle$ がコヒーレンス条件を満たしているか否かをナイーブな方法で調べること
は容易ではない．そこで，コヒーレンス条件と同値であり，より使い勝手のよい条件
があると望ましい．そのような条件として定義 6.12 の条件 (3) がしばしば用いられて
いる．

▶ **補足** 条件 (3) はコヒーレンス条件を満たすための必要十分条件である．十分条件であることを
示すのはやや大変であるが（たとえば文献 [1] を参照してほしい），必要条件であることは容易
に確認できる．実際，式(6.13) は，対象 $a \otimes (b \otimes (c \otimes d))$ から対象 $((a \otimes b) \otimes c) \otimes d$ への二
つの素直な同型射 $\alpha_{a \otimes b, c, d} \alpha_{a, b, c \otimes d}$ と $(\alpha_{a,b,c} \otimes 1_d)\alpha_{a, b \otimes c, d}(1_a \otimes \alpha_{b,c,d})$ が等しいことを
要求している．また，式(6.14) は，対象 $a \otimes (i \otimes c)$ から対象 $a \otimes c$ への二つの素直な同型射
$(\rho_a \otimes 1_c)\alpha_{a,i,c}$ と $1_a \otimes \lambda_c$ が等しいことを要求している．

コヒーレンス条件により，各対象 x から各対象 y への標準的な同型射は存在するなら
ば一意であるため，以降の図式ではしばしば標準的な同型射を省略する[‡2]. 式(6.3), (6.4)
で表される厳密モノイダル圏の図式も，標準的な同型射が省略されたものと捉えると一
般のモノイダル圏で成り立っているといえる．標準的な同型射を明示すると，式(6.3)
に相当する式は次のようになる．

$$((f \otimes g) \otimes h)\alpha_{a,b,c} = \alpha_{a',b',c'}(f \otimes (g \otimes h))$$

[‡1] この説明は正確ではない．たとえば，あるモノイダル圏 C のある対象 a, b, c に対して $x := a \otimes (b \otimes c)$
および $y := (a \otimes b) \otimes c$ とおいたときに $i \otimes x = y$ が成り立つとする．このとき，$\alpha_{a,b,c}$ と λ_x^{-1} はとも
に x から y への素直な同型射であるが，コヒーレンス条件ではこれらが等しいという条件は課さない．コ
ヒーレンス条件を正確に述べることはほかの書籍（たとえば文献 [1]）にゆずる．直観的には，（$i \otimes x = y$
のような）特別な圏に対してのみ成り立つような制約によって複数の素直な同型射が得られる場合には，例
外としてそれらの同型射が等しいことは要求しないと考えてほしい．
[‡2] 省略した同型射は復元できるため，このような省略をしても問題ない．詳しい説明は省くが，任意のモノ
イダル圏は（強モノイダル関手とよばれる関手により）厳密モノイダル圏に圏同値であることが知られて
おり，この事実からしたがう．詳細は，たとえば文献 [7] を参考のこと．

この式は，α の自然性を表す式にほかならない．なお，この式では式(6.13) で示した
ようなグレーの括弧を省略している（以降でも同様）．しかし，どこにグレーの括弧が
省略されているかは図式から定められ，たとえば左辺の射 $\alpha_{a,b,c}$ の下側にある対象は
$a \otimes (b \otimes c)$ である．また，式(6.4) に相当する式は次のようになる．

$$\lambda_{a'}(1_i \otimes f)\lambda_a^{-1} = f = \rho_{a'}(f \otimes 1_i)\rho_a^{-1}$$

(6.16)

この式は，λ および ρ の自然性を表す式からすぐに導ける．実際，λ の自然性から

$$f\lambda_a = \lambda_{a'}(1_i \otimes f)$$

が得られる．この式の両辺に右側から（図式では下側から）λ_a^{-1} を施せば，式(6.16) の
左側の等号が成り立つことがわかる．同様に，ρ の自然性から右側の等号が得られる．

(3) 強モノイダル関手とモノイダル関手

詳細は省くが，モノイダル圏の構造を保つような関手として，定義 6.10 で述べた厳
密モノイダル関手より条件を緩めたものも考えられる．厳密モノイダル自然変換につ
いても同様である．

具体的には，厳密モノイダル関手の条件を，自然変換 $\phi := \{\phi_{a,b}\colon F(a \otimes b) \to Fa \boxtimes Fb\}_{a,b \in \mathcal{C}}$ と射 $\psi\colon F(i_{\mathcal{C}}) \to i_{\mathcal{D}}$ のうち，コヒーレンス条件に関連したある条件を
満たすものが存在するという条件に置き換えたもの（モノイダル関手とよばれる）と，
さらに ϕ と ψ が同型であるという条件を課したもの（強モノイダル関手とよばれる）
が考えられることが多い．

▶補足　以降ではさらに付加的な構造をもつようなモノイダル圏が登場し，それらの付加的な構造
を保つような関手や自然変換も考えられる．たとえば，後で述べる対称モノイダル圏において，
対称性という構造を保つ関手である対称モノイダル関手が定められる．

(4) モノイド対象

例 6.5 で述べた厳密モノイダル圏 $\langle C^C, \bullet, 1_C \rangle$ を考える．4.4 節で述べたモナドは，この圏の対象 $T \in C^C$ に対して定義されているとみなせる．これに対し，一般的なモノイダル圏 $\langle C, \otimes, i \rangle$ の対象に対して定義したものが，次で述べるモノイド対象である．

定義 6.17（モノイド対象）　モノイダル圏 $\langle C, \otimes, i \rangle$ における**モノイド対象**（monoid object）とは，対象 $c \in C$ と射 $\mu \in C(c \otimes c, c)$ と射 $\eta \in C(i, c)$ の組 $\langle c, \mu, \eta \rangle$ のうち，次の結合律と単位律を満たすもののことである．まず，結合律とは

$$(6.18) \quad \mu(1_c \otimes \mu) = \mu(\mu \otimes 1_c)\alpha_{c,c,c}$$

のことである（図式では，標準的な同型は省略している）．ただし，μ を補助線で囲まれた箇所のように，上側に 1 本，下側に 2 本の線が付いた黒丸で表しており，対象 c を表す線のラベル「c」は適宜省略している．また，単位律とは

$$\mu(1_c \otimes \eta)\lambda_c^{-1} = 1_c = \mu(\eta \otimes 1_c)\rho_c^{-1}$$

$$(6.19)$$

のことである．ただし，η を補助線で囲まれた箇所のように，上側に 1 本の線が付いた黒丸で表している．

モナドは，$\langle C^C, \bullet, 1_C \rangle$ におけるモノイド対象である．実際，上の定義において $\langle C, \otimes, i \rangle$ に $\langle C^C, \bullet, 1_C \rangle$ を代入して対象 c に関手 T を代入すると，モナドの定義（定義 4.38）が得られる（標準的な同型射はすべて恒等自然変換である）．このことは，式(4.39), (4.40) が式(6.18), (6.19) と同じような形をしていることからも容易にわかるであろう．また，定義 1.1 で定めたモノイド $\langle M, \circ, 1 \rangle$ は，モノイダル圏 $\langle \mathbf{Set}, \times, \{*\} \rangle$ におけるモノイド対象であることがわかる．この意味で，モノイド対象はモノイドの一般化といえる．

6.1.3　厳密対称モノイダル圏

$a \otimes b$ と $b \otimes a$ の間のある対称性を満たすような厳密モノイダル圏を定める．

定義 6.20（厳密対称モノイダル圏）　厳密モノイダル圏 C が**対称**（symmetric）であるとは，各 $a, b \in C$ について自然な同型射 $\gamma_{a,b}: a \otimes b \cong b \otimes a$ が定まっており，任意の $a, b, c \in C$ について次の二つの条件を満たすことである．（備考：直観的には，$\gamma_{a,b}$ は単に a と b の並び順を変えるようなはたらきをする．）

174 第 6 章 モノイダル圏と豊穣圏

(1) 次式を満たす.

$$(6.21) \qquad \gamma_{b,a}\gamma_{a,b} = 1_{a\otimes b} \quad \underset{\text{数式}}{\overset{\text{図式}}{\rightleftharpoons}}$$

ここで，補助線で囲まれた箇所が $\gamma_{a,b}$ を表している．このように，$\gamma_{a,b}$ を線 a と線 b が交差した図式として表す．

(2) 次式を満たす.

$$\gamma_{a,b\otimes c} = (1_b \otimes \gamma_{a,c})(\gamma_{a,b} \otimes 1_c)$$

$$(6.22) \qquad \underset{\text{数式}}{\overset{\text{図式}}{\rightleftharpoons}}$$

なお，直観的な理解を助けるため，$b\otimes c$ を 2 本の線で表している（この表記は $1_{b\otimes c} = 1_b \otimes 1_c$ により正当化される）.

▶ **補足** 式(6.21)は，直観的には 2 本の線を 2 回交差させたものは交差させないものに等しいことを表している．この線を紐のようなものだとイメージすると，2 回交差させたときに（元には戻らず）紐が絡まる可能性を考えたくなるかもしれない．このような観点で厳密対称モノイダル圏を一般化した圏として，組み紐付き（厳密）モノイダル圏などとよばれるものが考えられている．

次の補題を容易に示せる.

補題 6.23 厳密対称モノイダル圏 C について，次の性質が成り立つ.

(1) C の任意の射 f, g に対して次式を満たす.

$$(g \otimes f)\gamma_{a,b} = \gamma_{a',b'}(f \otimes g)$$

$$(6.24) \qquad \underset{\text{数式}}{\overset{\text{図式}}{\rightleftharpoons}}$$

(2) 任意の $a \in C$ に対して次式を満たす.

$$\gamma_{a,i} = 1_a = \gamma_{i,a}$$

$$(6.25) \qquad \underset{\text{数式}}{\overset{\text{図式}}{\rightleftharpoons}}$$

(3) 任意の $p \in C(i,i)$ と任意の $f \in \mathrm{mor}\, C$ に対して次式を満たす.

$$p \otimes f = f \otimes p \quad \underset{\text{数式}}{\overset{\text{図式}}{\rightleftharpoons}}$$

証明 演習問題 6.1.2. □

6.1.4 対称モノイダル圏

定義 6.20 の条件 (2) を緩めることで, 対称モノイダル圏が定められる.

定義 6.26 (対称モノイダル圏) モノイダル圏 C が**対称**であるとは, 各 $a, b \in C$ について自然な同型射 $\gamma_{a,b}: a \otimes b \cong b \otimes a$ が定まっており, 任意の $a, b, c \in C$ に対して式(6.21) および次式を満たすことである.

$$(6.27) \quad \lambda_a \gamma_{a,i} = \rho_a \quad \underset{\text{数式}}{\overset{\text{図式}}{\rightleftharpoons}}$$

$$\alpha_{b,c,a}^{-1} \gamma_{a,b \otimes c} = (1_b \otimes \gamma_{a,c}) \alpha_{b,a,c}^{-1} (\gamma_{a,b} \otimes 1_c) \alpha_{a,b,c}$$

$$(6.28) \quad \underset{\text{数式}}{\overset{\text{図式}}{\rightleftharpoons}}$$

式(6.27) が式(6.25) に対応しており, 式(6.28) が式(6.22) に対応している.

例 6.29 $\langle \mathbf{Vec}_{\mathbb{K}}, \otimes, \mathbb{K} \rangle$ や $\langle \mathbf{FinVec}_{\mathbb{K}}, \otimes, \mathbb{K} \rangle$ (ただし $\otimes$ はテンソル積) は対称モノイダル圏である. ◁

▶ **補足** (厳密) 対称モノイダル圏の基本的な性質については, 拙著『図式と操作的確率論による量子論』[9] の第 3 章で述べているので, 興味のある読者は参照してほしい.

176 | 第6章 モノイダル圏と豊穣圏

6.1.5 カルテシアンモノイダル圏

(1) 定義

> **定義 6.30 （カルテシアンモノイダル圏）** モノイド積が直積 $\times: C \times C \to C$ （例 5.54 を参照のこと）であるようなモノイダル圏 C を**カルテシアンモノイダル圏** (cartesian monoidal category) とよぶ.

カルテシアンモノイダル圏 C では，単位対象 i は終対象である（演習問題 6.1.3）. したがって，C の終対象を 1 とおくと，C がカルテシアンモノイダル圏であるとは $\langle C, \times, 1 \rangle$ がモノイダル圏であることを意味する. カルテシアンモノイダル圏は，2 項直積と終対象をもつため有限直積をもつことになる（p.139 を参照のこと）. 逆に，有限直積をもつ任意の圏 C では，$\langle C, \times, 1 \rangle$（ただし 1 は C の終対象）はモノイダル圏であり，したがって C はカルテシアンモノイダル圏であることがすぐにわかる. また，カルテシアンモノイダル圏は，対称モノイダル圏である.

例 6.31 $\mathbf{Vec}_{\mathbb{K}}$ は有限直積をもつため，カルテシアンモノイダル圏である. なお，ベクトル空間の直和 $\oplus$ が 2 項直積であり（演習問題 5.2.4 を参照のこと），終対象である 0 次元ベクトル空間 $\{0\}$ が単位対象である. ◁

例 6.32 $\mathbf{Set}$ や $\mathbf{Cat}$ も有限直積をもつため，カルテシアンモノイダル圏である（例 6.50, 6.51 も参照のこと）. ◁

(2) コピーと削除

カルテシアンモノイダル圏は，コピーおよび削除とよばれる射と密接な関係にある. まず，これらの射を定義しておく.

対称モノイダル圏 C において，射の集まり $\delta := \{\delta_a \in C(a, a \otimes a)\}_{a \in C}$ が各 $a, b \in C$ と各 $f \in C(a, b)$ に対して次の二つの式を満たすとき，δ を**コピー** (copy) とよぶ.

$$\text{(6.33)} \qquad \delta_b f = (f \otimes f)\delta_a \quad \underset{\text{数式}}{\overset{\text{図式}}{\rightleftarrows}}$$

$$\text{(6.34)} \qquad (1_a \otimes \gamma_{a,b} \otimes 1_b)(\delta_a \otimes \delta_b) = \delta_{a \otimes b}$$

$$\underset{\text{数式}}{\overset{\text{図式}}{\rightleftarrows}}$$

ただし，δ_b を補助線で囲まれた箇所のように表している. 直観的には，（射を写像の

ようなものとみなすと）式(6.33) は「射 f を施してからコピーすることは，コピーしてから射 f を施すことに等しい」と解釈でき，式(6.34) は「対象 a, b のそれぞれをコピーすることは，対象 $a \otimes b$ をコピーすることと同一視できる」と解釈できる．

また，射の集まり $\epsilon := \{\epsilon_a \in C(a, i)\}_{a \in C}$ が各 $a, b \in C$ と各 $f \in C(a, b)$ に対して次の二つの式を満たすとき，ϵ を削除（erase）とよぶ．

$$(6.35) \qquad \epsilon_b f = \epsilon_a \qquad \underset{\text{数式}}{\overset{\text{図式}}{\rightleftharpoons}}$$

$$(6.36) \qquad \lambda_a(\epsilon_a \otimes 1_a)\delta_a = 1_a = \rho_a(1_a \otimes \epsilon_a)\delta_a$$

$$\underset{\text{数式}}{\overset{\text{図式}}{\rightleftharpoons}}$$

ただし，ϵ_b を補助線で囲まれた箇所のように表している．なお，図式では標準的な同型射 λ_a と ρ_a を省略している．直観的には，式(6.35) は「射 f を施してから削除することは，f を施さずに削除することに等しい」と解釈でき，式(6.36) は「コピー後に片側の対象を削除することは，恒等射（つまり何もしないこと）に等しい」と解釈できる．

> ▶ **補足** 式(6.33) は，δ が 1_C から関手 $- \otimes - : C \to C$ への自然変換であることを意味する．また，式(6.35) は ϵ が 1_C から i への余錐であることを意味する．

命題 6.37 対称モノイダル圏がカルテシアンモノイダル圏であることは，コピーと削除をもつことと同値である．

証明 対称モノイダル圏 C がカルテシアンモノイダル圏であると仮定する．式(5.12) に $x = y = c$ および $\alpha_1 = \alpha_2 = 1_c$ を代入したときに一意に定まる $\overline{\alpha}$（つまり $[1_c, 1_c]$）を δ_c とおいて，c から終対象 i への唯一の射を ϵ_c とおく．このとき，$\{\delta_c\}_{c \in C}$ がコピーで $\{\epsilon_c\}_{c \in C}$ が削除であることがわかる．逆は，演習問題 6.1.4 とする． $\square$

> ▶ **補足** コピーに対して，さらに

$$(6.38) \quad (\delta_a \otimes 1_a)\delta_a = \alpha_{a,a,a}(1_a \otimes \delta_a)\delta_a \qquad \underset{\text{数式}}{\overset{\text{図式}}{\rightleftharpoons}}$$

$$(6.39) \qquad \gamma_{a,a}\delta_a = \delta_a \qquad \underset{\text{数式}}{\overset{\text{図式}}{\rightleftharpoons}}$$

が仮定される場合がしばしばある．このとき，双対圏 C^{op} を考えて（つまり図式を「上下反転」

178 第 6 章 モノイダル圏と豊穣圏

させて）δ_a を積と捉えると，式(6.38) は結合律とみなせて，式(6.36) は ϵ_a が単位元に相当していることを意味する．この意味で，コピーと削除はモノイド（の双対）のようなはたらきをする．式(6.39) は可換モノイドに対応している．

C をカルテシアンモノイダル圏とする（命題 6.37 の証明で示したように，コピーと削除が定まる）．このとき，式(5.12) の可換図式における $\overline{\alpha} = [\alpha_1, \alpha_2] \in C(c, x \times y)$ は

$$(6.40) \qquad \overline{\alpha} = (\alpha_1 \times \alpha_2)\delta_c \qquad \underset{\text{数式}}{\overset{\text{図式}}{\rightleftarrows}}$$

と表せる．また，α_1 はこの $\overline{\alpha}$ を用いて

$$\alpha_1 = \pi_1 \overline{\alpha} = \pi_1(\alpha_1 \times \alpha_2)\delta_c$$

$$(6.41) \qquad \underset{\text{数式}}{\overset{\text{図式}}{\rightleftarrows}}$$

と表せる．ただし，黒丸と補助線で囲まれた箇所はともに $\pi_1 \in C(x \times y, x)$ を表している（なお，$\pi_1 = \rho_x(1_x \times \epsilon_y)$ である）．式(6.41) の左辺と右辺が等しいことは，式(6.35), (6.36) からも明らかであろう．α_2 も同様の図式で表せる．

演習問題

6.1.1 $\langle \mathbf{Set}, \times, \{*\} \rangle$ がモノイダル圏であることを示したい．自然同型 α, λ, ρ を明示して，式(6.13), (6.14) が成り立つことを確認せよ．

6.1.2 補題 6.23 を証明せよ．

6.1.3 カルテシアンモノイダル圏では，単位対象 i は終対象であることを示せ．

6.1.4 命題 6.37 の証明を完成させよ．

6.2 モノイダル閉圏とコンパクト閉圏

本節では，対称モノイダル圏の特別な場合であるモノイダル閉圏と，カルテシアンモノイダル圏の特別な場合であるカルテシアン閉圏について説明する．さらに，モノイダル閉圏の特別な場合であるコンパクト閉圏について説明する．なお，カルテシアン閉圏の代表例は **Set** と **Cat** であり（例 6.50, 6.51 で述べる），コンパクト閉圏の代表

例は $\langle \mathbf{FinVec}_{\mathbb{K}}, \otimes, \mathbb{K} \rangle$ である（例 6.58 で述べる）．

6.2.1 モノイダル閉圏

定義 6.42（モノイダル閉圏）　対称モノイダル圏 $\langle C, \otimes, i \rangle$ が任意の $b \in C$ について関手 $- \otimes b \colon C \to C$ の右随伴をもつとき，$\langle C, \otimes, i \rangle$ を**モノイダル閉圏**（closed monoidal category）とよぶ．

関手 $- \otimes b$ の右随伴を**内部ホム関手**（internal hom-functor）とよび，$[b, -]$ と書く．また，対象 $c \in C$ を内部ホム関手 $[b, -]$ で写した C の対象を $[b, c]$ と書く．随伴の定義より，関手 $- \otimes b$ が右随伴 $[b, -]$ をもつことは

$$(6.43) \qquad \varphi_{a,b,c} \colon C(a \otimes b, c) \cong C(a, [b, c])$$

が a と c について自然であることと同値である．命題 4.36 において双関手 F がモノイド積 $\otimes \colon C \times C \to C$ の場合を考えると，式 (6.43) が a, b, c について自然であるような双関手 $[-, =] \colon C^{\mathrm{op}} \times C \to C$ が一意に定まることがわかる．この双関手も**内部ホム関手**とよぶ．

対象 $[b, c] \in C$ を次の図式で表すことにする．

(6.44)

ここで，$[b, c]$ の b の部分は下向きの矢印を付けて表し，$[b, c]$ で一つの対象であることがわかるように，背景色の一部を濃くしている．随伴 $- \otimes b \dashv [b, -]$ の単位および余単位をそれぞれ η^b および ε^b とおく．これらの各成分 $\eta^b_a \colon a \to [b, a \otimes b]$ と $\varepsilon^b_c \colon [b, c] \otimes b \to c$ を，それぞれ次のように表す．

(6.45)

この図式では，関手や自然変換との水平合成を，これまでと同様に対応する線やブロックを左側に並べることで表している．このとき，式 (6.43) の可逆写像 $\varphi_{a,b,c} \colon C(a \otimes b, c) \ni f \mapsto \overline{f} \in C(a, [b, c])$ は次のような図式で表される．

ただし，補助線で囲まれた箇所は $[b,-] \bullet f$ である．直観的には，ブロック f の右下から伸びている線 b を f の右上の位置に動かして下付きの矢印にしたものが射 $\overline{f}$ であるといえる．可逆写像 $\varphi_{a,b,c}$ は，しばしば**カリー化**（currying）とよばれる．また，余単位 ε^b の各成分 ε^b_c は，**評価射**（evaluation map）とよばれる．

例 6.46 〈$\mathbf{Vec}_{\mathbb{K}}, \otimes, \mathbb{K}$〉はモノイダル閉圏である．実際，〈$\mathbf{Vec}_{\mathbb{K}}, \otimes, \mathbb{K}$〉は対称モノイダル圏であり（例 6.29），また，$[\mathbf{V},-] := \mathbf{Vec}_{\mathbb{K}}(\mathbf{V},-)$ は $-\otimes \mathbf{V}$ の右随伴である（例 4.10）．このとき，$[\mathbf{V},\mathbf{W}]$ はベクトル空間 $\mathbf{Vec}_{\mathbb{K}}(\mathbf{V},\mathbf{W})$ である．

$\mathbf{V}, \mathbf{V}', \mathbf{W}$ を任意に選んだとき，各線形写像 $f : \mathbf{V}' \otimes \mathbf{V} \to \mathbf{W}$ に対して線形写像 $\overline{f} : \mathbf{V}' \to \mathbf{Vec}_{\mathbb{K}}(\mathbf{V},\mathbf{W})$ を $\overline{f}(v') = f(v' \otimes -)$（$v' \in \mathbf{V}'$）により定める．このとき，写像

$$\varphi_{\mathbf{V}',\mathbf{V},\mathbf{W}} : \mathbf{Vec}_{\mathbb{K}}(\mathbf{V}' \otimes \mathbf{V}, \mathbf{W}) \ni f \mapsto \overline{f} \in \mathbf{Vec}_{\mathbb{K}}(\mathbf{V}', \mathbf{Vec}_{\mathbb{K}}(\mathbf{V}, \mathbf{W}))$$

は可逆であり，式(6.43) の同型に対応する．つまり，$\varphi_{\mathbf{V}',\mathbf{V},\mathbf{W}}$ はカリー化である．また，線形写像 $\varepsilon^{\mathbf{V}}_{\mathbf{W}} : \mathbf{Vec}_{\mathbb{K}}(\mathbf{V},\mathbf{W}) \otimes \mathbf{V} \ni g \otimes v \mapsto g(v) \in \mathbf{W}$ が評価射である．なお，この例から想像できるように，内部ホム関手 $[-,=]$ はしばしばホム関手 $C(-,=)$ に似た性質をもっている． △

▶ **補足** この例の $\mathbf{Vec}_{\mathbb{K}}$ のように，モノイダル閉圏 C の各対象を集合とみなせて各射を写像とみなせる場合には，対象 $[b,c]$ を集合 b から集合 c への（ある性質を満たす）写像の集まりとみなせるときがしばしばある．このような場合に該当するほかの例としては，例 6.50 で述べる **Set** や例 6.51 で述べる **Cat** などがある．

6.2.2 カルテシアン閉圏

定義 6.47（カルテシアン閉圏） モノイダル閉圏であるようなカルテシアンモノイダル圏を，**カルテシアン閉**（cartesian closed）であるとよぶ．

カルテシアン閉圏 C における内部ホム関手 $[-,=]$ について，$[b,c]$（$b,c \in C$）をとくに**指数対象**（exponential object）とよび c^b と書く．また，内部ホム関手 $[b,-]$ を $-^b$ と書く．

便宜上，指数対象をより一般化した形で定義しておく．2 項直積をもつ圏 C を考え，$b,c \in C$ を任意に選ぶ．関手 $-\times b : C \to C$ から c への普遍射（つまりコンマ圏 $(-\times b) \downarrow c$ の終対象）〈x, ε^b_c〉が存在するとき，対象 x を**指数対象**とよび c^b と書く．また，射 $\varepsilon^b_c \in C(c^b \times b, c)$ を c^b の**評価射**とよぶ．式(3.57) を用いて言い換えると，指数対象 c^b が存在することは，任意の射 $f \in C(a \times b, c)$（$a \in C$ も任意）に対して

6.2 モノイダル閉圏とコンパクト閉圏 181

（ただし黒丸は ε_c^b を）を満たす $\overline{f} \in C(a, c^b)$ が一意に存在することと同値であり，また

(6.48) $\qquad C(-, c^b) \cong C(- \times b, c)$

が成り立つことと同値である（この式は式(3.46) の双対に相当する）．

命題 6.49 カルテシアンモノイダル圏 C がカルテシアン閉であることは，任意の $b, c \in C$ について指数対象 c^b が存在することと同値である．

証明 定理 4.24 より，任意の $b, c \in C$ について指数対象 c^b が存在することは各 b について関手 $- \times b$ の右随伴をもつことと同値であるため，明らか． □

カルテシアン閉圏 C について，指数対象 c^b の評価射 ε_c^b はモノイダル閉圏としての評価射（つまり随伴 $- \times b \dashv -^b$ の余単位 ε^b の成分）のことである．この双関手や評価射は，モノイダル閉圏の場合と同じ図式で表せる．

例 6.50 **Set はカルテシアン閉圏** **Set** はカルテシアン閉圏である．実際，各 $B, C \in$ **Set** について，ホムセット $C^B := \mathbf{Set}(B, C)$ は指数対象である．内部ホム関手 $[-, =]$ はホム関手 **Set**$(-, =)$ そのものである．集合 A, B, C を任意に選んで，各写像 $f \in \mathbf{Set}(A \times B, C)$ に対して写像 $\overline{f} \in \mathbf{Set}(A, C^B)$ を $\overline{f}(a) = f(a, -)$ $(a \in A)$ により定めたとき，写像

$$\varphi_{A,B,C} \colon \mathbf{Set}(A \times B, C) \ni f \mapsto \overline{f} \in \mathbf{Set}(A, C^B)$$

は可逆であり，式(6.43) の同型を与える．つまり，$\varphi_{A,B,C}$ はカリー化である．また，各 $g \in C^B, b \in B$ に対して

$$\varepsilon_C^B(g, b) = g(b)$$

により定まる写像 $\varepsilon_C^B \in \mathbf{Set}(C^B \times B, C)$ が C^B の評価射である．直観的には，この図式の左辺は写像 g に b を入力することを表していると解釈できる． △

例 6.51 **Cat はカルテシアン閉圏** **Cat** はカルテシアン閉圏である．実際，任意の小圏 $\mathcal{D}, \mathcal{E} \in$ **Cat** について関手圏 $\mathcal{E}^{\mathcal{D}}$（これは小圏である）は指数対象である．小

182 第 6 章 モノイダル圏と豊穣圏

圏 $C, \mathcal{D}, \mathcal{E}$ を任意に選んで，各双関手 $F \in \mathbf{Cat}(C \times \mathcal{D}, \mathcal{E}) = \mathcal{E}^{C \times \mathcal{D}}$ に対して関手 $\overline{F} \in \mathbf{Cat}(C, \mathcal{E}^{\mathcal{D}}) = (\mathcal{E}^{\mathcal{D}})^C$ を $\overline{F}(f) = F(f, -)$ ($\forall f \in \mathrm{mor}\, C$) により定めたとき，可逆写像 $\varphi_{C, \mathcal{D}, \mathcal{E}} \colon F \mapsto \overline{F}$ はカリー化である．なお，この $\overline{F}$ は $\mathcal{E}^{C \times \mathcal{D}}$ から $(\mathcal{E}^{\mathcal{D}})^C$ への標準的な関手 P を用いて $\overline{F} = PF$ と表せる（補題 2.67 の証明，つまり演習問題 2.5.4 を参照のこと）．また，$\varepsilon_{\mathcal{E}}^{\mathcal{D}}(\alpha, g) = \alpha \bullet g$ ($\alpha \in \mathrm{mor}\, \mathcal{E}^{\mathcal{D}}, g \in \mathrm{mor}\, \mathcal{D}$) により定まる関手 $\varepsilon_{\mathcal{E}}^{\mathcal{D}} \in \mathbf{Cat}(\mathcal{E}^{\mathcal{D}} \times \mathcal{D}, \mathcal{E})$ が $\mathcal{E}^{\mathcal{D}}$ の評価射である． △

例 6.52 任意の小圏 C について，前層の圏 $\hat{C}$ はカルテシアン閉である（Web 補遺を参照のこと）． △

▶ **補足**　内部ホム関手とホム関手が似た概念であるのと同様に，例 6.50, 6.51 より指数対象 c^b はホムセット $C(b, c)$ に似た概念であるといえる．c^b と $C(b, c)$ の主な違いの一つは，$C(b, c)$ が集合であるのに対して c^b が C の対象であることである．とくに $C = \mathbf{Set}$ の場合には，c^b は集合 $\mathbf{Set}(b, c)$ に等しい．C の対象を集合とみなせる場合には c^b は集合とみなせるが，単なる集合とは異なり何らかの構造をもつかもしれない（たとえば関手圏 $\mathcal{E}^{\mathcal{D}}$ は単なる集合ではない）．

▶ **高度な話題**　本書では扱わないが，カルテシアン閉圏の重要なクラスとして**トポス**（topos）があり，位相幾何学や論理学などでは欠かせない概念である．（初等）トポスは，有限完備であるようなカルテシアン閉圏のうち，部分対象分類子とよばれる射をもつものとして定義される．$\mathbf{Set}$ や $\hat{C}$（ただし C は任意の小圏）はトポスでもある．興味のある読者は調べてみてほしい．

コラム　モノイダル閉圏 $\mathbf{Vec}_{\mathbb{K}}$ におけるテンソル積の役割

例 6.31 で述べたように，$\mathbf{Vec}_{\mathbb{K}}$ はカルテシアンモノイダル圏である．しかし，$\mathbf{Vec}_{\mathbb{K}}$ はカルテシアン閉圏ではないことが次の補題からすぐに導かれる．

補題 6.53　ゼロ対象をもつカルテシアン閉圏は，すべての対象がゼロ対象である．

証明　対象 $a \in C$ を任意に選ぶ．ゼロ対象 0 は終対象であるため，式(5.19) より $0 \times a \cong a$ である．また，0 は始対象でもあるため，演習問題 6.2.3(e) で示すように $0 \times a \cong 0$ である．したがって，$a \cong 0$ であり，a はゼロ対象である． □

$\mathbf{Vec}_{\mathbb{K}}$ は，例 1.30 で述べたようにゼロ対象をもち，また明らかにゼロ対象以外の対象をもつ．したがって，$\mathbf{Vec}_{\mathbb{K}}$ はカルテシアン閉圏ではない．

カルテシアン閉圏やその一般化であるモノイダル閉圏はいくつかの素直な性質をもっているため，これらの圏について考えると便利なことが多い．$\mathbf{Vec}_{\mathbb{K}}$ は残念ながらカルテシアン閉圏ではないが，2 項直積（つまり直和 $\oplus$）の代わりにテンソル積 $\otimes$ を考えればモノイダル閉圏にはなる（例 6.46 を思い出してほしい）．この視点で考えると，ベクトル空間のテンソル積は $\mathbf{Vec}_{\mathbb{K}}$ をモノイダル閉圏として扱うための概念であるといっても過言ではないであろう．

テンソル積について再考するため，カルテシアン閉圏やモノイダル閉圏の知識はあるが

6.2 モノイダル閉圏とコンパクト閉圏 | 183

ベクトル空間のテンソル積については詳しくない人がいるとして，その人がどのように考えるかを想像してみることにする．例 6.50 で述べた **Set** では各 $B \in$ **Set** について $- \times B$ は **Set**$(B, -)$ の左随伴であり，例 6.51 で述べた **Cat** では各 $\mathcal{D} \in$ **Cat** について $- \times \mathcal{D}$ は **Cat**$(\mathcal{D}, -)$ の左随伴であった（ただし **Cat**$(\mathcal{D}, \mathcal{E})$ を単なる集合ではなく関手圏 $\mathcal{E}^{\mathcal{D}}$ とみなすことにする）．一方，**Vec**$_{\mathbb{K}}$ はカルテシアン閉圏ではないが，各 **Vec**$_{\mathbb{K}}(V, -)$ の左随伴自体は存在する．そこで，この左随伴を $- \otimes V$ とおくことで，命題 4.36 の双対より双関手 $\otimes:$ **Vec**$_{\mathbb{K}} \times$ **Vec**$_{\mathbb{K}} \to$ **Vec**$_{\mathbb{K}}$ を定められる．この双関手をモノイド積とすることで，モノイダル閉圏 $\langle$**Vec**$_{\mathbb{K}}, \otimes, \mathbb{K}\rangle$ が得られるであろう．例 4.10 より，このモノイド積 $\otimes$ はテンソル積にほかならないことがわかる．なお，この考え方では，モノイド積 $\otimes$ から対応する内部ホム関手を求める代わりに，その逆，つまり **Vec**$_{\mathbb{K}}(-, =)$ が内部ホム関手となるようなモノイド積としてテンソル積 $\otimes$ を求めている．

▶**補足 1** 可換群（可換モノイドであるような群（例 1.57）のこと）を対象として可換群としての構造を保つ写像（または同じことであるがモノイド準同型）を射とする圏を **Ab** と書く．上記の議論は，圏 **Ab** や可換モノイドの圏 **CMon** にもそのまま当てはまる．つまり，**Ab** や **CMon** もカルテシアン閉圏ではないが，これらにテンソル積という双関手 $\otimes$ を導入できてモノイダル閉圏にできる．具体的には，$\langle$**Ab**$, \otimes, \mathbb{Z}\rangle$ と $\langle$**CMon**$, \otimes, \mathbb{N}\rangle$ はモノイダル閉圏である．

▶**補足 2** 圏 C のある対象 s が存在して任意の射 $f, g \in C(a, b)$ が

$$f = g \qquad \Leftrightarrow \qquad fx = gx \quad (\forall x \in C(s, a))$$

を満たすとき，s は<u>セパレータ</u>（separator）または<u>ジェネレータ</u>（generator）とよばれる．セパレータ s が存在するような圏 C では，（関手 $\square^s$ で写すことで）直観的には各対象 $a \in C$ を集合 $C(s, a)$ とみなせて，射 $f \in C(a, b)$ を写像 $f \circ -: C(s, a) \to C(s, b)$ とみなせる．集合と写像になじみのある読者にとっては，このようにみなすと扱いやすいかもしれない．なお，s がセパレータであることは，ホム関手 $\square^s = C(s, -)$ が忠実であることと同値であることが容易にわかる．モノイダル圏においては，その単位対象がセパレータであるような例がいくらかある（とくに，カルテシアンモノイダル圏ならば単位対象は終対象である）．このような例としては，$\langle$**Set**$, \times, \{*\}\rangle$，$\langle$**Cat**$, \times, 1\rangle$，$\langle$**Vec**$_{\mathbb{K}}, \otimes, \mathbb{K}\rangle$，$\langle$**Ab**$, \otimes, \mathbb{Z}\rangle$，$\langle$**CMon**$, \otimes, \mathbb{N}\rangle$ が挙げられる．たとえば **Vec**$_{\mathbb{K}}$ では $\mathbb{K}$ がセパレータであり，各 $V \in$ **Vec**$_{\mathbb{K}}$ は **Vec**$_{\mathbb{K}}(\mathbb{K}, V)$ と同一視できる．実際，各 $v \in V$ を **Vec**$_{\mathbb{K}}(\mathbb{K}, V)$ の要素 $\mathbb{K} \ni k \mapsto kv \in V$ に写す写像は可逆である（逆写像は **Vec**$_{\mathbb{K}}(\mathbb{K}, V) \ni f \mapsto f(1) \in V$ である）ため，V と **Vec**$_{\mathbb{K}}(\mathbb{K}, V)$ は同型である．

6.2.3 ★ コンパクト閉圏

定義 6.54（双対対象） 対称モノイダル圏 C のある対象 a に対して，ある対象 $a^* \in C$ と射 $\eta^a: i \to a \otimes a^*$ と射 $\varepsilon^a: a^* \otimes a \to i$ が存在して

(6.55)

（ただし，補助線で囲まれた箇所（上側および下側）はそれぞれ ε^a および η^a を満たすとき，a^* を a の**双対**（dual）とよぶ．ただし，この図式では対象 a^* を

$$a^* \underset{\text{数式}}{\overset{\text{図式}}{\rightleftarrows}} \boxed{\mathcal{C} \ \downarrow a^*}$$

のように下向きの矢印を付けて表している．

定義 6.56（コンパクト閉圏） 任意の対象が双対をもつような対称モノイダル圏を，**コンパクト閉圏**（compact closed）とよぶ．

命題 6.57 任意のコンパクト閉圏はモノイダル閉圏である．

証明 コンパクト閉圏の定義および定理 4.20 の (2) $\Rightarrow$ (1) より，各 $a \in \mathcal{C}$ に対して $-\otimes a \dashv -\otimes a^*$ であるため，明らか． □

例 6.58 $\langle \mathbf{FinVec}_\mathbb{K}, \otimes, \mathbb{K} \rangle$ は，例 6.29 で述べたように対称モノイダル圏である．さらに各 $\mathbf{V} \in \mathbf{FinVec}_\mathbb{K}$ について，双対ベクトル空間 $\mathbf{V}^* := \mathbf{FinVec}_\mathbb{K}(\mathbf{V}, \mathbb{K})$ は $\mathbf{V}$ の双対である．したがって，$\langle \mathbf{FinVec}_\mathbb{K}, \otimes, \mathbb{K} \rangle$ はコンパクト閉圏である．実際，$\eta^\mathbf{V} : \mathbb{K} \ni k \mapsto k \sum_{i=1}^{N_\mathbf{V}} v_i \otimes v_i^\dagger \in \mathbf{V} \otimes \mathbf{V}^*$ および $\varepsilon^\mathbf{V} : \mathbf{V}^* \otimes \mathbf{V} \ni v^\dagger \otimes w \mapsto v^\dagger(w) \in \mathbb{K}$ とおけば，式 (6.55) を満たす．ただし，$N_\mathbf{V}$ は $\mathbf{V}$ の次元であり，$\{v_i \in \mathbf{V}\}_{i=1}^{N_\mathbf{V}}$ は $\mathbf{V}$ の基底であり，$\{v_i^\dagger \in \mathbf{V}^*\}_{i=1}^{N_\mathbf{V}}$ はその双対基底（つまり，各 $i, j \in \{1, \ldots, N_\mathbf{V}\}$ $(i \neq j)$ について $v_i^\dagger(v_i) = 1$ および $v_i^\dagger(v_j) = 0$ を満たすもの）である． △

演習問題

6.2.1 モノイダル閉圏 $\mathcal{C}$ において，任意の対象 $a, b \in \mathcal{C}$ と任意の関手 $D : \mathcal{J} \to \mathcal{C}$ に対して次の同型が成り立つことを示せ．
 (a) （$\lim D$ が存在するならば）$[a, \lim D] \cong \lim[a, D-]$
 (b) （$\mathrm{colim}\, D$ が存在するならば）$[\mathrm{colim}\, D, b] \cong \lim[D-, b]$
（備考：これらは式(5.76), (5.77) の右側の $\cong$ におけるホム関手を内部ホム関手に置き換えたものになっている．）

6.2.2 モノイダル閉圏 $\mathcal{C}$ において，任意の対象 $a, b, c \in \mathcal{C}$ に対して次の同型が成り立つことを示せ（ただし，必要に応じて $\mathcal{C}$ は始対象 0 や余直積 $+$ をもつものとする）．
 (a) $[i, a] \cong a$
 (b) $[c, [b, a]] \cong [b \otimes c, a]$

6.3 豊穣圏 | 185

    (c) $0 \otimes a \cong 0$

    (d) $(b + c) \otimes a \cong (b \otimes a) + (c \otimes a)$

6.2.3 カルテシアン閉圏 C において，任意の対象 $a, b, c \in C$ に対して次の同型が成り立つことを示せ（ただし，必要に応じて C は始対象 0 や余直積 + をもつものとし，1 は終対象とする）．

    (a) $1^a \cong 1$

    (b) $a^0 \cong 1$

    (c) $a^1 \cong a$

    (d) $(a^b)^c \cong a^{b \times c}$

    (e) $0 \times a \cong 0$

    (f) $(b + c) \times a \cong (b \times a) + (c \times a)$

    (g) $(a \times b)^c \cong a^c \times b^c$

    (h) $a^{b+c} \cong a^b \times a^c$

6.2.4 終対象が単位対象であるような対称モノイダル圏（たとえばカルテシアン閉圏）では，双対をもつ対象は終対象に限ることを示せ．（備考：ここから，コンパクト閉圏であるようなカルテシアン閉圏はすべての対象が終対象であるようなものしか存在しないことがわかる．）

6.2.5 任意の集合 S について，随伴 $- \times S \colon \mathbf{Set} \rightleftarrows \mathbf{Set} \colon -^S$ により導かれるモナド（4.4.3 項を参照のこと）が結合律と単位律を満たすことを確かめよ．また，このモナドのクライスリ圏を具体的に示せ．（備考：このモナドはしばしば状態モナド（state monad）とよばれる．）

6.3　豊穣圏

    通常の圏 C ではホムセット $C(a, b)$ が集合であるのに対し，$C(a, b)$ にある付加的な構造をもたせたい場合がある．実際，これまでに $\mathbf{Vec}_{\mathbb{K}}(\mathbf{V}, \mathbf{W})$ をベクトル空間とみなしたり $\mathbf{Cat}(C, \mathcal{D})$ を関手圏 $\mathcal{D}^C$ とみなしたりすることがあった．このような構造を備えた圏を厳密に扱う概念として，豊穣圏が考えられる．また，豊穣圏では $C(a, b)$ が集合（や集まり）ではないようなものも扱える．この意味で，豊穣圏は圏を一般化した概念であるといえる．実際，後で述べるように，圏は豊穣圏の特別な場合とみなせる．

6.3.1　豊穣圏のイメージ

    まず，豊穣圏の直観的なイメージを述べておく．豊穣圏 C は，あるモノイダル圏 $\langle \mathcal{V}, \otimes, i \rangle$ に基づいて構成される．豊穣圏 C は対象のみから構成され，C が射をもつことは要求しない．このことは，圏が対象と射から構成されることとは対照的である．ただし，各 $a, b \in C$ について a と b で特徴付けられた $\mathcal{V}$ の対象（$C(a, b)$ と書くことにする）があり，この対象 $C(a, b)$ がホムセットの代わりの役割を果たすものとする．豊穣圏では，$C(a, b)$ は単なる $\mathcal{V}$ の対象であり，集まりとは限らないことに注意が必

要である．以下では，モノイダル閉圏の内部ホム関手と同じような図式として，$\mathcal{V}$ の対象 $C(a, b)$ を次のように表すことにする．

(6.59) $\qquad C(a, b) \xrightleftharpoons[\text{数式}]{\text{図式}}$ [図: $\mathcal{V}$ 内に b, a を入出力とする箱]

なお，モノイダル圏 $\mathcal{V}$ は圏であるため射をもつ．

特別な場合として C が通常の圏である場合を考えて，$C(a, b)$ を通常のホムセットとする．$C(a, b) \in \mathbf{Set}$ であるため，$\mathcal{V} = \mathbf{Set}$ の場合を考えると都合がよい．射 $f \in C(a, b)$ を次式のように表してみよう．

(6.60) $\qquad f \in C(a, b) \xrightleftharpoons[\text{数式}]{\text{図式}}$ [図: $\mathbf{Set}$ 内の箱 f，入出力 b, a]

このとき，$f \in C(a, b)$ と $g \in C(b, c)$ の合成 $gf \in C(a, c)$ を次式のように表すと，視覚的にわかりやすいかもしれない．

(6.61) $\qquad gf = g \circ f \xrightleftharpoons[\text{数式}]{\text{図式}}$ [図: $\mathbf{Set}$ 内の gf] $=$ [図: g と f を弧でつないだもの]

とくに C がモノイダル閉圏の場合には，実際に式(6.61)に相当する図式が次のようにして得られる．式(6.43)の a に i を代入すると $C(b, c) \cong C(i, [b, c])$ が得られるため，任意の $g \in C(i, [b, c])$ について転置 $\overline{g} \in C(b, c)$ を考えられる．$f \in C(i, [a, b])$ の転置を $\overline{f} \in C(a, b)$ とおき，$g \in C(i, [b, c])$ の転置を $\overline{g} \in C(b, c)$ とおくと，合成 $\overline{g} \circ \overline{f}$ の転置（$gf \in C(i, [a, c])$ とおく）は次式で表される．

(6.62)

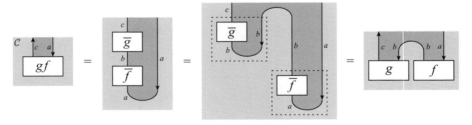

ただし，2 番目の等号では式(6.45)に $a = i$ を代入した式とジグザグ等式（式(zigzag)）を用いた．補助線で囲まれた箇所（上側および下側）は，それぞれ g および f である．

これから示す豊穣圏の図式は，式(6.60)〜(6.62)のような図式を一般化したものと捉えるとわかりやすいかもしれない．豊穣圏の定義は，慣れるまでは複雑に感じるかも

しれないが，まずは図式を頼りに大まかな内容を把握してほしい．

6.3.2 豊穣圏の定義

定義 6.63（豊穣圏） $\langle \mathcal{V}, \otimes, i \rangle$ をモノイダル圏とする．C が $\langle \mathcal{V}, \otimes, i \rangle$ で豊穣化された圏または**豊穣圏**（enriched category）であるとは，対象の集まり $a, b, c, \ldots$ と各 $a, b \in C$ に対応する $\mathcal{V}$ の対象 $C(a, b)$ から構成されており（ただし，a が C の対象であることを $a \in C$ と書く），次の条件をすべて満たすもののことである．

(1) 各 $a, b, c \in C$ に対して $\mathcal{V}$ の射 $\diamond_{c,b,a} : C(b,c) \otimes C(a,b) \to C(a,c)$ が定まっている．この射を次の図式で表す．

$$
(6.64) \qquad \diamond_{c,b,a} \quad \underset{\text{数式}}{\overset{\text{図式}}{\rightleftarrows}} \quad
$$

補助線で囲まれた箇所が射 $\diamond_{c,b,a}$ を表すブロックに相当し，その左下側，右下側，上側にそれぞれ現れる 2 本の線のペアが，$C(b,c)$, $C(a,b)$, $C(a,c)$ を表している．（備考：直観的には，$\diamond_{c,b,a}$ は「2 本の任意の射 $g \in C(b,c)$ と $f \in C(a,b)$ の組を射の合成 $gf \in C(a,c)$ に写す写像」を一般化したものである．このことは，式(6.64) と式(6.61) を比べると理解しやすいと思う．）

(2) 結合律：次式を満たす．

$$
(6.65) \qquad \diamond_{d,b,a}(\diamond_{d,c,b} \otimes 1_{C(a,b)}) \alpha_{C(c,d),C(b,c),C(a,b)} = \diamond_{d,c,a}(1_{C(c,d)} \otimes \diamond_{c,b,a})
$$

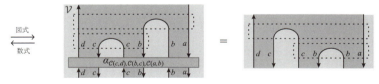

ただし，$1_{C(a,b)}$ は $C(a,b) \in \mathcal{V}$ 上の恒等射である（$1_{C(c,d)}$ も同様）．$\alpha_{C(c,d),C(b,c),C(a,b)}$ は $\mathcal{V}$ の標準的な同型射である．左辺の上側と下側の補助線で囲まれた箇所がそれぞれ $\diamond_{d,b,a}$ と $\diamond_{d,c,b}$ を表しており，右辺の上側と下側の補助線で囲まれた箇所がそれぞれ $\diamond_{d,c,a}$ と $\diamond_{c,b,a}$ を表している．（備考：直観的には，通常の圏における結合律 $(hg)f = h(gf)$ を一般化したものとみなせる．演習問題 6.3.1 を参照のこと．なお，図式を読むときは標準的な同型射を無視するとわかりやすいと思う．）

(3) 単位律：各 $a \in C$ に対して $\mathcal{V}$ の射 $\eta_a : i \to C(a,a)$（恒等射に相当する射）

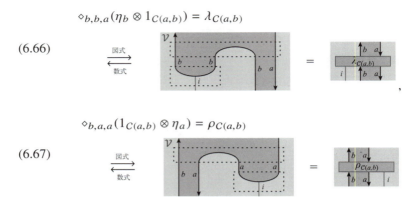

が定まっており，次式を満たす．

$$\diamond_{b,b,a}(\eta_b \otimes 1_{C(a,b)}) = \lambda_{C(a,b)}$$

(6.66)

$$\diamond_{b,a,a}(1_{C(a,b)} \otimes \eta_a) = \rho_{C(a,b)}$$

(6.67)

$\lambda_{C(a,b)}$ と $\rho_{C(a,b)}$ は $\mathcal{V}$ の標準的な同型射である．式 (6.66) の上側と下側の補助線で囲まれた箇所がそれぞれ $\diamond_{b,b,a}$ と η_b を表しており，式 (6.67) の上側と下側の補助線で囲まれた箇所がそれぞれ $\diamond_{b,a,a}$ と η_a を表している．（備考：直観的には，通常の圏における単位律 $1_b f = f = f 1_a$ を一般化したものとみなせる．演習問題 6.3.1 を参照のこと．）

▶ **補足** 豊穣圏 C があるモノイダル圏 $\mathcal{V}$ に基づいている理由は，C の射の存在を前提とする代わりに $\mathcal{V}$ の「直列接続」と「並列接続」を前提とするためである．このことは，定義からわかると思う．

$\langle \mathcal{V}, \otimes, i \rangle$ で豊穣化された圏は，しばしばモノイド積 $\otimes$ と単位対象 i が省略されて $\mathcal{V}$-豊穣圏とよばれる．

すでに述べたように，豊穣圏 C は射をもつとは限らない．しかし，$C(a,b) \in \mathcal{V}$ であるため，C の a から b への射を考える代わりとして $\mathcal{V}$ の i から $C(a,b)$ への射を考えることはできる．この考え方に基づき，任意の豊穣圏 C に対して次のような圏 $\tilde{C}$ （C の **underlying category** とよばれる）を導入できる．

- 対象は，C の対象である．
- $a \in \tilde{C}$ から $b \in \tilde{C}$ への射は，$\mathcal{V}$ の i から $C(a,b)$ への射（つまり $\mathcal{V}(i, C(a,b))$ の要素）である．
- 射 $f \in \tilde{C}(a,b) = \mathcal{V}(i, C(a,b))$ と射 $g \in \tilde{C}(b,c) = \mathcal{V}(i, C(b,c))$ の合成は，射 $\diamond_{c,b,a}(g \otimes f) \lambda_i^{-1} \in \mathcal{V}(i, C(a,c)) = \tilde{C}(a,c)$ である．また，a 上の恒等射は，η_a である．

豊穣圏の定義から $\tilde{C}$ が圏であることを示せる（演習問題 6.3.2）．

6.3.3 豊穣圏の例

例 6.68 通常の圏は，$\langle \mathbf{Set}, \times, \{*\}\rangle$ で豊穣化された圏（として構造が自然に定義されたもの）である．実際，対象 $C(a, b)$ をホムセット $C(a, b) \in \mathbf{Set}$ として，写像 $\diamond_{c,b,a}$ を射の合成として，射 η_a を恒等射 $1_a \in C(a, a) = \mathbf{Set}(\{*\}, C(a, a))$ とする豊穣圏を考えればよい．この意味で，圏は豊穣圏の特別な場合とみなせる．　　　　　△

> ▶ **補足**　豊穣圏は圏よりも一般的な概念であるため，関手・自然変換・随伴・極限などの圏に関する各種の概念を豊穣圏に対して用いるためには，各概念を再定義する必要がある．本書ではこれらの話題については触れない．詳細は，文献 [10] などを参照してほしい．

例 6.69 モノイダル閉圏 C は，$\langle C, \otimes, i\rangle$ 自身で豊穣化された圏（として構造が自然に定義されたもの）とみなせる．対象 $C(a, b)$ は 6.2.1 項で述べた対象 $[a, b]$ であり，随伴 $-\otimes b \dashv [b, -]$ の単位および余単位をそれぞれ η^b および ε^b とおくと，射 $\diamond_{c,b,a}$ は式(6.62) の右辺で表される射であり[3]，射 η_a は η_i^a（式(6.45) の左側の等式を参照のこと）である．　　　　　△

例 6.70 モナド $\langle T, \mu, \eta\rangle$ は，$\langle C^C, \bullet, 1_C\rangle$（例 6.5）で豊穣化された 1 個の対象（$*$ とおく）のみをもつ圏 $\mathcal{T}$ とみなせる．実際，C^C の対象（つまり関手）$\mathcal{T}(*, *)$ を T として，射 $\diamond_{*,*,*}: T \bullet T \Rightarrow T$ を積 μ として，射 $\eta_*: 1_C \Rightarrow T$ を単位元 η とすればよい．

> ▶ **補足 1**　式(6.65) が式(4.46) に相当し，どちらも結合律を表している．また，式(6.66), (6.67) が式(4.47) に相当し，どちらも単位律を表している．これらの式は視覚的にも似ている．

> ▶ **補足 2**　より一般に，モノイダル圏 $\langle C, \otimes, i\rangle$ におけるモノイド対象 $\langle c, \mu, \eta\rangle$（定義 6.17）は，$\langle C, \otimes, i\rangle$ で豊穣化された 1 個の対象のみをもつ圏とみなせる．　　　　　△

例 6.71 $\langle \mathbf{Cat}, \times, 1\rangle$ で豊穣化された圏は，しばしば **厳密 2-圏**（strict 2-category）とよばれる．　　　　　△

例 6.72 $\langle \mathbf{Vec}_{\mathbb{K}}, \otimes, \mathbb{K}\rangle$ で豊穣化された圏 C は，$\mathbb{K}$-**線形圏**（$\mathbb{K}$-linear category）などとよばれる．各 $C(a, b)$ は体 $\mathbb{K}$ 上のベクトル空間であり，$\mathbf{Vec}_{\mathbb{K}}$ の射（つまり線形写像）$\diamond_{c,b,a}: C(b, c) \otimes C(a, b) \to C(a, c)$ は $C(b, c) \times C(a, b)$ から $C(a, c)$ への双線形写像とみなせる．また，$\mathbf{Vec}_{\mathbb{K}}(\mathbb{K}, C(a, a)) \cong C(a, a)$ であるため，η_a はベクトル空間 $C(a, a)$ の要素とみなせる．これにより，$\mathbf{Vec}_{\mathbb{K}}$-豊穣圏 C は，$C(a, b)$ がベクトル空間であり合成が双線形写像であるような通常の圏とみなせる．　　　　　△

---

[3] 正確には，$\varepsilon_c^b (1_{[b,c]} \otimes \varepsilon_b^a) \alpha_{[b,c],[a,b],a}^{-1}: ([b, c] \otimes [a, b]) \otimes a \to c$ の（随伴 $-\otimes a \dashv [a, -]$ における）転置である．これは $[b, c] \otimes [a, b]$ から $[a, c]$ への射である．

190　第 6 章　モノイダル圏と豊穣圏

▶ **補足**　〈**CMon**, ⊗, ℕ〉で豊穣化された圏や〈**Ab**, ⊗, ℤ〉で豊穣化された圏に対しても，**Vec**$_\mathbb{K}$-豊穣圏と同様の考え方が適用できる．これらのテンソル積については，コラム「モノイダル閉圏 **Vec**$_\mathbb{K}$ におけるテンソル積の役割」(p.182) で述べた．

例 6.73　〈$\mathbb{R}_{\geq 0}, +, 0$〉(例 6.7 を参照のこと) で豊穣化された圏 C を考える．この場合，$C(a, b)$ は 0 以上の実数であり，(実数を集まりとみなさない限り) 集まりではない．各 $C(a, b) \in \mathbb{R}_{\geq 0}$ を $d(a, b)$ と書くと，次の性質を満たすことがわかる．

- 射 $d(b, c) + d(a, b)$ から $d(a, c)$ への射 $\circ_{c, b, a}$ が存在する．つまり，$d(b, c) + d(a, b) \geq d(a, c)$ である．
- 0 から $d(a, a)$ への射 η_a が存在する．つまり，$0 \geq d(a, a)$ である．一方，$d(a, a) \in \mathbb{R}_{\geq 0}$ であるため，これは $d(a, a) = 0$ を意味する．

ただし，$\mathbb{R}_{\geq 0}$ の射 $\circ_{c, b, a}$ と η_a はともに大小関係を表すことを用いた．このため，d は擬準距離 (hemi-metric) とみなせる．ここで，写像 $d : X \times X \to \mathbb{R}_{\geq 0}$ (ただし X はある集まり) が擬準距離であるとは，任意の $a, b, c \in X$ に対して $d(b, c) + d(a, b) \geq d(a, c)$ および $d(a, a) = 0$ を満たすことをいう．この逆として，擬準距離を備えた任意の集まりは $\mathbb{R}_{\geq 0}$-豊穣圏とみなせることがすぐにわかる． ◿

━━━━━━━━━━━━━━━━━━ 演習問題 ━━━━━━━━━━━━━━━━━━

6.3.1　圏 C において，射の合成を式(6.61) のように表したとき，結合律 $(hg)f = h(gf)$ および単位律 $1_b f = f = f 1_a$ を表す図式を描き，式(6.65), (6.66), (6.67) と比較せよ．

6.3.2　C の underlying category $\tilde{C}$ が圏であることを示せ．

第7章 カン拡張

カン拡張のイメージをつかんでもらうために，次のような問題を考えよう．ある関数 $f: \mathbb{Z} \to \mathbb{R}$ が与えられたとき，その定義域を $\mathbb{Z}$ から $\mathbb{R}$ に拡張した関数 $f_{\mathrm{ex}}: \mathbb{R} \to \mathbb{R}$ を構成したいとする．f_{ex} が f の拡張であるといえるためには，$f_{\mathrm{ex}}(n) = f(n)\ (\forall n \in \mathbb{Z})$ を満たしている必要があるだろう．

数学では，このように定義域を拡張した関数のうち望ましい性質をもったものを考えたい場合がしばしばある．この問題に相当する圏論の問題を考えると，関数 f を関手 $F: C \to \mathcal{E}$ に置き換えて，C を部分圏とするような圏 $\mathcal{D}$ に対して関手 $F_{\mathrm{ex}}: \mathcal{D} \to \mathcal{E}$ を構成するという問題が思いつく．先ほどの条件 $f_{\mathrm{ex}}(n) = f(n)\ (\forall n \in \mathbb{Z})$ は，包含関手 $K: C \to \mathcal{D}$ に対して $F = F_{\mathrm{ex}} \bullet K$ を満たすという条件に置き換えられるであろう．

カン拡張では，上記の問題をさらに一般化して扱う．具体的には，C が $\mathcal{D}$ の部分圏とは限らない場合や，等式 $F = F_{\mathrm{ex}} \bullet K$ の代わりとして，ある普遍性を満たす自然変換 $\eta: F \Rightarrow F_{\mathrm{ex}} \bullet K$（または $\varepsilon: F_{\mathrm{ex}} \bullet K \Rightarrow F$）が存在する場合を考える．また本章では，各点カン拡張とよばれる，とくによい性質をもつカン拡張について調べる．さらに，各点カン拡張は，随伴と極限を一般化した概念であることを示す．この意味で，カン拡張はかなり汎用性の高い概念であるといえよう．

7.1 カン拡張の定義と例

7.1.1 カン拡張の定義

定義 7.1（カン拡張） 圏 $C, \mathcal{D}, \mathcal{E}$ と関手 $K: C \to \mathcal{D}$, $F: C \to \mathcal{E}$ を考える．F から $- \bullet K: \mathcal{E}^{\mathcal{D}} \to \mathcal{E}^{C}$（例 2.25）への普遍射 $\langle L, \eta \rangle$ を K に沿った F の**左カン拡張**（left Kan extension）とよぶ．p.92 の式(univ)を用いて言い換えると，$\langle L, \eta \rangle$ が K に沿った F の左カン拡張であるとは，任意の自然変換 $\sigma: F \Rightarrow H \bullet K$（$H: \mathcal{D} \to \mathcal{E}$ も任意）に対して自然変換 $\bar{\sigma}: L \Rightarrow H$ が一意に存在して

192 第 7 章 カン拡張

$$
(7.2) \qquad \sigma = (\overline{\sigma} \bullet K) \circ \eta \quad \underset{\text{数式}}{\overset{\text{図式}}{\rightleftharpoons}}
$$

（ただし青丸は η）を満たすことである．このとき，η を**単位**（unit）とよぶ．

> ▶ **補足** 関手 $- \bullet K$ を式(2.26) の $- \bullet F$ のように表した結果，式(7.2) では式(univ) を「左右反転」したような表記になっている．

左カン拡張の双対として，$- \bullet K$ から F への普遍射 $\langle R, \varepsilon \rangle$ を K に沿った F の**右カン拡張**（right Kan extension）とよぶ．式(3.57) を用いて言い換えると，$\langle R, \varepsilon \rangle$ が K に沿った F の右カン拡張であるとは，任意の自然変換 $\sigma : H \bullet K \Rightarrow F$（$H : \mathcal{D} \to \mathcal{E}$ も任意）に対して自然変換 $\overline{\sigma} : H \Rightarrow R$ が一意に存在して

$$
(7.3) \qquad \sigma = \varepsilon \circ (\overline{\sigma} \bullet K) \quad \underset{\text{数式}}{\overset{\text{図式}}{\rightleftharpoons}}
$$

（ただし青丸は ε）を満たすことである．このとき，ε を**余単位**（counit）とよぶ．

単に L を左カン拡張とよび，R を右カン拡張とよぶ場合もある．しばしば L を $\mathrm{Lan}_K F$ と書き，R を $\mathrm{Ran}_K F$ と書く．

式(7.2) は自然変換 $\overline{\sigma}$ から自然変換 σ を得るための式とみなせるが，逆に σ から $\overline{\sigma}$ を得るための式は，式(3.51) で導入した図式を用いて次式のように表される．

$$
(7.4)
$$

右カン拡張の場合も同様である．

右カン拡張の図式は，左カン拡張の図式の「上下反転」に相当していることがわかる．以降ではしばしば左カン拡張の性質のみについて考えるが，図式を「上下反転」させれば右カン拡張の性質がすぐに得られる．たとえば，$\mathrm{Lan}_K F$ が存在すれば $\mathrm{Ran}_{K^{\mathrm{op}}} F^{\mathrm{op}}$ も存在して，これらは同一視できることがわかる（ただし，K^{op} および F^{op} はそれぞれ K および F の双対）．

> ▶ **補足** カン拡張の「左右反転」に相当する概念として，カンリフトがある．具体的には，関手 $F : C \to \mathcal{E}$ から関手 $K \bullet - : \mathcal{D}^C \to \mathcal{E}^C$（ただし $K : \mathcal{D} \to \mathcal{E}$）への普遍射を，$K$ に沿った F の**左カンリフト**（left Kan lift）とよぶ（右カンリフトも同様）．この定義より，カンリフトは普遍

射の特別な場合であるが，逆に普遍射はカンリフトの特別な場合（$C = 1$ の場合）とみなせる．実際，$e \in \mathcal{E}$ から $G: \mathcal{D} \to \mathcal{E}$ への普遍射は，$e: 1 \to \mathcal{E}$ から $G \bullet -: \mathcal{D}^1 \to \mathcal{E}^1$ への普遍射，つまり G に沿った e の左カンリフトとみなせる．この意味で，実質的には普遍射とカンリフトは同じ概念であるといえよう．

7.1.2　カン拡張の例

例 7.5　$\mathcal{D} = C$ および $K = 1_C$ の場合を考えると，$\langle F, 1_F \rangle$ は明らかに 1_C に沿った F の左カン拡張および右カン拡張である．実際，このとき式(7.2)を満たす $\overline{\sigma}$ は σ 自身に限る． △

例 7.6　**余極限は左カン拡張で極限は右カン拡張**　$\mathcal{D} = 1$ の場合を考える．例 1.46 で述べたように，C から 1 への関手は ! のみである．$- \bullet !$ は対角関手 Δ_C に等しいため（例 2.33 を参照のこと），$\langle L, \eta \rangle$ が ! に沿った F の左カン拡張であることは F から Δ_C への普遍射，つまり F の余極限であることと同値である．双対として，$\langle R, \varepsilon \rangle$ が ! に沿った F の右カン拡張であることは F の極限であることと同値である． △

例 7.7　**米田の補題**　例 3.35 より，$\langle \square^c, 1_c \rangle$ は $\{*\} \in \mathbf{Set}$ から $\mathrm{ev}_c = - \bullet c: \mathbf{Set}^C \to \mathbf{Set}$（例 2.31 を参照のこと）への普遍射であるため，これは c に沿った $\{*\}$ の左カン拡張である．式(3.36)の左側の式が式(7.2)に対応する． △

例 7.8　圏 $\mathcal{D}$ とその部分圏 C を考え，$K: C \to \mathcal{D}$ を包含関手とする．ある関手 $F: C \to \mathcal{E}$ に対して，K に沿った F の左カン拡張 L を暫定的に $F^{C \to \mathcal{D}}$ と書く．F は，その射への作用（つまり $\mathrm{mor}\, C$ から $\mathrm{mor}\, \mathcal{E}$ への写像）から一意に定まる．このため，直観的には $F^{C \to \mathcal{D}}$ はその定義域を $\mathrm{mor}\, C$ から $\mathrm{mor}\, \mathcal{D}$ に拡張したものとみなせる．本章の冒頭では関手 F の「定義域を拡張する」ことを考えたが，そのような関手の一つが $F^{C \to \mathcal{D}}$ であるといえよう．なお，左カン拡張の代わりに右カン拡張を考えると，別の拡張が得られる． △

> ▶**高度な話題**　関連する話題として，群の誘導表現を紹介しよう．例 1.57 で述べた群の線形表現 $F: \mathcal{H} \to \mathbf{Vec}_{\mathbb{K}}$ を考える（ただし $\mathcal{H}$ は群とする）．後で示す系 7.32 と $\mathbf{Vec}_{\mathbb{K}}$ が余完備であること（演習問題 5.2.4）から，$\mathcal{H}$ を部分群とするような任意の群 $\mathcal{G}$ に対して左カン拡張 $F^{\mathcal{H} \to \mathcal{G}}: \mathcal{G} \to \mathbf{Vec}_{\mathbb{K}}$ が存在することがわかる．この関手 $F^{\mathcal{H} \to \mathcal{G}}$ は，しばしば線形表現 F の $\mathcal{H}$ から $\mathcal{G}$ への**誘導表現**（induced representation）とよばれる．

例 7.9　本章の冒頭で述べたように，関数 $f: \mathbb{Z} \to \mathbb{R}$ の定義域を $\mathbb{R}$ に拡張した関数をカン拡張により構成することを考える．例 1.20 の補足で述べた圏 $\mathbb{R}$ と圏 $\mathbb{Z}$ を考える．$\mathbb{Z}$ から $\mathbb{R}$ への包含関手を K とおいたとき，f が単調非減少関数ならば $\mathbb{Z}$ から $\mathbb{R}$ への関手とみなせて，K に沿った f のカン拡張として関数 $f_{\mathrm{ex}}: \mathbb{R} \to \mathbb{R}$ が得られる（演習

194 | 第 7 章 カン拡張

問題 7.1.1）. ◁

7.1.3 カン拡張の定義からすぐに導かれる性質

3.2.2 項 (3) で述べた普遍射の一意性から，左カン拡張と右カン拡張はそれぞれ存在するならば本質的に一意である．以下では，左カン拡張について具体的に述べておく．$\langle L, \eta \rangle$ が $K \colon C \to \mathcal{D}$ に沿った $F \colon C \to \mathcal{E}$ の左カン拡張であるとき，K に沿った F の任意の左カン拡張 $\langle L', \eta' \rangle$ に対して自然同型 $\psi \colon L \cong L'$ が存在して

(7.10) $\qquad \eta' = (\psi \bullet K) \circ \eta \qquad \overset{\text{図式}}{\underset{\text{数式}}{\rightleftharpoons}}$

（ただし，青丸は η で，ひし形のブロックは ψ）を満たす（式(3.42)を参照のこと）．逆に，式(7.10)を満たす自然同型 $\psi \colon L \cong L'$ が存在するような $\langle L', \eta' \rangle$ は，K に沿った F の左カン拡張である．このため，L と自然同型な任意の関手 L' は左カン拡張である．

双対を考えれば，右カン拡張についても同様であることがすぐにわかる．

補題 7.11　2 個の関手 $K \colon C \to \mathcal{D}$ と $F \colon C \to \mathcal{E}$ について，$\mathcal{E}^C$ と $\mathcal{E}^{\mathcal{D}}$ が局所小圏ならば次の性質が成り立つ．

(1) K に沿った F の左カン拡張が存在することは，集合値関手 $\mathcal{E}^C(F, - \bullet K) \colon \mathcal{E}^{\mathcal{D}} \to \mathbf{Set}$ （$(\mathcal{E}^C(F, -)) \bullet (- \bullet K)$ のこと）が表現可能である，つまり

(7.12) $\quad \mathcal{E}^{\mathcal{D}}(L, -) \cong \mathcal{E}^C(F, - \bullet K) \qquad \overset{\text{図式}}{\underset{\text{数式}}{\rightleftharpoons}}$

を満たす $L \colon \mathcal{D} \to \mathcal{E}$ が存在することと同値である．このとき，$L \cong \mathrm{Lan}_K F$ である．

(2) 任意の $F \colon C \to \mathcal{E}$ について K に沿った F の左カン拡張が存在することと，関手 $- \bullet K \colon \mathcal{E}^{\mathcal{D}} \to \mathcal{E}^C$ の左随伴が存在することは同値である．また，これらが成り立つとき，$- \bullet K$ の左随伴（$\mathrm{Lan}_K \colon \mathcal{E}^C \to \mathcal{E}^{\mathcal{D}}$ と書く）は，各 F を K に沿った F の左カン拡張 $\mathrm{Lan}_K F$ に写す．さらに，随伴 $\mathrm{Lan}_K \colon \mathcal{E}^C \rightleftarrows \mathcal{E}^{\mathcal{D}} \colon - \bullet K$ の単位 η に対し，η_F は左カン拡張 $\mathrm{Lan}_K F$ の単位である．

この双対として，次の性質が成り立つ．

(1') K に沿った F の右カン拡張が存在することは，前層 $\mathcal{E}^C(- \bullet K, F) \colon (\mathcal{E}^{\mathcal{D}})^{\mathrm{op}} \to \mathbf{Set}$ （$(\mathcal{E}^C(-, F)) \bullet (- \bullet K)$ のこと）が表現可能である，つまり

(7.13) $\quad \mathcal{E}^{\mathcal{D}}(-, R) \cong \mathcal{E}^{\mathcal{C}}(- \bullet K, F)$

を満たす $R: \mathcal{D} \to \mathcal{E}$ が存在することと同値である．このとき，$R \cong \mathrm{Ran}_K F$ である．

(2') 任意の $F: \mathcal{C} \to \mathcal{E}$ について K に沿った F の右カン拡張が存在することと，関手 $- \bullet K: \mathcal{E}^{\mathcal{D}} \to \mathcal{E}^{\mathcal{C}}$ の右随伴が存在することは同値である．また，これらが成り立つとき，$- \bullet K$ の右随伴（$\mathrm{Ran}_K: \mathcal{E}^{\mathcal{C}} \to \mathcal{E}^{\mathcal{D}}$ と書く）は，各 F を K に沿った F の右カン拡張 $\mathrm{Ran}_K F$ に写す．さらに，随伴 $- \bullet K: \mathcal{E}^{\mathcal{D}} \rightleftarrows \mathcal{E}^{\mathcal{C}}: \mathrm{Ran}_K$ の余単位 ε に対し，ε_F は右カン拡張 $\mathrm{Ran}_K F$ の余単位である．

証明 (1)：K に沿った F の左カン拡張が存在することは，コンマ圏 $F \downarrow (- \bullet K)$ が始対象をもつことと同値であり，定理 3.43 より，これは $\mathcal{E}^{\mathcal{C}}(F, - \bullet K)$ が表現可能であることと同値である．とくに，L が左カン拡張である，つまり $L \cong \mathrm{Lan}_K F$ であることは，$F \downarrow (- \bullet K)$ が $\langle L, \eta \rangle$ の形の始対象をもつことと同値であり，これは式(7.12)を満たすことと同値である．

(2)：カン拡張の定義と定理 4.24 より明らか． □

$- \bullet K$ が左随伴 Lan_K をもつならば，式(7.2)より任意の自然変換 $\sigma: F \Rightarrow H \bullet K$ について

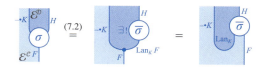

を満たす $\overline{\sigma}$ が一意に存在する．ただし，右辺の半円状の線は随伴 $\mathrm{Lan}_K \dashv - \bullet K$ の単位（η とおく）である．青丸は η の成分 η_F であり，これは左カン拡張 $\mathrm{Lan}_K F$ の単位である．この式は，式(4.16)の $\mapsto$ の右側の式に相当し，σ と $\overline{\sigma}$ が互いに転置の関係にある．

また，$- \bullet K$ が右随伴 Ran_K をもつならば，式(7.3)より任意の自然変換 $\sigma: H \bullet K \Rightarrow F$ について

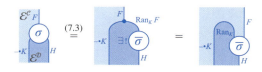

を満たす $\bar{\sigma}$ が一意に存在する．この式は，式(4.17) の $\mapsto$ の右側の式に相当する．

> ▶ **補足** Lan_K が左随伴であり，Ran_K が右随伴であることを意識すると，「左」と「右」を間違えにくいかもしれない．また，左カン拡張は余極限と対応して，右カン拡張は極限と対応することが多い（たとえば例 7.6 や定理 7.23）．これは余極限が（対角関手の）左随伴であり，極限が右随伴であることを意識するとよいかもしれない．

例 7.14 関手 K が右随伴 G をもつならば，補題 4.32 より $-\bullet G \dashv -\bullet K$ であるため，補題 7.11 および左カン拡張の一意性より $-\bullet G \cong \mathrm{Lan}_K$ である．このため，$F \bullet G$ は K に沿った F の左カン拡張である．このような随伴とカン拡張との関係は，7.3.4 項で述べる． △

演習問題

7.1.1 例 7.9 において，K に沿った f の左カン拡張（または右カン拡張）を具体的に示せ．

7.1.2 圏 $\mathcal{C}, \mathcal{D}, \mathcal{J}, \mathcal{E}$ と関手 $K\colon \mathcal{C} \to \mathcal{D}$，$J\colon \mathcal{D} \to \mathcal{J}$，$F\colon \mathcal{C} \to \mathcal{E}$ を考える．左カン拡張 $\mathrm{Lan}_K F$ と左カン拡張 $\mathrm{Lan}_J(\mathrm{Lan}_K F)$ が存在するならば，$\mathrm{Lan}_J(\mathrm{Lan}_K F) \cong \mathrm{Lan}_{J \bullet K} F$ であることを示せ．なお，この同型は次のような図式で表せる．

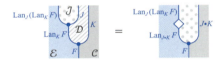

7.2 各点カン拡張

本節では，各点カン拡張とよばれる，あるきれいな性質をもっているカン拡張について述べる．各点カン拡張はコンマ圏と密接な関係があるため，まず本節で必要となるコンマ圏の基本的な性質について述べる．次に，その性質を用いて各点カン拡張の定義や基本的な性質を述べる．

> ▶ **補足** 各点カン拡張は，極限とも密接に関係している（実際，本書では余極限を用いて各点左カン拡張を定義する）．この意味で，極限は各点カン拡張を理解するための基礎となる概念であるといえる．なお，極限と各点カン拡張はともに，Web 補遺で述べるエンドや重み付き極限とも密接に関係している．

7.2.1 準備：コンマ圏の基本的な性質

はじめに，各点左カン拡張の基本的な性質を調べる際によく用いられるコンマ圏 $K \downarrow d$（ただし $K\colon \mathcal{C} \to \mathcal{D}$ および $d \in \mathcal{D}$）について述べておく．

▶ **補足** $K \downarrow d$ は，対象 $c \in \mathcal{C}$ と射 $p \in \mathcal{D}(Kc, d)$ の組 $\langle c, p \rangle$ を対象とする圏であった（3.2.4 項を思い出してほしい）．式(3.55) より，$K \downarrow d$ は要素の圏 $\mathrm{el}(\mathcal{D}(K-, d))$ に等しいことも思い出しておくとよい．このことから，以降ではコンマ圏 $K \downarrow d$ に加えて $\mathcal{D}(K-, d)$ のような形の関手が頻繁に現れることになる．なお，例 2.53 で述べたように $\mathcal{D}(K-, d) = d^\square \bullet K$ である．

(1) $K \downarrow d$ に関する標準的な余錐

$K \downarrow d$ から $\mathcal{C}$ への忘却関手（p.100）を $P_d \colon K \downarrow d \to \mathcal{C}$ とおく．関手 P_d は，$K \downarrow d$ の各対象 $\langle c, p \rangle$ を c に写し，$K \downarrow d$ の各射 $h \colon \langle c, p \rangle \to \langle c', p' \rangle$ を $\mathcal{C}$ の射 $h \colon c \to c'$ に写す．P_d のふるまいは，次の図式で表される．

(7.15)

次の射の集まりを考える．

(7.16)
$$\theta^d = \{\theta^d_{\langle c, p \rangle} := p\}_{\langle c, p \rangle \in K \downarrow d}$$

ただし青丸は θ^d であり，点線は関手 $! \colon K \downarrow d \to \mathbf{1}$ である．θ^d は $K \bullet P_d$ から $d \bullet !$ への自然変換，つまり $K \bullet P_d$ から d への余錐であることがわかる（余錐は式(5.32) のように表されることを思い出してほしい）．実際，$K \downarrow d$ の任意の射 $h \colon \langle c, p \rangle \to \langle c', p' \rangle$ に対して

が成り立つことから，θ^d は自然性を満たすことがわかる．θ^d を **$K \downarrow d$ に関する標準的な余錐** とよぶことにする．式(7.16) より

(7.17) $\theta^{Kc}_{\langle c, 1_{Kc} \rangle} = 1_{Kc}$

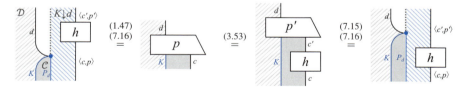

が成り立つ．さらに，θ^d はある意味での普遍性をもっている（演習問題 7.2.1）．

- **補足 1** 直観的には，$\langle c, p \rangle$ と p は実質的に同じものとみなせるため，θ^d は恒等写像のようなはたらきをするといえる．式(7.16)のように，図式では線 $\langle c, p \rangle \in K \downarrow d$ を線 c とブロック p に分解するはたらきをするともいえる．

- **補足 2** コンマ圏 $d \downarrow K$ についても同様に考えられる．具体的には，$d \downarrow K$ から $\mathcal{C}$ への忘却関手 (p.91) を P_d とおく．このとき，$d \downarrow K$ から $\mathbf{1}$ への唯一の関手 ! について，射の集まり $\theta^d := \{\theta^d_{\langle c,p \rangle} := p\}_{\langle c,p \rangle \in d \downarrow K}$ は $d \bullet !$ から $K \bullet P_d$ への自然変換，つまり d から $K \bullet P_d$ への錐である（この θ^d の図式は式(7.16)の「上下反転」になる）．

(2) 関手 $f \circ - : K \downarrow d \to K \downarrow d'$

$\mathcal{D}$ の任意の射 $f : d \to d'$ について，次のように定められる $K \downarrow d$ から $K \downarrow d'$ への関手（$f \circ -$ とおく）がある．

- $K \downarrow d$ の各対象 $\langle c, p \rangle$ を $\langle c, fp \rangle$ に写す．
- $K \downarrow d$ の各射 $h : \langle c, p \rangle \to \langle c', p' \rangle$ を $h : \langle c, fp \rangle \to \langle c', fp' \rangle$ に写す．なお，どちらの射も $p = p' \circ Kh$ を満たすような $h \in C(c, c')$ に相当している．

これが関手であることはすぐにわかる．各 $p \in \mathcal{D}(Kc, d)$ について明らかに $p = p \circ 1_{Kc}$ であるため，$\langle c, p \rangle \in K \downarrow d$ は次式のように表せる．

(7.18)

また，任意の $f \in \mathcal{D}(d, d')$ は，各 $\langle c, p \rangle \in K \downarrow d$ に対して

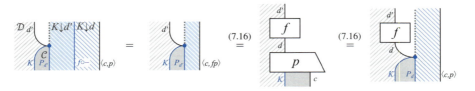

を満たすため（ただし，青丸は $\theta^{d'}$ および θ^d），次式が成り立つ．

(7.19)

7.2.2 各点カン拡張

関手 $K : \mathcal{C} \to \mathcal{D}$ に沿った関手 $F : \mathcal{C} \to \mathcal{E}$ の左カン拡張 $\langle L, \eta \rangle$ が存在すると仮定し

て，$\langle L, \eta \rangle$ を具体的に求めることを考えよう．このために，各 $d \in \mathcal{D}$ について η と θ^d との「合成」を考えてみる（このような合成を考える理由については次項で触れる）．具体的には，μ^d を次式のように定める．

$$(7.20) \quad \mu^d := (L \bullet \theta^d)(\eta \bullet P_d) \quad \overset{\text{図式}}{\underset{\text{数式}}{\rightleftharpoons}}$$

ただし，右上および左下の青丸はそれぞれ θ^d および η である．このとき，単位 η の各成分 η_c は

$$(7.21)$$

を満たすため，η は $\{\mu^{Kc}_{\langle c, 1_{Kc} \rangle}\}_{c \in C}$ に等しい．また，μ^d は $F \bullet P_d$ から Ld への余錐である．μ^d は左カン拡張の単位 η と θ^d を単に合成したものであるため，ある意味で「標準的」といえるかもしれない．

　もし，各 μ^d が普遍射（つまり余極限）になるならば，Ld は $F \bullet P_d$ の余極限対象として本質的に一意に定まる．残念ながら，左カン拡張 $\langle L, \eta \rangle$ が存在したとしても，各 $d \in \mathcal{D}$ に対して $F \bullet P_d$ が余極限をもつとは限らない．そこで，このような余極限をもつときのカン拡張を特別視して，各点左カン拡張とよぶことにしよう．明示的には，次のように定義される．

定義 7.22（各点カン拡張） 　圏 $C, \mathcal{D}, \mathcal{E}$ と関手 $K: C \to \mathcal{D}$，$F: C \to \mathcal{E}$ を考える．K に沿った F の左カン拡張のうち，各 $d \in \mathcal{D}$ に対して $F \bullet P_d$ が余極限をもつようなものを**各点**（pointwise）であるとよぶ．

　双対として，K に沿った F の右カン拡張のうち，各 $d \in \mathcal{D}$ に対して $F \bullet P_d$ が極限をもつようなものを**各点**であるとよぶ．

▶ **補足**　この定義の代わりに，命題 7.46 で示す「各点左カン拡張であるための必要十分条件」を各点左カン拡張の定義とみなすこともできる．

$F \bullet P_d$ が余極限をもつか否かは左カン拡張の選び方によらないため，各点左カン拡張 L が存在すれば，K に沿った F の任意の左カン拡張は各点である（右カン拡張も同様）．カン拡張が各点である場合にはいくつかの有用な性質が成り立つことが，これから次第に明らかになる．

200 | 第7章 カン拡張

以降では，各 $d \in \mathcal{D}$ に対して $F \bullet P_d$ が余極限をもつならば，次の二つの性質が成り立つことを示す．

(1) 各余極限余錐 μ^d に対して式(7.21)を満たすような各点左カン拡張 $\langle L, \eta \rangle$ が存在する（定理7.23）．

(2) 任意の各点左カン拡張 $\langle L, \eta \rangle$ に対して式(7.20)で定められる μ^d が $F \bullet P_d$ の余極限余錐になる（系7.29）．

定理 7.23 2個の関手 $K \colon \mathcal{C} \to \mathcal{D}$, $F \colon \mathcal{C} \to \mathcal{E}$ を考える．各 $d \in \mathcal{D}$ に対して $F \bullet P_d$ が余極限 $\langle e_d, \mu^d \rangle$ をもつと仮定する（ただし P_d は $K \downarrow d$ から $\mathcal{C}$ への忘却関手）．このとき，次の二つの性質を満たす．

(1) $\mathcal{D}$ の各対象 d を $Ld = e_d$ に写し，$\mathcal{D}$ の各射 $f \colon d \to d'$ に対して

$$\mu^{d'} \bullet (f \circ -) = (Lf \bullet !) \circ \mu^d$$

(7.24)

（ただし左辺および右辺の青い楕円はそれぞれ $\mu^{d'}$ および μ^d）を満たすような関手 $L \colon \mathcal{D} \to \mathcal{E}$ が一意に存在する．

(2) 射の集まり

$$\eta := \{\eta_c := \mu^{Kc}_{\langle c, 1_{Kc} \rangle}\}_{c \in \mathcal{C}}$$

(7.25)

について（ただし青丸は η，式(7.21)を参照のこと），$\langle L, \eta \rangle$ は K に沿った F の各点左カン拡張である．

証明 (1)：関手 $P_{d'} \bullet (f \circ -)$ は P_d に等しく（射への作用はどちらも $\mathrm{mor}(K \downarrow d) \ni h \mapsto h \in \mathrm{mor}\,\mathcal{C}$ である），関手 $! \bullet (f \circ -)$ は $! \colon K \downarrow d \to \mathbf{1}$ に等しいため，式(7.24)の左辺は $F \bullet P_d$ からの余錐である．また，μ^d は余極限余錐であるため，式(7.24)を満たす射 $Lf \in \mathcal{E}(Ld, Ld')$ が一意に定まる．

後は，L が関手であることを示せばよい．任意の $f \in \mathcal{D}(d, d')$, $g \in \mathcal{D}(d', d'')$ に対して

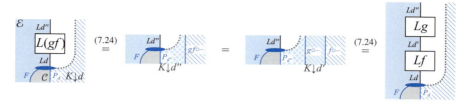

である.このため,μ^d の普遍性(式(3.33))より $L(gf) = Lg \circ Lf$ である.また,L は各恒等射 1_d を恒等射 1_{Ld} に写すため,関手である.

(2):まず,η が F から $L \bullet K$ への自然変換であることを確認しておく.これは,任意の $h \in \mathcal{D}(c, c')$ について次式が成り立つことからわかる.

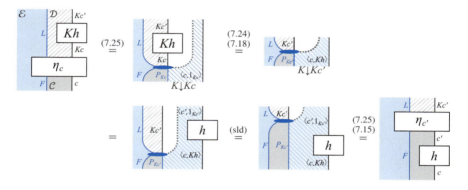

ただし,2 行目の最初の等号では,$! \bullet h$ が h によらず $\mathbf{1}$ の唯一の射 1_* に等しいことを用いた.

次に,$\langle L, \eta \rangle$ が K に沿った F の左カン拡張であることを示す($\langle L, \eta \rangle$ が左カン拡張ならば,各点カン拡張の定義より各点である).各 $\langle c, p \rangle \in K \downarrow d$ について

(7.26)

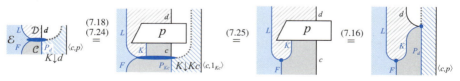

(ただし,右辺の右上の青丸は $K \downarrow d$ に関する標準的な余錐 θ^d)であるため,$\mu^d = (L \bullet \theta^d)(\eta \bullet P_d)$(つまり式(7.20))が成り立つ.左カン拡張の定義(定義 7.1)より,任意の自然変換 $\alpha \colon F \Rightarrow H \bullet K$($H \colon \mathcal{D} \to \mathcal{E}$ も任意)に対して $\alpha = (\beta \bullet K) \circ \eta$ を満たす自然変換 β が一意に定まることを示せばよい(式(7.2)を参照のこと).このような β が存在すると仮定すると,各 $d \in \mathcal{D}$ に対して

(7.27)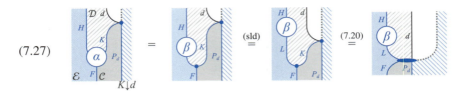

が成り立つ．一方，μ^d が余極限余錐であるため

(7.28)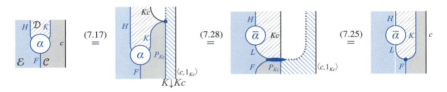

を満たす射 $\bar{\alpha}_d$ が一意に定まる．ここで，左辺が $F \bullet P_d$ から Hd への余錐であることを用いた．式(7.27), (7.28) および余極限余錐 μ^d の普遍性より（式(3.33) を参照のこと），$\beta_d = \bar{\alpha}_d$ である．このため，β は $\beta = \{\bar{\alpha}_d\}_{d \in \mathcal{D}} =: \bar{\alpha}$ と一意に定まる．また，$\bar{\alpha}$ が自然変換ならば，各 $c \in \mathcal{C}$ に対して

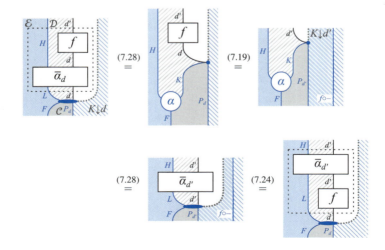

であるため $\alpha = (\bar{\alpha} \bullet K) \circ \eta$ が成り立つ．したがって，後は $\bar{\alpha}$ が自然変換である，つまり自然性を満たすことを示せばよい．$\mathcal{D}$ の任意の射 $f: d \to d'$ について

が成り立つため，余極限余錐 μ^d の普遍性より補助線で囲まれた 2 箇所の射 $Hf \circ \overline{\alpha}_d$ と $\overline{\alpha}_{d'} \circ Lf$ は等しい．したがって，$\overline{\alpha}$ は自然性を満たす． □

- ▶ **補足 1** この定理が補題 3.63 に似ていることを指摘しておく．補題 3.63 は，関手 F が一意に定まることと $\langle F, \eta \rangle$ が普遍射であることを主張している．これに対し，この定理は，関手 L が一意に定まることと $\langle L, \eta \rangle$ が普遍射（具体的には K に沿った F の左カン拡張）であることを主張している．なお，式(7.25) は式(3.64) に対応している．これらの証明方法にも共通点が多い．

- ▶ **補足 2** 式(7.26) のように，自然変換 $\eta := \{\eta_c := \mu^{Kc}_{\langle c, 1_{Kc} \rangle}\}_{c \in \mathcal{C}}$ のみから各 $d \in \mathcal{D}$，$\langle c, p \rangle \in K \downarrow d$ に対する $\mu^d_{\langle c, p \rangle}$ がすべて求められる．このことは，$\{\mu^d\}_{d \in \mathcal{D}}$ の一部であるはずの η から $\{\mu^d\}_{d \in \mathcal{D}}$ を復元しているようである．ただし，実際には自然変換 $\eta \colon F \Rightarrow L \bullet K$ には F と $L \bullet K$ に関する情報も含まれており，$\{\mu^d\}_{d \in \mathcal{D}}$ を復元するためにはこれらの情報も必要であろう．

定理 7.23 では，$F \bullet P_d$ の余極限 $\langle e_d, \mu^d \rangle$ の組から式(7.24) を満たすような各点左カン拡張 L が得られることを示した．次の系では，逆に各点左カン拡張 L から式(7.24) を満たすような $F \bullet P_d$ の余極限 $\langle e_d, \mu^d \rangle$ の組が得られることを示す．余極限 $\langle e_d, \mu^d \rangle$ の組と各点カン拡張 $\langle L, \eta \rangle$ を相互に変換するための式が，式(7.20) と式(7.21) である．

系 7.29 関手 $K \colon \mathcal{C} \to \mathcal{D}$ に沿った関手 $F \colon \mathcal{C} \to \mathcal{E}$ の各点左カン拡張 $\langle L, \eta \rangle$ が存在すると仮定する．$K \downarrow d$ から $\mathcal{C}$ への忘却関手を P_d とおき，$K \downarrow d$ に関する標準的な余錐を θ^d とおく．また，各 $d \in \mathcal{D}$ に対して $\mu^d := (L \bullet \theta^d)(\eta \bullet P_d)$（つまり式(7.20)）のように定める．このとき，式(7.24) が成り立ち，各 $d \in \mathcal{D}$ に対して $\langle Ld, \mu^d \rangle$ は $F \bullet P_d$ の余極限である．

証明 仮定より，各 $d \in \mathcal{D}$ に対して $F \bullet P_d$ が余極限をもつ．その余極限余錐を μ'^d とおき，定理 7.23 に $\mu^d = \mu'^d$ を代入して得られる $\langle L, \eta \rangle$ を $\langle L', \eta' \rangle$ とおく．$\langle L, \eta \rangle$ と $\langle L', \eta' \rangle$ はともに K に沿った F の左カン拡張であるため，$\eta = (\psi \bullet K) \circ \eta'$ を満たすような自然同型 $\psi \colon L' \cong L$ が存在する（式(7.10) を参照のこと）．また，μ^d は次式を満たす．

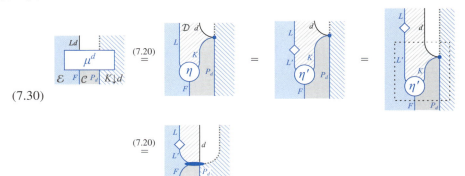

(7.30)

ただし、青丸は θ^d であり、ひし形のブロックは ψ であり、青い楕円は μ'^d である。2番目の等号では $\eta = (\psi \bullet K) \circ \eta'$ を用いた。式(7.30) より、$\langle Ld, \mu^d \rangle$ は $\langle L'd, \mu'^d \rangle$ と同じく $F \bullet P_d$ の余極限である（ψ_d が同型射であることと式(5.42)の双対からわかる）。さらに、

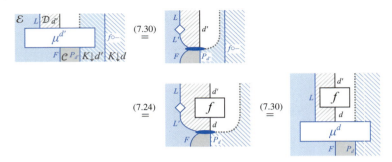

より、$\mu^{d'}$ と μ^d は式(7.24) を満たす。 □

この系より、K に沿った F の各点左カン拡張 $\langle L, \eta \rangle$ および各 $d \in \mathcal{D}$ に対して、$\langle Ld, \mu^d \rangle$ は $F \bullet P_d$ の余極限であるため、任意の余錐 $\alpha \in \mathrm{Cocone}(F \bullet P_d, e)$ に対して

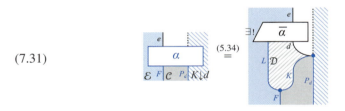

(7.31)

(ただし、右上および左下の青丸はそれぞれ θ^d および η を満たすような射 $\overline{\alpha} \in \mathcal{E}(Ld, e)$ が一意に存在する。

> **系 7.32** 2個の関手 $K: \mathcal{C} \to \mathcal{D}$ と $F: \mathcal{C} \to \mathcal{E}$ を考え、$\mathcal{C}$ は小圏であるとする。$\mathcal{E}$ が余完備ならば K に沿った F の各点左カン拡張が存在する。
>
> 双対として、$\mathcal{E}$ が完備ならば K に沿った F の各点右カン拡張が存在する。

証明 圏 $\mathcal{C}$ が小圏であるため、任意の $d \in \mathcal{D}$ について $K \downarrow d$ は小圏である（$\mathrm{mor}\, \mathcal{C}$ は集合であり、各 $c \in \mathcal{C}$ について $\mathcal{D}(Kc, d)$ は集合であるため）。したがって、$\mathcal{E}$ が余完備であるため、各 $d \in \mathcal{D}$ について $F \bullet P_d: K \downarrow d \to \mathcal{E}$ の余極限が存在する。ゆえに、定理 7.23 より明らか。 □

7.2.3 $F \bullet P_d$ からの余錐

関手 $K \colon \mathcal{C} \to \mathcal{D}$ に沿った関手 $F \colon \mathcal{C} \to \mathcal{E}$ の各点左カン拡張 L では，各 $d \in \mathcal{D}$ に対して Ld は $F \bullet P_d$ の余極限対象であった．このため，$F \bullet P_d$ からの余錐について理解を深めておくと，各点左カン拡張について考える際に役立つであろう．

$F \bullet P_d$ からの任意の余錐 $\alpha \in \mathrm{Cocone}(F \bullet P_d, e)$ は次の図式で表せる．

ただし，括弧内の等号では $P_d \langle c, p \rangle = c$ を用いた．余錐 $\alpha = \{\alpha_{\langle c,p \rangle}\}_{\langle c,p \rangle \in K \downarrow d}$ は，その要素を適当にグループ化した $\tilde{\alpha} \coloneqq \{\{\alpha_{\langle c,p \rangle}\}_{p \in \mathcal{D}(Kc,d)}\}_{c \in \mathcal{C}}$ と一対一に対応することが容易にわかる．ただし，$\langle c, p \rangle \in K \downarrow d$ が $c \in \mathcal{C}$ かつ $p \in \mathcal{D}(Kc,d)$ と同値であることを用いた．α では $c \in \mathcal{C}$ と $p \in \mathcal{D}(Kc,d)$ の組 $\langle c,p \rangle$ のそれぞれに対して射 $\alpha_{\langle c,p \rangle} \in \mathcal{E}(Fc,e)$ が割り当てられているのに対し，$\tilde{\alpha}$ では各 $c \in \mathcal{C}$ に対して **Set** の射（つまり写像）$\tilde{\alpha}_c \colon \mathcal{D}(Kc,d) \ni p \mapsto \alpha_{\langle c,p \rangle} \in \mathcal{D}(Fc,e)$ が割り当てられている．

> ▶ **補足** $\{a_{\langle x,y \rangle}\}_{x \in X, \, y \in Y(x)}$ の形の集まりを集まり $\{\{a_{\langle x,y \rangle}\}_{y \in Y(x)}\}_{x \in X}$ に変換するといった方法は，これまでにも何度か登場した．たとえば，2.5.3 項や定理 5.66 でも似たような方法を用いた．

補題 7.34 で証明するように，この対応付けにより余錐 $\alpha \in \mathrm{Cocone}(F \bullet P_d, e)$ に対応する $\tilde{\alpha}$ は $\hat{\mathcal{C}}(\mathcal{D}(K-,d), \mathcal{E}(F-,e))$ の要素（つまり自然変換）であり，写像

$$(7.33) \qquad \Psi_e \colon \mathrm{Cocone}(F \bullet P_d, e) \ni \alpha \mapsto \tilde{\alpha} \in \hat{\mathcal{C}}(\mathcal{D}(K-,d), \mathcal{E}(F-,e))$$

は可逆であることがわかる．また，$\{\Psi_e\}_{e \in \mathcal{E}}$ が自然同型であることもわかる．

> **補題 7.34** 対象 $d \in \mathcal{D}$ と 2 個の関手 $K \colon \mathcal{C} \to \mathcal{D}$, $F \colon \mathcal{C} \to \mathcal{E}$ を考える．$K \downarrow d$ から $\mathcal{C}$ への忘却関手を P_d とおくと，次の同型が $e \in \mathcal{E}$ について自然に成り立つ．
>
> $$(7.35) \qquad \mathrm{Cocone}(F \bullet P_d, e) \cong \hat{\mathcal{C}}(\mathcal{D}(K-,d), \mathcal{E}(F-,e))$$

証明 各 $e \in \mathcal{E}$ について，$\tau \in \hat{\mathcal{C}}(\mathcal{D}(K-,d), \mathcal{E}(F-,e))$ に対する次の写像を考える．

$$(7.36) \qquad \Phi_e \colon \tau = \{\{\tau_{\langle c,p \rangle}\}_{p \in \mathcal{D}(Kc,d)}\}_{c \in \mathcal{C}} \mapsto \{\tau_{\langle c,p \rangle}\}_{c \in \mathcal{C}, p \in \mathcal{D}(Kc,d)}$$

Φ_e が $\hat{\mathcal{C}}(\mathcal{D}(K-,d), \mathcal{E}(F-,e))$ から $\mathrm{Cocone}(F \bullet P_d, e)$ への可逆写像であり，これらの同型が e について自然であることを示せば十分である．残りは演習問題 7.2.5 とする．

なお，式(7.33)の写像 Ψ_e が Φ_e の逆写像である. □

▶ **補足** 式(7.35)の自然同型は，次の図式で表せる．

(7.37)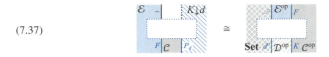

ただし $\mathcal{D}(K-, d) = d^{\square} \bullet K$ および $\mathcal{E}(F-, e) = e^{\square} \bullet F$ を用い，e を $-$ に置き換えている．直観的には，左辺の線 P_d は右辺の2本の線 K と $d^{\square}$ に対応しているといえる．

式(7.33)の写像 Ψ_e は次の図式で表せる．

(7.38)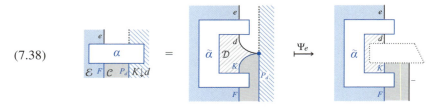

ただし，青丸は $K\downarrow d$ に関する標準的な余錐 θ^d であり，自然変換 $\tilde{\alpha}$ を「コ」を左右反転させたような形状をしたブロックで表している．

▶ **補足** このブロック $\tilde{\alpha}$ は，式(2.58)の右辺で表される自然変換 τ の「上下反転」に相当している．式(7.38)の等号は，各 $\langle c, p \rangle \in K\downarrow d$ について次式が成り立つことからわかる．

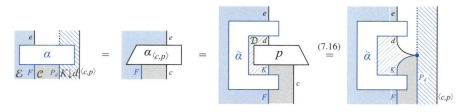

ただし，2番目の等号では $\alpha_{\langle c,p \rangle} = \tilde{\alpha}_c(p)$ を用いた．直観的には，式(7.38)で表される写像 Ψ_e は，青丸 (θ^d) を点線の枠で置き換えるようなはたらきをする．

▶ **余談** 各点カン拡張では，式(7.20)のように余錐 θ^d との合成を考える．ここでは，この理由について考えてみよう．$\theta^d = \{p\}_{\langle c,p \rangle \in K\downarrow d}$ の要素を適当にグループ化すると $\{\{p\}_{p \in \mathcal{D}(Kc,d)}\}_{c \in \mathcal{C}} = \{1_{\mathcal{D}(Kc,d)}\}_{c \in \mathcal{C}}$ となり，恒等写像 $1_{\mathcal{D}(Kc,d)}$ の集まりが得られる（ただし，等号では $\{p\}_{p \in \mathcal{D}(Kc,d)}$ が恒等写像 $1_{\mathcal{D}(Kc,d)}$ に等しいことを用いた）．このため，大ざっぱに述べると，θ^d との合成は「恒等写像 $1_{\mathcal{D}(Kc,d)}$ との合成」に相当するといえる．一方，第3章で述べた普遍射や表現可能関手では，米田写像が重要な役割を果たした．米田写像は，大ざっぱには「恒等射 1_c との合成」を表しているといえるのであった．ここから，米田写像に相当する各点カン拡張の概念が余錐 θ^d であると解釈できる．このように捉えると，θ^d との合成を考えることが重要かつ素直であるように感じられるかもしれない（演習問題 7.2.6 も参照のこと）．

7.2 各点カン拡張　207

演習問題

7.2.1　コンマ圏 $K \downarrow d$（ただし $K: C \to \mathcal{D}$ および $d \in \mathcal{D}$）について，$K \downarrow d$ から C への忘却関手を P_d とおき，$K \downarrow d$ に関する標準的な余錐を θ^d とおく．圏 $\mathcal{F}$ と関手 $Q: \mathcal{F} \to C$ と $K \bullet Q$ から d への余錐 α を任意に選んだとき，

$$(7.39)$$

（ただし青丸は θ^d）を満たすような関手 $T: \mathcal{F} \to K \downarrow d$ が一意に存在することを示せ．（備考：θ^d は，この意味における普遍性をもっている．とくに式(7.16)は $Q = c$ および $\alpha = p$ の場合とみなせて，このとき $T = \langle c, p \rangle$ である．また，式(7.19)は $d = d'$, $Q = P_d$, $\alpha = (f \bullet !)\theta^d$ の場合とみなせて，このとき $T = f \circ -$ である．）

7.2.2　関手 $D: \mathcal{J} \to C$ から対象 $c \in C$ への余錐 $\alpha \in \mathrm{Cocone}(D, c)$ は，$P_c \bullet T = 1_{\mathcal{J}}$ を満たす関手 $T: \mathcal{J} \to D \downarrow c$ と一対一に対応することを示せ．ただし，P_c は $D \downarrow c$ から $\mathcal{J}$ への忘却関手である．（備考：双対を考えれば，錐 $\alpha' \in \mathrm{Cone}(c, D)$ は $P'_c \bullet T' = 1_{\mathcal{J}}$ を満たす関手 $T': \mathcal{J} \to c \downarrow D$ と一対一に対応することがわかる．ただし，P'_c は $c \downarrow D$ から $\mathcal{J}$ への忘却関手である．）

7.2.3　各集合値関手 $X: \mathcal{D} \to \mathbf{Set}$ を要素の圏 $\mathrm{el}(X)$ に写して，各自然変換 $\alpha: X \Rightarrow Y$（ただし $X, Y: \mathcal{D} \to \mathbf{Set}$）を関手 $\mathrm{el}(\alpha): \mathrm{el}(X) \to \mathrm{el}(Y)$ に写すようなものを el とおく．ただし，$\mathrm{el}(\alpha)$ はその対象への作用が $\mathrm{ob}(\mathrm{el}(X)) \ni \langle x, a \rangle \mapsto \langle x, \alpha_x a \rangle \in \mathrm{ob}(\mathrm{el}(Y))$ で，射への作用が $\mathrm{mor}(\mathrm{el}(X)) \ni f \mapsto f \in \mathrm{mor}(\mathrm{el}(Y))$ であるような関手である．

(a) $\mathrm{el}(\alpha)$ が $\mathrm{el}(X)$ から $\mathrm{el}(Y)$ への関手であることを確かめよ．

(b) el が $\mathbf{Set}^{\mathcal{D}}$ から $\mathbf{CAT}$ への関手であることを示せ．

7.2.4

(a) 演習問題 7.2.3（の双対）により定められる関手 el を用いて，各 $\langle K, d \rangle \in (\mathcal{D}^C)^{\mathrm{op}} \times \mathcal{D}$ をコンマ圏 $K \downarrow d$ に写す関手 $- \downarrow =$ を定めよ．

(b) 集まり $\{P_d\}_{d \in \mathcal{D}}$（ただし P_d は $K \downarrow d$ から C への忘却関手）は $K \downarrow - := (- \downarrow =)(K, -)$ から C への余錐であることを示せ．

7.2.5　補題 7.34 の証明を完成させよ．

7.2.6　式(7.38)の $\overset{\Psi_e}{\longmapsto}$ の左側にある等式が，次式のように表せることを示せ．

$$(7.40)$$

ただし，青丸は $K \downarrow d$ に関する標準的な余錐 θ^d であり，グレーの点線は関手 $\{*\} \bullet !$ である．また，この図式と米田の補題との関係を調べよ．[ヒント：この式が式(3.21)に似ていることに着目

208 | 第 7 章 カン拡張

する.〕

7.2.7 充満忠実関手 $K: C \to D$ と対象 $c \in C$ について，次の性質が成り立つことを示せ.

　(a) $\langle c, 1_{Kc}\rangle$ は $K \downarrow Kc$ の終対象である.

　(b) $K \downarrow Kc$ から C への忘却関手 P と $1_C \downarrow c$ から C への忘却関手 Q について，$K \downarrow Kc$ から $1_C \downarrow c$ への可逆関手 F のうち $P = Q \bullet F$ を満たすものが存在する.

7.3　カン拡張の基本的な性質

7.3.1　カン拡張を保存する関手

5.3.1 項で述べた極限の保存と同様に，カン拡張の保存を考えられる. 具体的には，関手 $S: \mathcal{E} \to \mathcal{F}$ に対して，$K: C \to D$ に沿った $F: C \to \mathcal{E}$ の左カン拡張 $\langle \mathrm{Lan}_K F, \eta\rangle$ が存在するならば $\langle S \bullet \mathrm{Lan}_K F, S \bullet \eta\rangle$ が K に沿った $S \bullet F$ の左カン拡張であるとき，S は 左カン拡張 $\langle \mathrm{Lan}_K F, \eta\rangle$ を保存する（preserve）という. 極限の保存での議論と同様に，K に沿った F の左カン拡張が存在しない場合には，S は K に沿った F の左カン拡張を保存することになる. S が任意の関手 $K: C \to D$（C と D も任意）に沿った任意の関手 $F: C \to \mathcal{E}$ の左カン拡張を保存するとき，任意の左カン拡張を保存するという. 右カン拡張の保存も同様に定義される.

K に沿った F の左カン拡張 $\langle \mathrm{Lan}_K F, \eta\rangle$ が存在して S がこのカン拡張を保存するとする. このとき，$S \bullet F$ から $H \bullet K$ への任意の自然変換 σ（$H: D \to \mathcal{F}$ も任意）に対して

(7.41)

（ただし青丸は η）を満たす $\overline{\sigma}$ が一意に存在する. この式は，式(7.2), (7.4) に相当し，この「コ」のような形状をした青のブロックは式(7.4) のブロックと同じである. S が左カン拡張 $\langle \mathrm{Lan}_K F, \eta\rangle$ を保存することは，次の図式で表される.

(7.42)

ただし，K に沿った $S \bullet F$ の任意の左カン拡張 $\langle \mathrm{Lan}_K(S \bullet F), \eta'\rangle$ に対し，η' を左辺の青い楕円で表した. ひし形のブロックは自然同型 $\psi_F: S \bullet \mathrm{Lan}_K F \cong \mathrm{Lan}_K(S \bullet F)$ を

7.3 カン拡張の基本的な性質

表している．とくに，随伴 $\mathrm{Lan}_K : \mathcal{E}^C \rightleftarrows \mathcal{E}^\mathcal{D} :\! - \bullet K$ と随伴 $\mathrm{Lan}_K : \mathcal{F}^C \rightleftarrows \mathcal{F}^\mathcal{D} :\! - \bullet K$ をもつならば，各 $F : C \to \mathcal{E}$ について次式が成り立つ．

(7.43) [図式] (7.42) [図式] = [図式]

この左側の等号は式(7.42)の表記を変えたものであり，左辺および中央の式における補助線で囲まれた箇所はそれぞれ式(7.42)における青い楕円 η' および青丸 η を表す．ひし形のブロックは式(7.42)と同じ自然同型 ψ_F である．また，中央の式では式(2.30) に似た次の式

$$1_{S \bullet - \bullet K} \xrightleftharpoons[\text{数式}]{\text{図式}} [\text{図式}] := [\text{図式}] =: [\text{図式}]$$

を用いて，線 $S \bullet -$ と線 $- \bullet K$ の横方向の位置を入れ替えている．自然同型の集まり $\psi := \{\psi_F\}_{F \in \mathcal{E}^C}$ は関手 $S \bullet \mathrm{Lan}_K : \mathcal{E}^C \to \mathcal{F}^\mathcal{D}$ から関手 $\mathrm{Lan}_K \bullet (S \bullet -) : \mathcal{E}^C \to \mathcal{F}^\mathcal{D}$ への自然同型であり，ψ を式(7.43)の右辺の補助線で囲まれた領域のように表している．式(7.43)は，極限の保存を表す式(5.62)に似ていることに気づくと思う．

次の命題が成り立つ．

> **命題 7.44** 左随伴は任意の左カン拡張を保存する．双対として，右随伴は任意の右カン拡張を保存する．

例7.6で述べたとおり，余極限は左カン拡張であり極限は右カン拡張であるため，この命題は定理5.63の一般化とみなせる．

証明 任意に選んだ随伴 $S : \mathcal{E} \rightleftarrows \mathcal{F} : T$ について，S が任意の左カン拡張を保存することを示す．$K : C \to \mathcal{D}$ に沿った $F : C \to \mathcal{E}$ の左カン拡張 $\langle \mathrm{Lan}_K F, \eta \rangle$ が存在するとする．任意の自然変換 $\sigma : S \bullet F \Rightarrow H \bullet K$（$H : \mathcal{D} \to \mathcal{F}$ も任意）に対して次式が成り立つ．

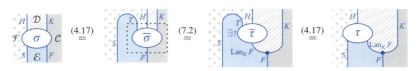

ただし，最初の等号では σ の転置を $\overline{\sigma}$ とおいた（なお，補題4.32より $S \bullet - \dashv T \bullet -$ である）．2番目の等号では，$\overline{\sigma}$ に対して式(7.2)を適用し，式(7.2)の右辺の $\overline{\sigma}$ を $\overline{\tau}$ と

210 | 第 7 章 カン拡張

おいた．青丸は η である．最後の等号では $\bar{\tau}$ の転置を τ とおいた．τ は σ から一意に定まるため，$\langle S \bullet \mathrm{Lan}_K F, S \bullet \eta \rangle$ は K に沿った $S \bullet F$ の左カン拡張である．□

例 7.45 圏同値 $\mathcal{E} \simeq \mathcal{F}$ があれば，左随伴かつ右随伴である関手 $S\colon \mathcal{E} \to \mathcal{F}$ が存在するのであった（命題 4.33 および演習問題 4.3.5 を参照のこと）．このため，$K\colon C \to \mathcal{D}$ に沿った $F\colon C \to \mathcal{E}$ の左カン拡張（または右カン拡張）があれば，S はそのカン拡張を保存する．これは，系 5.65 の一般化とみなせる． ◁

7.3.2 ⋆ 各点カン拡張をもつための条件

次の命題は，各点カン拡張であるための必要十分条件を与える．

命題 7.46 3 個の関手 $K\colon C \to \mathcal{D}$, $F\colon C \to \mathcal{E}$, $L\colon \mathcal{D} \to \mathcal{E}$ を考える．次の条件は同値である．

(1) L は K に沿った F の各点左カン拡張である．

(2) L は K に沿った F の左カン拡張であり，任意の $e \in \mathcal{E}$ に対して反変ホム関手（の双対）$e^{\square}\colon \mathcal{E} \to \mathbf{Set}^{\mathrm{op}}$ が左カン拡張 L を保存する．

(3) 次の同型が，$d \in \mathcal{D}$ と $e \in \mathcal{E}$ について自然に成り立つ．

$$(7.47) \qquad \mathcal{E}(Ld, e) \cong \hat{C}(\mathcal{D}(K-, d), \mathcal{E}(F-, e))$$

双対として，次の条件は同値である．

(1') R は K に沿った F の各点右カン拡張である．

(2') R は K に沿った F の右カン拡張であり，任意の $e \in \mathcal{E}$ に対して共変ホム関手 $\square^e\colon \mathcal{E} \to \mathbf{Set}$ が右カン拡張 R を保存する．

(3') 次の同型が，$d \in \mathcal{D}$ と $e \in \mathcal{E}$ について自然に成り立つ．

$$\mathcal{E}(e, Rd) \cong \mathbf{Set}^C(\mathcal{D}(d, K-), \mathcal{E}(e, F-))$$

証明 演習問題 7.3.2. □

補題 3.27 より，L は双関手 $\mathcal{E}(L-, =)$ により（本質的に一意に）特徴付けられ，K と F も同様である．この命題の条件 (3) では，このような双関手 $\mathcal{E}(L-, =)$ を用いて各点左カン拡張 L を特徴付けられることを意味している．

▶ 補足 1 条件 (1) は，各 $d \in \mathcal{D}$ について $L \bullet d$ が $F \bullet P_d$ の余極限対象，つまり（! に沿った $F \bullet P_d$ の）左カン拡張であるという条件に相当する．これに対し，条件 (2) は，（カン拡張の保

存を大ざっぱに捉えると）各 $e \in \mathcal{E}$ について $e^{\square} \bullet L$ が（K に沿った $e^{\square} \bullet F$ の）左カン拡張であるという条件に相当する．このように，左カン拡張 L に対して右側から d を施した $L \bullet d$ に着目したのが条件 (1) であり，左側から $e^{\square}$ を施した $e^{\square} \bullet L$ に着目したのが条件 (2) であるといえよう．また，$e^{\square} \bullet L \bullet d = \mathcal{E}(Ld, e)$ に着目したのが条件 (3) であるといえる．

▶ **補足 2** 一般に，集まり $\hat{\mathcal{C}}(\mathcal{D}(K-, d), \mathcal{E}(F-, e))$ は大きい（つまり集合ではない）可能性がある．しかし，命題 7.46 の条件 (3) を満たす場合には，式(7.47) の同型から $\hat{\mathcal{C}}(\mathcal{D}(K-, d), \mathcal{E}(F-, e))$ は集合になる．

例 7.48 **余極限は各点左カン拡張で極限は各点右カン拡張** 任意の余極限は各点左カン拡張である．実際，例 7.6 で述べたように $F: \mathcal{C} \to \mathcal{E}$ の余極限は $!$ に沿った F の左カン拡張であり，系 5.68 より任意の $e^{\square}: \mathcal{E} \to \mathbf{Set}^{\mathrm{op}}$ が余極限を保存する．このため，余極限は命題 7.46 の条件 (2) を満たす．同様に，任意の極限は各点右カン拡張である． △

▶ **補足** 定理 5.63 と命題 7.44 で示したように，左随伴は任意の余極限と任意の左カン拡張を保存する．また，系 5.68 で示したように，$e^{\square}: \mathcal{E} \to \mathbf{Set}^{\mathrm{op}}$ は任意の余極限を保存する．一方，命題 7.46 より，各点ではない左カン拡張はある $e^{\square}$ では保存されないことがわかる．

命題 7.46 の (1) $\Rightarrow$ (3) は，次のように示すこともできる．K に沿った F の各点左カン拡張 $\langle L, \eta \rangle$ に対して，式(7.31) の両辺のそれぞれを式(7.38) の写像 Ψ_e で写すことで，任意の自然変換 $\tilde{\alpha} \in \hat{\mathcal{C}}(\mathcal{D}(K-, d), \mathcal{E}(F-, e))$（$d \in \mathcal{D}, e \in \mathcal{E}$ も任意）に対して

(7.49)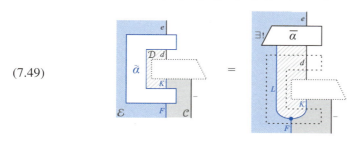

（ただし青丸は η）を満たす射 $\overline{\alpha} \in \mathcal{E}(Ld, e)$ が一意に存在することがわかる．ここで，$\tilde{\alpha}$ を式(7.38) と同じ形状のブロックで示した．補助線で囲まれた箇所が $F \bullet P_d$ の余極限余錐に対応している．式(7.49) により得られる $\tilde{\alpha}$ と $\overline{\alpha}$ との一対一対応が，式(7.47) の同型を与える．この同型が d と e について自然であることも容易にわかる（演習問題 7.3.3）．

式(7.47) が $d \in \mathcal{D}$ と $e \in \mathcal{E}$ について自然に成り立つことを次のような図式で表すと，直観的にわかりやすいかもしれない（式(7.37) も参照のこと）．

$$(7.50)$$

ただし，中央の式は各 $\langle d, e \rangle \in \mathcal{D}^{\mathrm{op}} \times \mathcal{E}$ を集合 $\hat{\mathcal{C}}(\mathcal{D}(K-, d), \mathcal{E}(F-, e))$ に写す関手であると思ってほしい．直観的には，この式の $-$ と $=$ にはそれぞれ $d \in \mathcal{D}$ と $e \in \mathcal{E}$ が入り，この左辺および中央の式の点線の枠の中にはそれぞれ式(7.49)の $\overline{\alpha}$ および $\tilde{\alpha}$ のようなブロックが入ると解釈できる．なお，とくに $\mathcal{D} = 1$ および $K = !$ の場合を考えると，式(7.47)は L が F の余極限であることを表しており（例 7.6 を参照のこと），このとき式(7.50)の左側の同型は式(5.45)に対応する．

命題 7.46 の条件 (2) を厳しくしたものとして，「L は K に沿った F の左カン拡張であり，任意の関手 $H \colon \mathcal{E} \to \mathcal{F}$（$\mathcal{F}$ も任意）が左カン拡張 L を保存する」という条件が考えられることがある．この条件を満たす左カン拡張 L は，**絶対左カン拡張**（absolute left Kan extension）とよばれる（絶対右カン拡張も同様）．明らかに，次の関係が成り立つ．

$$L \text{ が絶対左カン拡張} \quad \Rightarrow \quad L \text{ が各点左カン拡張} \quad \Rightarrow \quad L \text{ が左カン拡張}$$

7.3.3 ★ 稠密な関手

小圏 C に対して米田埋め込み $C^{\square} \colon C \to \hat{C}$ を考える．$C^{\square}(c) = c^{\square}$（$c \in C$）であるため，表現可能ではない前層は $C^{\square}(c)$ のような形では表せない．したがって，$C^{\square}$ の対象への作用は全射ではない．しかし，5.3.3 項で少し述べたように，任意の前層 X に対してある「表現可能前層への関手」が存在して，X はその関手の余極限対象になる．

実際，関手 $C^{\square} \bullet P_X \colon C^{\square} {\downarrow} X \to \hat{C}$（ただし P_X は $C^{\square} {\downarrow} X$ から C への忘却関手）がそのような関手になっており，$\langle X, \theta^X \rangle$（ただし θ^X は $C^{\square} {\downarrow} X$ に関する標準的な余錐）は $C^{\square} \bullet P_X$ の余極限である（Web 補遺で証明する）．このため，$X \cong \mathrm{colim}(C^{\square} \bullet P_X)$ が成り立つ．

このような性質をもつため，米田埋め込み $C^{\square}$ によって写される対象たち（これらは表現可能前層である）は，「それらの対象たちから余極限をとることで $\hat{C}$ の任意の対象 X を作れる」という意味で直観的には「十分に詰まっている」といえるだろう．稠密とは，この「十分に詰まっている」という概念を一般化したものである．以下では，より一般の関手 $K \colon C \to \mathcal{D}$ に対して稠密という概念を定める．

▶ **補足** 「なぜコンマ圏 $C^{\square}\downarrow X$ が現れるのか？」について補足しておく．コンマ圏 $C^{\square}\downarrow X$ の対象 $\langle c, p\rangle$ は $c \in C$ と $p \in \hat{C}(C^{\square}(c), X)$ の組である．一方，米田の補題（系 3.20）より $\hat{C}(C^{\square}(c), X) \cong Xc$ であるため，$C^{\square}\downarrow X$ の対象の集まりは各集合 $Xc\ (c \in C)$ に関するすべての情報を含んでいるといえる．このことから，$C^{\square}\downarrow X$ を考えると都合がよいことが想像できる．

関手 $K: C \to \mathcal{D}$ を考える．恒等関手 $1_{\mathcal{D}}$ が K に沿った K の各点左カン拡張であるとき（または，同じことであるが，各点左カン拡張 $\mathrm{Lan}_K K$ が存在して $1_{\mathcal{D}}$ と自然同型であるとき），K は **稠密**（dense）であるとよぶ．この双対として，$1_{\mathcal{D}}$ が K に沿った K の各点右カン拡張であるとき，K は **余稠密**（codense）であるとよぶ．

命題 7.51 関手 $K: C \to \mathcal{D}$ について，以下は同値である．

(1) K は稠密である．
(2) $\langle 1_{\mathcal{D}}, 1_K\rangle$ は，K に沿った K の各点左カン拡張である．
(3) 各 $d \in \mathcal{D}$ について $\langle d, \theta^d\rangle$ は $K \bullet P_d$ の余極限である（ただし，θ^d は $K\downarrow d$ に関する標準的な余錐）．

証明 演習問題 7.3.5. □

例 **7.52** すでに述べたことと命題 7.51 より，米田埋め込み $C^{\square}$ は稠密である． △

稠密な関手 K に対して，この命題より各 $d \in \mathcal{D}$ について θ^d が $K \bullet P_d$ の余極限余錐であるため，式(5.42)の双対より $K \bullet P_d$ の任意の余極限余錐は次式の形で表せる．

ただし，青丸は θ^d である．ひし形のブロックは同型 $d \cong \mathrm{colim}(K \bullet P_d)$ を表している．

K が稠密ならば，式(7.47)において $F = K$ および $L = 1_{\mathcal{D}}$ とおけば

(7.53) $$\hat{C}(\mathcal{D}(K-, d), \mathcal{D}(K-, d')) \cong \mathcal{D}(d, d')$$

が d と d' について自然に成り立つことがわかる．また，命題 7.51 より $\langle 1_{\mathcal{D}}, 1_K\rangle$ は K に沿った K の各点左カン拡張であるため，式(7.49)に $L = 1_{\mathcal{D}}$ および $\eta = 1_K$ を代入した式より，任意の $\tau \in \hat{C}(\mathcal{D}(K-, d), \mathcal{D}(K-, d'))$ に対して

(7.54)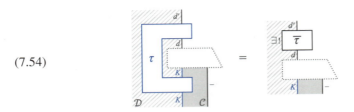

を満たす射 $\bar{\tau} \in \mathcal{D}(d, d')$ が一意に存在する．式(7.54) により得られる τ と $\bar{\tau}$ との一対一対応が式(7.53) の同型を与える．

7.3.4 ★ カン拡張と随伴の関係

例 7.48 で述べたように，極限や余極限は各点カン拡張の特別な場合である．また，例 7.14 で述べた意味では左随伴や右随伴もカン拡張の特別な場合であり，以降で示すように，これらはとくに絶対カン拡張である．これらの関係を，模式的に次の図で表しておく（この図の「⋯」については命題 7.57 で述べる）．

(7.55)

各点左カン拡張

以降では，随伴とカン拡張の関係を述べる．

命題 7.56 任意の随伴 $F: \mathcal{C} \rightleftarrows \mathcal{D} : G$ とその単位 η について，$\langle G, \eta \rangle$ は F に沿った $1_\mathcal{C}$ の絶対左カン拡張である．

この双対として，この随伴の余単位 ε について，$\langle F, \varepsilon \rangle$ は G に沿った $1_\mathcal{D}$ の絶対右カン拡張である．

証明 任意の $H: \mathcal{D} \to \mathcal{E}$, $L: \mathcal{C} \to \mathcal{E}$ ($\mathcal{E}$ も任意) と $\tau: L \Rightarrow H \bullet F$ について

を満たす $\bar{\tau}: L \bullet G \Rightarrow H$ が

により一意に定まる．このため，左カン拡張の定義より，$\langle L \bullet G, L \bullet \eta \rangle$ は F に沿った L の左カン拡張である．なお，補助線で囲まれた箇所がこのカン拡張の単位 $L \bullet \eta$ である．とくに $L = 1_C$ を代入すると，$\langle G, \eta \rangle$ は F に沿った 1_C の左カン拡張であり，任意の L がこのカン拡張を保存するため絶対左カン拡張である． □

命題 7.56 の主張を図式で示す．F の右随伴 G とその単位 η と F に沿った 1_C の左カン拡張 $\langle \mathrm{Lan}_F 1_C, \eta' \rangle$ は，次式の関係にある．

ここで，青丸は η' であり，右辺の半円状の線は η であり，ひし形のブロックは $G \cong \mathrm{Lan}_F 1_C$ を表している．このように，$\langle \mathrm{Lan}_F 1_C, \eta' \rangle$ と $\langle G, \eta \rangle$ は同一視できる．

次の命題により，命題 7.56 の逆も成り立つことがわかる（ただし，ここでは条件を緩くしている）．

命題 7.57　$\langle G, \eta \rangle$ が関手 $F : C \to D$ に沿った 1_C の左カン拡張であり，F がこの左カン拡張を保存するならば，G は F の右随伴であり，η はこの随伴の単位である．

双対として，$\langle F, \varepsilon \rangle$ が関手 $G : D \to C$ に沿った 1_D の右カン拡張であり，G がこの右カン拡張を保存するならば，F は G の左随伴であり，ε はこの随伴の余単位である．

証明　定理 4.20 より，ある自然変換 ε が存在して η と ε がジグザグ等式（式(zigzag)）を満たすことを示せばよい．F が左カン拡張 $\langle G, \eta \rangle$ を保存するため，$\langle F \bullet G, F \bullet \eta \rangle$ は F に沿った F の左カン拡張である．このカン拡張の普遍性より，1_F に対して

(7.58)

を満たす ε が存在する（半円状の線が η であり，補助線で囲まれた箇所がこのカン拡張の単位 $F \bullet \eta$ である）．また，この式を用いると

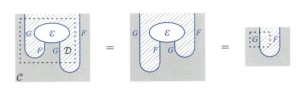

を得る．左カン拡張 $\langle G, \eta \rangle$ の普遍性より，補助線で囲まれた 2 箇所の自然変換は等しくなければならない．これと式(7.58)より，式(zigzag)が成り立つ． □

7.3.5 ★ カン拡張から導かれるモナド

命題 4.44 では，任意の随伴からモナドを導けることを述べた．一方，ある関手 $K: \mathcal{C} \to \mathcal{D}$ が与えられたときに K が右随伴または左随伴をもつとは限らない．しかしこれから示すように，もし K に沿った K の右カン拡張が存在するならば，そこからモナドを導ける．

関手 $K: \mathcal{C} \to \mathcal{D}$ について，K に沿った K の右カン拡張 $\langle T, \varepsilon \rangle$ が存在するとする．このとき，$\mu: T \bullet T \Rightarrow T$ と $\eta: 1_\mathcal{D} \Rightarrow T$ を次式を満たすように定める．

(7.59)

ただし，青丸は ε であり，左側および右側の式により一意に定まる中空の丸はそれぞれ μ および η である．なお，μ と η が一意に定まるのは $\langle T, \varepsilon \rangle$ の普遍性からわかる（式(7.3) を参照のこと）．$\langle T, \mu, \eta \rangle$ は K の **余稠密モナド**（codensity monad）とよばれる．任意の余稠密モナドはモナドである（演習問題 7.3.7）．とくに K が左随伴 F をもつならば，$\langle T, \mu, \eta \rangle$ が K の余稠密モナドであることは随伴 $F \dashv K$ により導かれるモナドであることと同値であることがわかる（演習問題 7.3.8）．

▶ **補足** K が余稠密ならば，K に沿った K の右カン拡張 $\langle 1_\mathcal{D}, 1_K \rangle$ に対して μ と η はともに恒等自然変換 $1_{1_\mathcal{D}}$ になる．このため，K の余稠密モナド $\langle 1_\mathcal{D}, 1_{1_\mathcal{D}}, 1_{1_\mathcal{D}} \rangle$ は例 4.41 で述べた恒等モナドになる．

演習問題

7.3.1 関手 $S: \mathcal{E} \to \mathcal{F}$ が任意の余極限を保存するならば，S は $K: \mathcal{C} \to \mathcal{D}$ に沿った $F: \mathcal{C} \to \mathcal{E}$ の各点左カン拡張を保存することを示せ．

7.3.2 命題 7.46 を証明せよ．

7.3.3 式(7.49) により得られる式(7.47) の同型が，d と e について自然であることを確かめよ．

7.3.4 $K: \mathcal{C} \to \mathcal{D}$ に沿った $F: \mathcal{C} \to \mathcal{E}$ の各点左カン拡張 $\langle L, \eta \rangle$ が存在するとき，次の性質が成

り立つことを示せ.

 (a) K が充満忠実ならば η は自然同型である.

 (b) C が $\mathcal{D}$ の充満部分圏であり, K が C から $\mathcal{D}$ への包含関手であるとき, η は自然同型である. (備考:この状況は, 本章の冒頭で述べた関数を拡張する問題に似ている.)

7.3.5 命題 7.51 を証明せよ.

7.3.6 $* \in 1$ を $\{*\} \in \mathbf{Set}$ に写す 1 から $\mathbf{Set}$ への関手 (これは 1 点集合 $\{*\}$ と同一視できる) が稠密であることを示せ. (備考:これは, 任意の集合 $X \in \mathbf{Set}$ が $\coprod_{x \in X} \{*\}$ と同一視できる, つまり要素数 (または濃度) が同じ集合は同一視できることを意味している.)

7.3.7 任意の余稠密モナドはモナドであることを示せ.

7.3.8 関手 K が左随伴 F をもつならば, K の余稠密モナドであることは随伴 $F \dashv K$ により導かれるモナドであることと同値であることを示せ.

付録 A 図式での表記

本書で紹介した図式での表記をまとめる．括弧内の数字は対応する式番号を表し，その後の下付きの数字はページ番号を表す（たとえば，「(1.12)_p.11」は 11 ページの式 (1.12) を表す）．

A.1 基本

(1.12)_p.11	対象 $a \in \mathcal{C}$ または恒等射 1_a	(1.9)_p.10	射 $f \in \mathcal{C}(a,b)$
(1.10)_p.10	射の合成 gf	(1.26)_p.16	双対圏 $\mathcal{C}^{\mathrm{op}}$ の射 $f \in \mathcal{C}^{\mathrm{op}}(b,a)$
(1.39)_p.23	関手 $F: \mathcal{C} \to \mathcal{D}$ または恒等自然変換 1_F	(1.44)_p.26	恒等関手 $1_\mathcal{C}$
(1.47)_p.26	$\mathcal{C}$ から $\mathbf{1}$ への唯一の関手 $!$	(1.67)_p.33	自然変換 $\alpha: F \Rightarrow G$

A.2 直積用の表記

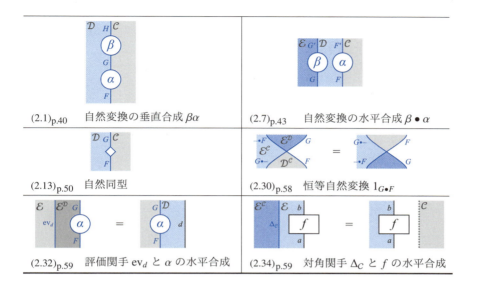

(2.1)$_{\text{p.40}}$	自然変換の垂直合成 $\beta\alpha$	(2.7)$_{\text{p.43}}$	自然変換の水平合成 $\beta \bullet \alpha$
(2.13)$_{\text{p.50}}$	自然同型	(2.30)$_{\text{p.58}}$	恒等自然変換 $1_{G \bullet F}$
(2.32)$_{\text{p.59}}$	評価関手 ev_d と α の水平合成	(2.34)$_{\text{p.59}}$	対角関手 $\Delta_{\mathcal{C}}$ と f の水平合成

A.2 　直積用の表記

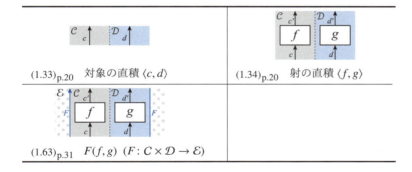

(1.33)$_{\text{p.20}}$	対象の直積 $\langle c, d \rangle$	(1.34)$_{\text{p.20}}$	射の直積 $\langle f, g \rangle$
(1.63)$_{\text{p.31}}$	$F(f, g)$ 　$(F\colon \mathcal{C} \times \mathcal{D} \to \mathcal{E})$		

付録 A 図式での表記

A.3 集合値関手に関する表記

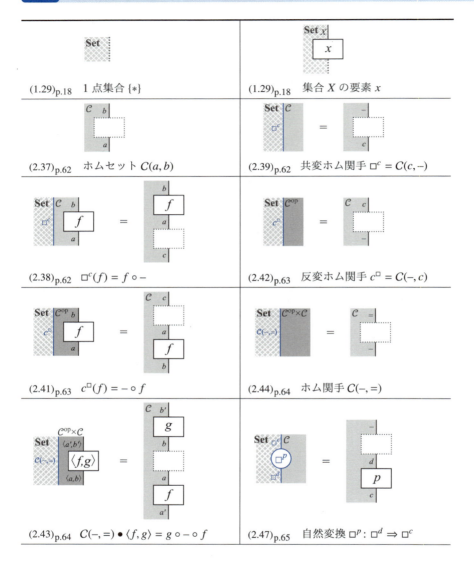

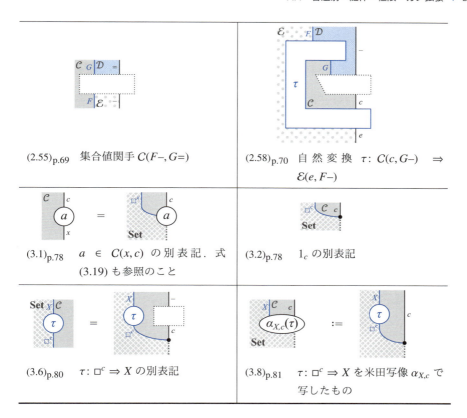

(2.55)p.69　集合値関手 $C(F-, G=)$

(2.58)p.70　自然変換 $\tau: C(c, G-) \Rightarrow \mathcal{E}(e, F-)$

(3.1)p.78　$a \in C(x, c)$ の別表記．式 (3.19) も参照のこと

(3.2)p.78　1_c の別表記

(3.6)p.80　$\tau: \square^c \Rightarrow X$ の別表記

(3.8)p.81　$\tau: \square^c \Rightarrow X$ を米田写像 $\alpha_{X,c}$ で写したもの

A.4　普遍射・随伴・極限・カン拡張

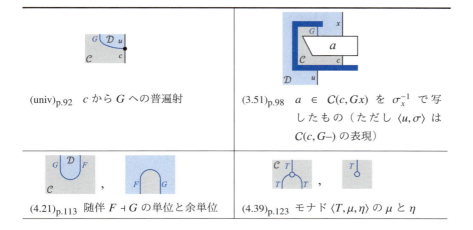

(univ)p.92　c から G への普遍射

(3.51)p.98　$a \in C(c, Gx)$ を σ_x^{-1} で写したもの（ただし $\langle u, \sigma \rangle$ は $C(c, G-)$ の表現）

(4.21)p.113　随伴 $F \dashv G$ の単位と余単位

(4.39)p.123　モナド $\langle T, \mu, \eta \rangle$ の μ と η

付録 A　図式での表記

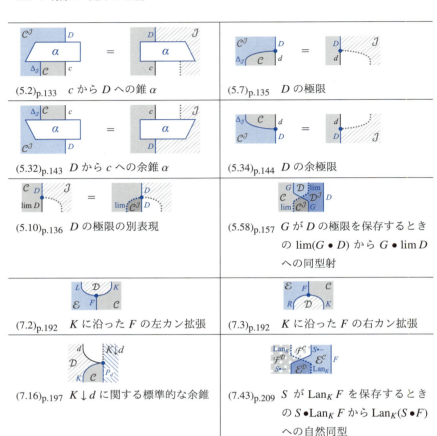

A.5　モノイダル圏・豊穣圏

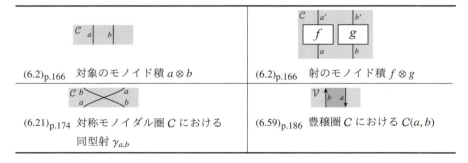

付録 B　ストリング図の特徴

ここでは，ストリング図の特徴を述べる．本書で用いているストリング図と標準的な書籍で用いられている図式との関係を述べた後，ストリング図の長所と短所をまとめる．

B.1　標準的な書籍で用いられている図式との関係

標準的な圏論の書籍で用いられている図式は，ある観点では (1) 射を矢印で表すものと，(2) 関手を矢印で表すものの 2 種類に分類できる．本書では，(1) を**アロー図**（arrow diagram）とよび，(2) を**ペースティング図**（pasting diagram）とよんでいる．それぞれの図式の例について，対応するストリング図との関係を簡単に述べる．

▶ **補足**　関手は圏 **CAT** の射とみなせるため，大まかな解釈としてペースティング図はアロー図の特別な場合であるといえる．

B.1.1　アロー図との関係

アロー図では，射を矢印 → で表し，その始点にドメインである対象を書き，終点にコドメインである対象を書く．例として，1.3 節で説明した自然変換 $\alpha\colon F \Rightarrow G$ ($F, G\colon \mathcal{C} \to \mathcal{D}$) の自然性を表す式(nat)をアロー図で表したものを示す．

(a) アロー図：　　　　(b) ストリング図：

(B.1)
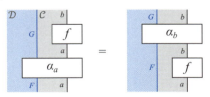

この式の (b) は式(nat)と同じである．(a) のアロー図では，Fa から Gb への二つの経路 $Gf \circ \alpha_a$ と $\alpha_b \circ Ff$ が等しいことを意味している．このように，始点と終点が同じ

であるような任意の経路が等しいことを，**図式が可換**（commutative）であるとよぶ．
可換であるアロー図は，**可換図式**（commutative diagram）とよばれる．通常は，f が
C の射で Ff や Gf が $\mathcal{D}$ の射であるといった情報は，アロー図では明記されない．な
お，このストリング図は式(1.68)のように表すこともできるのだった．

別の例として，対象 $c \in C$ から関手 $G: \mathcal{D} \to C$ への普遍射を表すアロー図（可換
図式）とストリング図を示す（普遍射は 3.2.2 項で説明している）．

(B.2)

ただし，ストリング図における黒丸は普遍射 $\eta \in C(c, Gu)$ を表している．なお，この
ストリング図は，p.92 の式(univ) と同じである．このアロー図は，圏 C の射を表す左
側の図式と圏 $\mathcal{D}$ の射を表す右側の図式の 2 個の図式からなっており，左側の図式は可
換（つまり $a = G\bar{a} \circ \eta$）である．このように，アロー図では複数の圏の対象や射を表
したい場合には，一般に複数の図式を組み合わせる必要がある．この例から何となく
わかるように，アロー図と本書で用いているストリング図との対応関係は，それほど
直接的ではない．なお，η が普遍射であることを強調するために，ストリング図では
η を四角形のブロックではなく黒丸で表している．

▶ **補足** アロー図では，水平合成は図ではなく数式として表されることが多い（たとえば，式(B.1)
の Fa や α_a などは水平合成とみなせる）．複数のアロー図を組み合わせて水平合成を表すこと
もある．

B.1.2 ペースティング図との関係

標準的な書籍で用いられるもう一つの図式であるペースティング図では，関手を矢
印 → で表し，その始点にドメインである圏を書き，終点にコドメインである圏を書
く．また，自然変換を矢印 ⇒ で表す．ペースティング図の例として，K に沿った F
の左カン拡張を表す図式を示す（式(7.2) を参照のこと）．

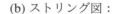

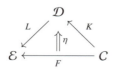

これらの図式を次のように重ねると（ただし，重複する情報を消している），ペースティング図とストリング図には密接な関係があることに気づくと思う．

(B.3)

ペースティング図では，圏 $C, D, \mathcal{E}$ を点で，関手 K, F, L を矢印 → で，自然変換 η を（矢印 ⇒ 付きの）三角形 $CD\mathcal{E}$ で表している．式(B.3)のように重ねると，関手 K, F, L のそれぞれを表すペースティング図の矢印とストリング図の線は互いに直交していることがわかる．ペースティング図とストリング図の違いは，表 B.1 のようにまとめられる．

▶補足　ペースティング図とストリング図は，**ポアンカレ双対**（Poincaré duality）とよばれる双対の関係にある．

表 **B.1**　ペースティング図とストリング図の違い

	ペースティング図	ストリング図
圏	点（0 次元）	面（2 次元）
関手	矢印 →（1 次元）	線（1 次元）
自然変換	矢印 ⇒ が付いた面（2 次元）	ブロック（0 次元）

別の例を挙げる．

(a) ペースティング図： 　　(b) ストリング図：

(B.4)
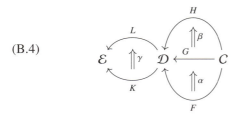

この例では，2 個の自然変換 α と β の垂直合成 $\beta\alpha$ に自然変換 γ を水平合成したもの，つまり $\gamma \bullet \beta\alpha$ を表している．どちらの図式も，垂直合成を「縦に並べる」ことで表し，水平合成を「横に並べる」ことで表している．式(B.3)と同様に，これらの二つの図を重ねられることがすぐにわかる．

▶補足　アロー図では「矢印 → の結合」が射の合成（垂直合成）を表しているのに対し，ペース

ティング図では関手の合成（水平合成）を表している．このため，アロー図とペースティング図を混同すると垂直合成と水平合成の違いが明確ではなくなり，混乱を招きかねないと思う．

さらに別の例として，式(B.1)を表すペースティング図を示しておく．

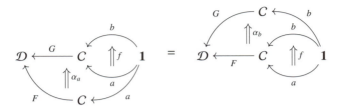

ここで，対象 a, b を関手とみなして射 f を自然変換とみなしている．

B.2 ストリング図の長所と短所

アロー図やペースティング図と比べたときの，ストリング図の主な長所と短所を列挙してみる．

B.2.1 アロー図との比較

まず，ストリング図の主な短所から挙げる．

短所 1：可換な式が頻繁に現れる場合には表しにくい

可換な式が頻繁に現れる場面では，可換図式が威力を発揮する（興味のある読者は，たとえば 5 項補題（five lemma）について調べてほしい）．このような場面では，可換図式と同じような記法を採用しない限り，ストリング図でわかりやすく表すことは難しいと思う．

短所 2：ストリング図の決まった描き方が定められていない

ストリング図の描き方は，人によっていくらか異なる．

これらの短所について補足すると，短所 1 が問題になるような場面は少なからずあるが，本書の範囲に限定すればとくにない．言い換えると，本書の範囲内においては可換図式はあまり威力を発揮しない[‡1]．短所 2 については，ストリング図の描き方にはばらつきはあっても共通点が多いため，本書のストリング図を理解すればほかの文

[‡1] 可換図式と同じような記法を採用して描き方を工夫すれば，可換な式が頻繁に現れる場面でもストリング図が使えるであろう．実際，アロー図では対象を点（0 次元）で表して射を矢印（1 次元）で表すのに対し，この点を線（1 次元）で表して矢印を点（0 次元）で表すことで，アロー図と「双対」なストリング図を描ける．

献に載っているストリング図もすぐに理解できるはずである.

> ▶ **補足 1** 本書のストリング図とは左右または上下の向きが逆であるような図式や,本書のストリング図を 90 度回転させたような図式が用いられることがしばしばある.このような違いは,おおむね好みの問題といえよう.

> ▶ **補足 2** 上記の短所のほかに,少なくとも現時点では標準的な書籍でアロー図やペースティング図が採用されていることは,ストリング図の大きな短所といえるかもしれない.また,TEX などできれいなストリング図を気軽に描けるような環境がおそらくまだ整っていないことも,短所であろう.なお,図式を手描きする際には,本書の図式を適当に簡略化したものを描けばよいと思う.

次に,ストリング図の主な長所を挙げる.

長所 1:図の中に多くの情報をわかりやすい形で含められる

圏論では,複数の圏の対象と射や関手・自然変換などが混在した式が頻繁に現れる.ストリング図では,これらが混在した式を視覚的に理解しやすい形で表せる.

長所 2:垂直合成と水平合成が混在する式を素直に表せる

長所 1 に関連するが,アロー図では,水平合成は原則として数式で表すことになる.これに対し,ストリング図では垂直合成と水平合成の両方をわかりやすい形で表せる.ストリング図は,射・圏・関手・自然変換が互いにどのように合成されているかといった構造を表すのに適している.

> ▶ **補足** アロー図と比較すると,本書のストリング図には動的な側面が強く,ストリング図を変形させることで式変形を行える.これに対し,全体的な構造を俯瞰的に捉えたい場合などでは,アロー図などのほうが適していることがあると思う.

B.2.2 ペースティング図との比較

次に,ペースティング図と比較してみる.B.1.2 項で述べたように,ペースティング図とストリング図は双対の関係にある.これらの図式は相互に変換でき,大きな違いはないといえるため,どちらを用いるかは好みの問題といってもよいかもしれない.

一方,圏論の基礎に関する話題では,自然変換の計算が必要になる場面は多い.圏論の基礎においては自然変換が主役であるといっても過言ではないかもしれない.このため,図式では自然変換を視覚的にわかりやすい形状で表すことが重要であると考えられる.この観点では,ペースティング図と比べてストリング図には次の長所があるといえよう.

長所:同一種類の自然変換を同じ形状で表せる

ペースティング図では,同一または同一種類の自然変換を同じ形状(および同じ向

き）で表すことは一般には容易ではない[‡2]．たとえば，式(B.4)における $\alpha = \beta = \gamma$ の場合を想像してほしい．これに対し，ストリング図ではそれらの自然変換をつねに（かつ容易に）同じ形状で表せる．このため，自然変換の計算を行う際には，ストリング図のほうが視覚的にわかりやすいはずである．また，この長所のおかげで，たとえば（式(B.2)の黒丸のように）特別な種類の自然変換に特別な形状のブロックを割り当ててほかの自然変換と区別することが容易になる．

▶ **補足 1**　ストリング図では，恒等関手を表す線（や第6章で述べたモノイダル圏における単位対象 i など）を省略することで視覚的にわかりやすくなる．たとえば，随伴におけるジグザグ等式（式(zigzag)）がわかりやすい形で描けるのは，このおかげであろう．

▶ **補足 2**　ストリング図では，ペースティング図と比べると直積やモノイド積などを表しやすいという長所もあるように思う（ペースティング図でこれらをわかりやすい形で表すことは難しそうである）．また，ストリング図には自然変換の入出力がすぐにわかるという長所もある．たとえば，自然変換 $\alpha: F_5 \bullet \cdots \bullet F_1 \Rightarrow G_8 \bullet \cdots \bullet G_1$ の図式を想像してほしい．ただし，ペースティング図でも描き方を工夫すればこの短所を補えるはずであるため，後者の長所は本質的ではないであろう．

▶ **余談**　あまり本質的ではないと思うが，アロー図では対象と比べて射を小さな文字で表すことが多い（ペースティング図も同様）．圏論では，対象よりも射を主役とみなすことが多いため，このような表し方をすると「対象が主役である」ように感じられて都合が悪いような気がする．本書のストリング図では射を大きな文字で表しているため，「射が主役である」ことが伝わりやすいかもしれない．

筆者は，圏論の基礎を学ぶ際にストリング図を活用することは，かなりよい選択肢であろうと考えている．圏論に習熟するためには，アロー図やペースティング図を理解することも必要であると思うが，ストリング図を理解すればこれらを理解することは容易だと思う．

[‡2] このことは，ペースティング図では図式の形状を連続的に変化させても式の意味は変わらない（つまりトポロジカルである）ことと，自然変換が2次元的な面で表されることに起因している．つまり，面の形状は連続変化によって容易に変わってしまう．ストリング図もトポロジカルであるが，自然変換を0次元的な点（ブロック）として表すためこの問題は生じない．

付録 C 随伴・極限・カン拡張と普遍射との関係

第 4, 5, 7 章で述べているように,随伴・極限・カン拡張は普遍射の特別な場合とみなせる.これらの概念と普遍射との具体的な関係を表 C.1 にまとめておく.本書で主に用いる図式も示している.便宜上これらを異なる形の図式で表しているが,いずれもある種の普遍射を表している.

▶ **補足** この表で示している左随伴・余極限・左カン拡張は,「c から G への普遍射」に対応する概念である.この双対として,右随伴・極限・右カン拡張は,「G から c への普遍射」に対応する概念である.また,7.3.4 項の冒頭で述べているように,随伴と極限はカン拡張の特別な場合でもある.

表 **C.1** 随伴・カン拡張・極限と普遍射との関係([] 内の式がそれぞれ対応)

概念	図式	説明
普遍射	$G\;\mathcal{D}\;u$ / $\mathcal{C}\;\;c$	$c \in \mathcal{C}$ から $G: \mathcal{D} \to \mathcal{C}$ への普遍射 $\langle u, \eta \rangle$ [式(univ), (3.46)]
左随伴 (定理 4.24)	$G\;\mathcal{D}\;F$ / $\mathcal{C}\;\;c$	各 $c \in \mathcal{C}$ について c から $G: \mathcal{D} \to \mathcal{C}$ への普遍射 $\langle u_c, \eta_c \rangle$ ($Fc = u_c$ を満たす関手 F (G の左随伴とよぶ)が存在する) [式(4.16), (4.4)]
余極限 (定義 5.33)	$\mathcal{C}\;d\;\mathcal{J}$ / D	$D \in \mathcal{C}^{\mathcal{J}}$ から $\Delta_{\mathcal{J}} = -\bullet\,!: \mathcal{C} \to \mathcal{C}^{\mathcal{J}}$ への普遍射 $\langle d, \eta \rangle$ (D の余極限とよぶ) [式(5.34), (5.45)]
左カン拡張 (定義 7.1)	$L\;\mathcal{D}\;K$ / $\mathcal{E}\;F\;\mathcal{C}$	$F \in \mathcal{E}^{\mathcal{C}}$ から $-\bullet K: \mathcal{E}^{\mathcal{D}} \to \mathcal{E}^{\mathcal{C}}$ への普遍射 $\langle L, \eta \rangle$ (K に沿った F の左カン拡張とよぶ) [式(7.2), (7.12)]

参考文献

[1] S. Mac Lane, *Categories for the working mathematician, second edition* (Springer Science & Business Media, 1998) [邦訳: 三好博之, 高木理 (訳), 圏論の基礎 (丸善出版, 2012)].

[2] E. Riehl, *Category theory in context* (Courier Dover Publications, 2017).

[3] T. Leinster, *Basic category theory* (Cambridge University Press, 2014) [邦訳: 斎藤恭司 (監修), 土岡俊介 (訳), ベーシック圏論 (丸善出版, 2017)].

[4] R. Hinze and D. Marsden, *Introducing string diagrams: the art of category theory* (Cambridge University Press, 2023).

[5] 浅芝秀人, **圏と表現論** (サイエンス社, 2019).

[6] alg-d, **全ての概念は *Kan* 拡張である** (Independently published, 2021).

[7] P. Selinger, *New structures for physics*, 289 (2011).

[8] B. Coecke and A. Kissinger, *Picturing quantum processes* (Cambridge University Press, 2017) [邦訳: 川辺治之 (訳), 圏論的量子力学入門 (森北出版, 2021)].

[9] 中平健治, **図式と操作的確率論による量子論** (森北出版, 2022).

[10] M. Kelly, *Basic concepts of enriched category theory* (CUP Archive, 1982).

索　引

英数字

1 点集合　17
F-始代数　105
F-代数　105
$\mathbb{K}$-線形圏　189
T-代数　129
　　—の圏　129

あ行

アイレンベルグ-ムーア圏　129
集まり　7
　　—が大きい　7
アロー図　133, 223
イコライザ　139
　　コ—　146
一意に存在する　48
押し出し　146

か行

可換図式　133, 224
カリー化　180
カルテシアン閉圏　180
カルテシアンモノイダル圏　176
カン拡張　191
　　各点—　199
　　絶対—　212
　　—の単位　192
　　—の余単位　192
　　—を保存する　208
関手　22
　　—が可逆　50
　　—が充満　53
　　—が充満忠実　53
　　—が忠実　53
　　逆—　50
　　共変—　29
　　—圏　55
　　恒等—　25

自由—　28
集合値—　61
双—　31
対角—　59
　　—の合成（水平合成）　41
　　—の射への作用　22
　　—の双対　30
　　—の対象への作用　22
反変—　29
評価—　58, 73
　　標準的な—　75
包含—　26
忘却—　27, 91, 100
完備　153
　　有限—　153
　　有限余—　154
　　余—　153
擬準距離　190
極限　135
　　—錐　136
　　—対象　136
　　有限—　136
　　有限余—　145
　　余—　144
　　余—余錐　145
　　余—対象　145
　　—を創出する　157
　　—を保存する　156
空写像　17
クライスリ圏　128
群　29
　　—の線形表現　29
　　—の誘導表現　193
圏　9
　　T-代数の—　129
　　—が等しい　16
　　—が有限　136
　　行列の—　52

局所小— 14
具体— 54
集合の— 12
小— 14
錐の— 134
前層の— 86
—同型 51
—同値 51
　—を導く 51
—の双対 16
部分— 15
　—が充満 15
ベクトル空間の— 13
モノイドの— 13
有限次元ベクトル空間の— 13
要素の— 92, 100
余錐の— 144
離散— 12
厳密 2-圏 189
コイコライザ 146
骨格 52
コドメイン 9, 23
コピー 176
コヒーレンス条件 171
コモナド 123
コンパクト閉圏 184
コンマ圏 90

さ行
削除 177
三角等式　→ ジグザグ等式
ジェネレータ　→ セパレータ
式(nat) 35
式(sld) 44
式(univ) 92
式(zigzag) 113
ジグザグ等式 114
指数対象 180
自然 34, 50, 75
自然性 34
自然同型 49
自然変換 33
　逆— 49

恒等— 36
—の射への作用 36
—の垂直合成 40
—の水平合成 42
—の成分 34
—の対象への作用 36
射 9
エピ— 149
—が可逆 15
関手の—への作用 22
逆— 15
—圏 57
恒等— 11
自然変換の—への作用 36
—全体からなる集まり 11
同型— 15
評価— 180
分裂エピ— 151
分裂モノ— 151
モノ— 149
射影
直積からの— 137
直積圏からの— 32
余— 145
集合 7
—の圏 12
錐 132
—の圏 134
余— 143
余—の圏 144
随伴 106
相互— 110
—の単位 113
—の余単位 113
スライス圏 91, 99
スライディング則 21, 35, 44, 168
セパレータ 183
全射 15
前層 86
—の圏 86
全単射 15

た行

対象 9
  関手の—への作用 22
  始— 17
  自然変換の—への作用 36
  終— 17
  ゼロ— 17
  —全体からなる集まり 11
  双対— 184
  単位— 166
  —の同型 15
単射 15
稠密 213
  余— 213
直積 137
  圏の— 20
  2 項— 138
  有限— 138
  余— 145
直積用の表記 21
点線の枠による表記 21, 62
転置 111
同値関係 51
トポス 182
ドメイン 9, 23
  コ— 9, 23

は行

引き戻し 141
表現 28, 96
  —可能 96
ファイバー積 142
普遍元 98
普遍射 92, 100
普遍性 93
ペースティング図 223
ベクトル空間
  双対— 30
  2 重双対— 38
  —の圏 13
  有限次元—の圏 13
ポアンカレ双対 225
豊穣圏 187

ホム関手 61–63
  共変— 61
  内部— 179
  反変— 62
ホムセット 11
本質的全射 122
本質的に一意 19, 51

ま行

メインの表記 21
モナド 123
  Maybe— 124
  コ— 123
  恒等— 124
  自由モノイド— 124
  状態— 185
  随伴により導かれる— 126
  —の積 123
  —の単位元 123
  有限 Giry— 130
  余稠密— 216
  リスト— 124
モノイダル関手 168, 172
モノイダル圏 170
  厳密— 167
  厳密対称— 173
  対称— 175
  —における標準的な同型射 171
モノイダル圏または豊穣圏向けの表記 21
モノイダル自然変換 169, 172
モノイダル閉圏 179
モノイド 8
  可換— 8
  —作用 28
  自由— 9
  —準同型 13
  —積 166
  —対象 173
  —の圏 13
  —の積 7
  —の単位元 8

や行

余錐　143
　　$K \downarrow d$ に関する標準的な—　197
米田埋め込み　87
米田写像　80, 86
米田の補題　80, 82, 86

ら行

連続　156

著者略歴

中平健治（なかひら・けんじ）

玉川大学量子情報科学研究所教授．専門は量子情報理論．2004 年名古屋
大学大学院工学研究科電子工学専攻単位取得満期退学．同年株式会社日
立製作所入所．玉川大学量子情報科学研究所特別研究員，スタンフォー
ド大学数学科客員研究員などを経て，2017 年より現職．博士（工学）．
著書に『図式と操作的確率論による量子論』（森北出版，2022 年）がある．

ストリング図で学ぶ圏論の基礎

2025 年 1 月 23 日　第 1 版第 1 刷発行

著者　　　中平健治

編集担当　太田陽喬（森北出版）
編集責任　福島崇史（森北出版）
組版　　　藤原印刷
印刷　　　同
製本　　　同

発行者　　森北博巳
発行所　　森北出版株式会社
　　　　　〒 102-0071　東京都千代田区富士見 1-4-11
　　　　　03-3265-8342（営業・宣伝マネジメント部）
　　　　　https://www.morikita.co.jp/

ⓒKenji Nakahira, 2025
Printed in Japan
ISBN978-4-627-06371-6

MEMO

MEMO

MEMO

MEMO

MEMO

MEMO

MEMO